与最聪明的人共同进化

湛庐 CHEERS

HERE COMES EVERYBODY

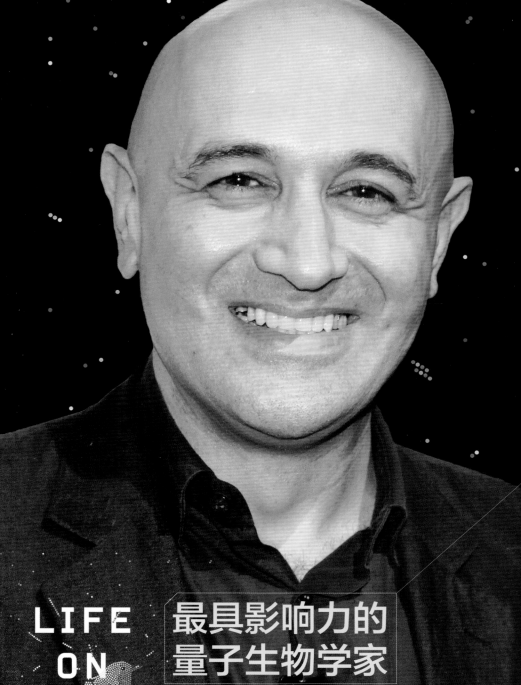

LIFE
ON
THE
EDGE

最具影响力的
量子生物学家

JIM AL-KHALILI
吉姆·艾尔－哈利利

著名物理学家

1989年，吉姆从英国萨里大学取得核反应理论博士学位。1989—1991年，吉姆在伦敦大学学院做了两年博士后。1991年回到萨里大学后，他开始研究相对论波动方程，并逐渐对"晕核"产生了浓厚兴趣。

1992年，在已取得萨里大学物理学教职的情况下，吉姆接受了英国工程和自然科学研究委员会（BBSRC）的资助，开始了为期五年的研究工作。在那里，他涉足了众多研究领域，并且差不多每两个月就发表一篇论文，有些论文的引用次数甚至超过了500次。

吉姆还与世界上众多机构和个人进行合作。他与哥本哈根尼尔斯·玻尔研究所、美国密歇根大学都有合作，还曾去日本讲学。

现在，吉姆是萨里大学的物理学教授。

最具影响力的量子生物学家

从 20 世纪 90 年代末开始，吉姆逐渐把研究领域转向量子生物学。在研究"量子隧穿"方面，他与萨里大学的微生物学家合作，研究质子隧穿在遗传突变中的作用，并于 1999 年与约翰乔·麦克法登联合发表了论文。2003 年，物理学家保罗·戴维斯邀请吉姆去 NASA 举办的跨学科会议开展相关话题的讨论。

不久之后，吉姆出版了《量子生命起源》一书，著名数学物理学家、《皇帝的新脑》作者罗杰·彭罗斯欣然为他这本书作序。2008 年，吉姆发表了关于"芝诺效应"的论文。最近，吉姆正在与萨里大学的同事们研究 DNA 的点突变问题。

2012 年 9 月，在 BBSRC 的资助下，吉姆与麦克法登在萨里大学共同主办了量子生物学国际研讨会，并获得极大成功。吉姆与麦克法登撰写的《神秘的量子生命》，获得了 2015 年英国皇家学会温顿图书奖、亚马逊最佳科学图书奖和《经济学人》年度图书。这本书被翻译成 16 种语言。吉姆目前正在萨里大学创办跨学科量子生物学研究小组。2015 年，吉姆以量子生物学为主题做了 TED 演讲。

◀《神秘的量子生命》合著者
约翰乔·麦克法登

最活跃的科普活动家

LIFE ON THE EDGE

过去 20 年，吉姆不但在理论物理研究方面赢得了国际威望，他还将大量时间花费在科普活动上，是公认的最活跃的科普活动家。

1998 年，吉姆被选为英国物理学会的巡讲师，他以《黑洞、虫洞与时间机器》为题目的主题演讲获得极大成功。此后，他演讲的主题日趋广泛，涵盖宇宙大爆炸、量子力学、量子生物学、核动力、自由意志和科学史等方方面面。

2007 年，吉姆出版了《量子：复杂导论》（ Quantum: A Guide for the Perplexed ）一书，并获得英国皇家学会迈克尔·法拉第奖，他是这一奖项获得者中年龄最小的一位。2013 年，他出版了《阿拉伯科学的黄金一代》（ The Golden Age of Arabic Science ）一书，并入围 2013 年"华威大学写作奖"短名单。

从 20 世纪 90 年代开始，吉姆在 BBC 的多部纪录片上出镜。他 2005 年拍摄的纪录片

《爱因斯坦大脑之谜》（ The Riddle of Einstein's Brain ）和 2007 年拍摄的系列纪录片《原子》，广受观众好评。吉姆参与拍摄的纪录片《神秘的混沌理论》（ The Secret Life of Chaos ）赢得了雅典科技电影节最佳纪录片奖。他在电视上出镜已超过 30 小时，是英国最杰出的科学普及电视人。

2011 年，吉姆开始在 BBC 制作广播节目，他的百集节目《生命科学》（ The Life Scientific ）每周吸引的听众数量高达 200 万人。

作者演讲洽谈，请联系
speech@cheerspublishing.com

更多相关资讯，请关注

湛庐文化微信订阅号

湛庐 CHEERS 特别制作

THE COMING OF AGE OF QUANTUM BIOLOGY

LIFE
ON THE EDGE

神秘的
量子生命

量子生物学时代的到来

[英] 吉姆·艾尔-哈利利
（Jim Al-Khalili）
约翰乔·麦克法登　◎著
（Johnjoe McFadden）

侯新智　祝锦杰　◎译

浙江人民出版社
ZHEJIANG PEOPLE'S PUBLISHING HOUSE

踏上探索之旅，感受量子生物学的澎湃

听闻本书的中文版即将面世，我感到非常高兴。近年来，中国在世界科学研究中扮演的角色日益重要，涌现出了许多新的研究成果。因此，我觉得让更多中国朋友了解量子生物学这样一个令人兴奋而又刚刚起步的新学科可谓非常重要。

我是一名出生于伊拉克的英国理论物理学家，目前供职于英国的萨里大学。本书的另一位作者，分子遗传学家约翰乔·麦克法登也在这所大学任职。在整个学术生涯中，我一直致力于研究核物理，专长是用量子力学研究原子核间的模型反应。坦白地说，我的专业其实和生物学相去甚远！

除了物理学教授的工作外，我还会抽些时间通过不同的媒体做一些科普工作：图书、公开课、电视或广播节目等。比如，在过去的十年间，我曾为英国广播公司（BBC）策划、制作过多部节目，内容广泛涉及各种科学话题。从事科普的经历让我和来自不同专业领域的科学家也能相谈甚欢。

大约是 1997 年的一天，约翰乔·麦克法登教授从校园另一边的生物系来到物理系。他组织了一次研讨会，并在会上向我们介绍了分子生物学中的一个研究领域——某些种类的细菌如何发生突变。他认为，要想解决该问题离不开量子力学。不出所料，他的观点饱受争议。然而，这也成了我们两人非正式合作的开始。近 20 年后，**本书的出版将我们的合作推向了高潮，而这本书也成为世界上第一本介绍量子生物学的专著。**

正如我们在引言中所说，因为各方面原因，量子生物学还只是一个充满争议和推测的新兴研究领域。首先，即便是在更传统的物理学或化学领域，量子力学都略显晦涩，更不用说在混乱复杂的活细胞环境中了——活细胞中数以千计的生化反应无时无刻不在进行，由酶、其他蛋白质和大分子参与的复杂过程在生物体中执行着各类不可思议的任务。在过去的几十年间，生物学家们对生命过程的理解取得了重大的进展，因此不难理解，他们最不想听到的观点就是，要想完全理解某些生命过程，还需要用到量子力学的知识。

大多数生物学家确实不需要和量子力学打交道，因此他们之前并没有详细地学过量子力学，而现在他们也不太愿意从头学起。同样，每天都要用到量子力学的物理学家们更愿意将量子力学用于他们能够理解和控制的系统，而不是一层又一层地对生物化学进行剖析。

既然生物学家们和物理学家们都没有准备好张开双臂迎接这个连接两大学科的新领域，那么处于他们之间的化学家们又是怎样的态度呢？毕竟，化学家们经常使用量子力学来描述各类不同的分子过程，而且像物理学家们一样，在过去几十年中，他们已经习惯了原子世界违反直觉的特征以及量子力学对这些现象的准确描述。此外，化学家们同样经常研究生命系统内发生的反应。生命如果不是纷繁复杂的化学过程又能是什么呢？在英语中，我们甚至会使用"生命的化学"（the chemistry of life）这样的词语。因此，你可能会觉得化学家们会是第一批拥抱量子生物学的人。确实，这个新兴学科的许多成果来自使用激光、光谱等技术来研究生物大分子行为的化学家们。

但即使这样，大多数化学家还是不愿意接纳这个领域。生物学家们不想学量子力学，物理学家们不想将量子力学应用到环境复杂的活细胞中去，而化学家们的理由与他们不同。化学家们认为，当深入到生命体的分子层面时，观察到遵循量子力学规律的现象不足为奇。他们认为，**如果挖掘得足够深入，一切事物都是量子的。**

但这正是量子生物学的独特之处。当我们在谈论量子生物学时我们想说的是什么呢？我们为什么觉得本书如此令人兴奋呢？因为对一些非专业人士来说，量子世界的一些性质简直就像魔法，而我们讲述的内容其实很容易理解——你可能早已听说过类似的科普解释——比如原子同时出现在两个地方、粒子像波一样扩散或者若两个分离的粒子相互纠缠，那我们对一个粒子的作用会同时影响远处的另一个粒子。正是这些量子世界违反直觉的特征让我们开始更为深入地理解生命系统。目前看来，**生命似乎演化出了各种方法，利用量子世界的"戏法"来为自己的生存提供便利。**

光合作用的过程便是一例。植物通过光合作用来获得营养。现在我们开始认识到，该过程的一个环节需要植物固定的光能同时向多个方向游走。如果你之前没有接触过量子力学的话，估计现在还不太能理解上面这句话。不过没关系，我向你保证，我们会在书中清楚地解释这一切。

我想，阅读并了解这个新的领域一定会让你乐在其中。虽然你可能会有些疑惑，但探索一个新学科不就该如此吗？如果量子生物学太过简单，它的出现也就不会给科学界带来如此的惊喜了。最后，**我们邀请你和我们一起踏上这次探险之旅，希望你也能像我们一样心潮澎湃。**

扫码查看作者精彩演讲视频
"量子生物学如何解答关于生命的最重要问题。"

在整个科学领域，量子力学是最具影响力的重要理论。没有量子力学，我们就无法解释世界是如何运转的，比如：知更鸟长途迁徙时是如何通过微弱的地球磁场感知方向的？小丑鱼是如何找到回家之路的？光合作用中能量的传递效率为什么那么高？对所有这些问题的解答，都离不开量子力学，离不开量子隧穿、量子相干性和量子纠缠。

动物大迁徒
万物背后的量子真相
知更鸟是如何感知方向的
形形色色的量子现象

在很长一段时间里，人们认为生命体与非生命体的主要区别在于生命体内有一种特殊的"生命力"。后来，活力论渐渐让位于机械论。但是，生命中仍有许许多多的待解之谜。尽管克雷格·文特尔成就非凡，他仍不能从零开始创造出生命，而最低级的微生物却可以毫不费力地创造生命。薛定谔认为，生命是量子的，生命的秩序属于"来自有序的有序"。

活力论
机械论
量子生物学的兴起
生命是量子的

02　酶是生命的引擎　/067

酶是生命的引擎。所有的生命都依赖酶。我们体内的每一个细胞中都填充着数百甚至数千个这样的分子机器，无时无刻不在"帮助"细胞组装和回收利用生物分子，使之持续不停地运转下去。这个过程，就是我们所说的"活着"。

生死攸关的酶
一场精心编排的分子舞蹈
量子思维，认识酶的关键
来自量子世界的魔法

第二部分　量子世界中的生命

03　光合作用中的量子节拍　/113

光合作用中能量从光子到反应中心的传递效率算得上是最高的，因为传递效率几乎是100%。在理想情况下，几乎所有叶绿素分子吸收的能量都可以到达反应中心。如果能量不是取道最短进行传递，大部分乃至全部能量都会在传递中殆尽。
光合作用的能量为何能如此擅长寻找捷径，一直
以来都是生物学领域的一大谜题。

双缝实验，切中量子力学的内涵
脆弱的量子相干性
神奇的叶绿素
光合作用中的量子计算机

气味分子或溶解在唾液中，或飘散在空气中，被
位于舌头或鼻腔顶部嗅觉上皮的感受器截获，嗅
觉就此产生。"锁钥模型"认为，气味分子嵌入
嗅觉感受器就如同钥匙插进了钥匙孔。气味与分
子振动频率紧密相关，臭鸡蛋的味道是 78 太赫！
对于振动频率相同而气味却大不相同的个别现
象，"刷卡模型"给出了完美解释。量子力学中
的非弹性电子隧穿，是嗅觉产生的关键。

我们是如何闻出味道的
形状模型，一把钥匙开一把锁
振动模型，臭鸡蛋的味道是78太赫
刷卡模型，嗅觉的量子计算

加拿大和墨西哥之间的帝王蝶以及北欧和北非之
间的知更鸟，它们的迁徙究竟是依靠什么导航的
呢？研究发现，触角中的隐花色素校准了体内的
生物钟，让帝王蝶在从加拿大飞往墨西哥的路上
不会迷路。知更鸟的地磁感受器是一种磁倾角罗
盘，能通过化学反应感受微弱的地磁。自旋单态
和三重态之间微妙的平衡性，让鸟类可以利用地
磁实现导航。

06 量子基因 /221

DNA 复制的错误率往往小于十亿分之一，极高的复制精度，得以让生命一代一代传下去。但是，如果遗传密码的复制过程一直完美无缺，生命便不可能进化，也不能应对种种挑战。复制过程的少许错误，能让子代更好地适应环境并繁盛起来。基因非常小，一定会受到量子规则的影响。但量子力学是否在基因突变中扮演了重要而直接的角色，还是一个待解之谜。

遗传，高精度的复制
突变，美丽的错误
基因编码
基因突变是量子跃迁吗

07 心智之谜 /259

关于心智、意识究竟是如何工作的，目前被广泛接受的理论是心智计算理论。如果一台量子计算机能够维持 300 个量子位的相干性和纠缠态，它的计算能力几乎相当于一台整个宇宙那么大的经典计算机！ 2011 年，我国科学家仅用 4 个以原子自旋状态作为编码的量子位就成功对 143（13×11）完成了因数分解，居于世界领先水平。

意识是什么
思想是如何产生的
人脑就是量子计算机
微管理论

LIFE

ON

THE

EDGE

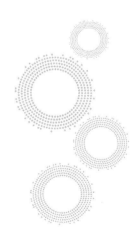

引　言

没有量子力学，就不会有生命

在整个科学领域，量子力学是最具影响力的重要理论。没有量子力学，我们就无法解释世界是如何运转的，比如：知更鸟长途迁徙时是如何通过微弱的地球磁场感知方向的？小丑鱼是如何找到回家之路的？光合作用中能量的传递效率为什么那么高？对所有这些问题的解答，都离不开量子力学，离不开量子隧穿、量子相干性和量子纠缠。

LIFE ON THE EDGE

The Coming of Age of Quantum Biology

今年冬天，欧洲寒冷的天气比往年来得更早一些，夜晚的空气中透着刺骨的严寒。在一只年轻知更鸟的脑海深处，一个曾经模糊的信念正在变得清晰而强烈。

在过去的几周里，这只知更鸟吞食了大量的昆虫、蜘蛛、蠕虫和浆果，远远超过了它的正常食量。现在，它的体重几乎有八月份时的两倍了。那时，它生育的一窝幼雏在学会飞翔后刚刚离巢。这只知更鸟多余的体重绝大部分以脂肪的形式储存，在它即将启程的艰苦旅途中，它需要这些脂肪作为飞行的燃料。

这将是它第一次离开瑞典中部的这片云杉林迁徙去南方。在这片土地上，它度过了自己短暂的前半生。几个月前，也是在这片土地上，它生产并抚育了自己年幼的孩子们。它其实还算幸运，因为去年的冬天并不是一个寒冬，而那时的它羽翼未丰，不够强壮，并不能踏上这样漫长的征程。因为直到来年春天它才会再次承担为人父母的责任，现在它需要考虑的只有自己，所以，它准备逃离即将来临的寒冬，一路向南，去享受南方更加温暖的气候。

距日落已近两个小时了，它并没有钻进爱巢准备过夜，而是在夜色中跳到了一棵大树靠近主干的枝头上。从春天开始，它就已经把家安在了这棵树上。它快速地抖动一下全身，就像一个马拉松运动员在赛跑前放松自己的肌肉。它橙色的胸脯在月光下闪闪发亮。几尺开外就是它的爱巢，半遮半掩地藏在长满苔藓的树干后面。为了筑建这个家所付出的艰辛努力和悉心照料，此刻都变成了朦朦胧胧的回忆。

它并不是唯一一只准备启程的鸟。其他的知更鸟，无论是雄性还是雌性，都已经确定，今晚就是它们应该开始漫长南迁之旅的日子。在四周的树林中，渐次响起了知更鸟高亢而尖锐的鸣唱，将其他林栖夜行动物发出的声响压了下去，仿佛它们感觉有必要向林中其他的栖居者们宣布自己的离开，并警告自己的邻居，在它们离家期间，想侵入它们的领地和鸟巢要三思而行。因为，这些知更鸟绝大部分都会在来年春天回到这里。

它快速地把头向一侧倾斜又歪向另一侧，以保证身体的灵活，紧接着猛然冲进了夜空。随着冬天的迫近，夜越来越长，在下次休息前，它可能要一口气飞上10个小时或是更长时间。

它是朝着195°的方向出发的，也就是南偏西15°。在未来的几天，它差不多会一直朝着这个方向飞行，顺利的话，一天能飞上320公里。它不知道旅途上会发生什么，也不知道旅途会有多长。云杉林附近的地形它还算熟悉，但飞出几公里后，月光下的景色就是陌生的湖泊、山谷和小镇了。

虽然它并不是要去一个特定的地方，但它的目的地大约是在地中海边上的某处。当发现一处环境宜人的地方时，它就会停下来，记好附近的地标，好在往后的几年中再回到那里。如果力气足够，它甚至会一口气飞越地中海，到达北非的海滨。不过，这才是它的第一次南迁，当务之急是逃离斯堪的纳维亚半岛刺骨的寒冬，所以它或许不会飞那么远。

它似乎没有察觉到，周围的知更鸟们也在朝着大致相同的方向飞行，有些之前甚至已经南迁过多次了。它的夜视能力极佳，但并没有像我们在长途旅行中那样寻觅任何地标，它也没有像其他夜间迁徙的鸟类一样，通过追踪晴朗夜空中星星的位置并对照头脑中的星图来确定方向。相反，数百万年的进化让它获得一项不同凡响的能力，来帮助它完成每年秋天大约 3 000 公里的例行迁徙。

动物大迁徙

迁徙，在动物王国中是一件平淡无奇的事情。比如，每年冬天，鲑鱼都会在欧洲北部的河流和湖泊中产卵，卵孵化成幼小的鱼苗，顺着河道流入大海，在北大西洋中发育成熟，三年后，这些年轻的鲑鱼溯流而上，重新回到它们孵化的河流与湖泊中去交配繁衍。帝王蝶会在秋天迁徙数千公里，向南穿过整个美国。它们或者它们的后代（它们会在迁徙途中繁衍后代）又会向北回迁，回到当初自己的先辈化蛹的同一片树林。在南大西洋阿森松岛（Ascension Island）海滩上孵化的绿海龟在海洋中游了数千公里后，每三年会回到那个它们当初出生的撒满蛋壳的沙滩上去产卵繁殖。这样的故事还有很多：许多候鸟、鲸鱼、北美驯鹿、多刺龙虾、蛙类、蝾螈，甚至是蜜蜂都有能力进行足以让最伟大的人类探险家都感觉困难的长途跋涉。

几个世纪以来，这些动物如何在环球迁徙中找到自己的方向一直是一个谜。现在我们知道，它们各有神通：有些动物会在日间利用太阳、在夜间利用恒星的相对位置来导航；有些动物会记忆地标；有些动物甚至能闻到它们在这个星球上该走的路。但导航能力最不可思议的要数知更鸟：它们能感知到地球磁场的方向与强度。这种能力被称为磁感应（magnetoreception）。虽然现在我们知道有一些其他生物也拥有这项能力，但我们最感兴趣的还是知更鸟在跨越大半个地球的旅程中是如何找到自己的方向的。

让知更鸟知道该飞多远、朝哪个方向飞的机理，其实已经编码在它们从父母那里继承来的基因之中了。这是一种复杂而又不同寻常的能力，让它能依靠这种第六感来确定自己的航向。像许多其他的鸟类一样（甚至还包括一些昆虫和海洋生物），知更鸟拥有感知地球微弱磁场的能力，并能依靠内在的导航直觉，从地磁场中得出方向性的信息。就知更鸟而言，它的导航直觉需要一种新式的化学罗盘作为指引。

磁感应真是个谜题。问题的关键在于地球的磁场非常微弱。地表的磁场在 30 ～ 70 微特斯拉 ① 之间，这一数值虽然足以使一个处于微妙平衡中且几乎没有阻力的罗盘指针偏转，但它只有一个普通冰箱贴磁力的 1%。这就出现了使人困惑的谜题：动物要想感知到地磁场，其体内某处的一个化学反应必然在某种程度上要受到地磁场的影响——这是包括我们在内的所有生物感知外界信号的方式。但是，地磁场与活体细胞内的分子相互作用所产生的能量还不及使一个化学键形成或断裂所需能量的 $1/10^9$。那么，知更鸟究竟是如何感知到地磁场的呢？

这样的谜题无论多么微不足道都足以令人着迷，因为这些谜题的答案可能将我们对世界的认识引向一种根本性转变的新方向。比如，16 世纪时，哥白尼曾深思托勒密地心说模型中一个相对次要的几何关系问题，这最终让他发现我们人类并不是整个宇宙的中心。达尔文痴迷于研究动物物种的地理分布与孤立小岛上雀类喙的异化之谜，最后他基于此提出了著名的进化论。德国物理学家马克斯·普朗克（Max Planck）关心物体热辐射的问题，他开始追寻黑体辐射之谜的解答，因此发现能量以名为"量子"（quantum）的离散团块传递，并最终在 1900 年引导了量子理论的诞生。那么，对于"鸟儿们如何在跨越半球的迁徙中找到方向"的解答是否也能掀起一场生物学革命呢？虽然有点出人意料，但答案是肯定的。

LIFE ON THE EDGE

量子
quantum
发热体表面的物质在以一定的离散频率振动，导致热能只能通过微小而离散的能量团进行辐射，而且这些能量团不可以再分，被称为"量子"。

但是，像这样的谜题，也会让伪科学家与神秘主义者们魂牵梦绕。正

---

① 特斯拉（Tesla），符号表示为 T，是磁通量密度或磁感应强度的国际单位制导出单位。1960 年巴黎国际计量大会上，此单位被命名以纪念在电磁学领域做出重要贡献的美籍塞尔维亚发明家、电子工程师尼古拉·特斯拉。1 特斯拉 =1 000 000 微特斯拉。——译者注

如牛津大学的化学家彼得·阿特金斯（Peter Atkins）在 1976 年所说："磁场对化学反应的影响——这一研究一直是冒充内行的骗子们嬉闹的领域。"事实也的确如此，各种古怪的解释都在某种程度上被当作候鸟迁徙时确定路线的机理。比如，心灵感应、古老的"灵线"（ley lines，连接不同考古或地理标志性地点的隐形线路，被认为拥有精神能量）、由"超心理学家"鲁珀特·谢尔德雷克（Rupert Sheldrake）发明的饱受争议的"形态共振"（morphic resonance）理论，不一而足。因此，阿特金斯在 20 世纪 70 年代的看法也就变得可以理解，那反映了当时在大多数科学家中流行的对"动物可能有能力感知到地球磁场"的想法所持的怀疑主义态度。似乎没有任何分子机理能够允许动物拥有感应磁场的能力，至少在传统的生物化学领域，这样的机理并不存在。

但就在彼得·阿特金斯表达了他的怀疑论的同一年，一对住在法兰克福的德国鸟类学家伉俪沃尔夫冈·维尔奇科与罗斯维塔·维尔奇科（Wolfgang and Roswitha Wiltschko）在世界最顶尖的学术杂志《科学》上发表了一篇突破性的论文，毋庸置疑地说明知更鸟确实能够感知到地球磁场。更令人惊奇的是，他们发现这些鸟儿们的感知能力与普通指南针的工作原理似乎并不相同。因为，指南针能够测量出从地磁北极到地磁南极的磁场差异，而知更鸟只能够判断出地极到赤道的磁场差异。

要理解指南针是如何工作的，我们需要先了解一下磁场线。磁场线是确定磁场方向的无形轨道。放在磁场中任意位置后，罗盘指针会自动与磁场线平行对齐。在一块条形磁铁上放一张纸，上面撒上铁屑，铁屑自动排列形成的模式，就是最常见的磁场线的形式。现在，请想象整个地球是一个巨大的条形磁铁，其磁场线从地球的南极发出，向外辐射，弯曲成环，最终汇入北极（见图 0-1）。

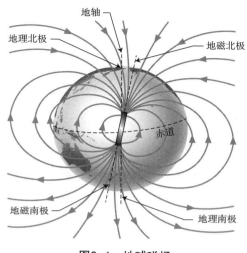

地轴

地理北极

地磁北极

赤道

地磁南极

地理南极

图0-1 地球磁场

　　在两极附近，这些磁场线的方向几乎是垂直传入或传出地面的，但是，越接近赤道，这些磁场线就越平而且越接近与地表平行。因此，我们把一种测量磁场线与地球表面夹角的罗盘称为"磁倾角罗盘"（inclination compass），该罗盘能够区分朝向地极与朝向赤道的方向。但这种罗盘并不能区分南北极，因为磁场线在地球的两个半球都会与地面产生相同的夹角。维尔奇科夫妇在1976年的研究中发现，知更鸟的磁感知能力正像这种磁倾角罗盘。可问题在于，当时没有人对这种生物磁倾角罗盘的工作原理有任何头绪。因为，在那个时候，人们完全无法想象，也没有已知的原理可以解释动物如何能在自己体内测出磁场线与地面的夹角。答案原来藏在当代最令人震惊的科学领域之中，其原理与量子力学的奇异理论有扯不断的关系。

万物背后的量子真相

　　假如今天在科学家中间进行一项民意调查，问他们什么是整个科学领域最成功、影响最深远、最重要的理论，答案可能会取决于你所问的科学家是在非生物科学领域还是生物科学领域。绝大多数生物学家认为达尔文的自然选择进化论是人类有史以来最意义深远的理论，而一个物理学家则更倾向于认为量子力学理论才应该占据科学中的首要位置，因为量子力学构筑了大部分现代物理学与化学的基石，揭示了宇宙的基本构成单位，并向人类展现了一幅非凡的宇宙全景。确实，**如果没有量子力学的解释，我们目前对世界如何运转的大部分看法都不能成立。**

几乎每个人都听说过"量子力学"，不过，认为"量子力学是一门艰深而难以理解的科学，只有极小部分非常聪明的人能够理解它"的想法一直很普遍。但事实是，从 20 世纪早期开始，量子力学就已经成了我们所有人生活的一部分。量子力学在 20 世纪 20 年代中期发展为一种解释极小世界（现称微观世界）的数学理论。原子构成了我们眼睛所见的一切事物，而量子力学描述了原子的行为以及构成这些原子的更小粒子的性质。比如，通过描述电子运动所遵循的规则以及电子在原子内部如何安排自己的行为，量子力学奠定了整个化学、材料科学甚至电子学的基础。不仅如此，过去半个世纪中大多数技术进步都以量子力学的数学规则为核心。

如果没有量子力学对电子如何在材料中穿梭的解释，我们就无法理解半导体的行为；而半导体又是现代电子学的基础，如果没有对半导体的理解，我们就无法发明出硅晶体管，以及后来的微芯片及现代计算机。这样的例子不胜枚举：没有量子力学对我们知识的提升，就不会有激光，也就没有 CD、DVD 或是蓝光影碟播放器；没有量子力学，我们就不会有智能手机、卫星导航或是核磁共振成像扫描仪。事实上，有估计称，如果没有我们对量子世界中力学原理的理解，发达国家超过 1/3 的国内生产总值将无法实现。

这才仅仅是个开始。在有生之年，我们十有八九会见证一个量子时代到来。那个时候，人类可以从激光驱动的核聚变中获得近于无限的电能；分子级别的人造机器会在工程、生化及医药领域帮助人类完成大量的任务；量子计算机将开始提供人工智能；从前只在科幻作品中出现的远距传物技术将很有可能成为信息传递的常规方式。发端于 20 世纪的量子革命将在 21 世纪持续加速，以不可想象的方式改变我们的生活。

但是，量子力学究竟是什么呢？对这个问题的探索将是贯穿本书的线索。对于初次接触量子力学的尝鲜者，此处我们以几例量子力学对生活潜移默化的影响为开始，向你展现这些真相如何塑造了我们的生活。

| 奇特的波粒二象性 |

第一个例子表现的是量子世界中最奇特的特征，也可以说是量子世界的决定性特征：波粒二象性。

我们已经熟悉了世界的构成，知道自己周围的所有物体都是由许许多多微小而离散的粒子构成的，比如原子、电子、质子和中子。你可能也知道，能量（比如声或光）以波的形式传播，而非粒子。波会向外扩散，而不是像粒子那样向四周移动；波在空间穿过，会像大海里的波涛一样，形成波峰和波谷。20 世纪早期，科学家发现亚原子粒子可以像波一样运动，而光波具有粒子的性质。量子力学正是在那个时候诞生的。

虽然波粒二象性不是什么你每天都需要考虑的事情，但它构成了许多非常重要机械的基础，比如电子显微镜。电子显微镜让医生和科学家能够看见、分辨并研究用传统光学显微镜看不见的极微小物体，比如艾滋病毒和普通流感病毒。"电子具有波的性质"这一发现直接催生了电子显微镜的发明。

德国科学家马克斯·克诺尔（Max Knoll）和恩斯特·鲁斯卡（Ernst Ruska）发现，因为电子产生的波长（指任一波中连续两个波峰或波谷之间的距离）比可见光的波长要短得多，因此基于电子成像的显微镜会比普通的光学显微镜捕捉到更多的细节。这是因为，当波遇到任何微小的物体后，如果这一物体的三维比波的波长要短，那么这个物体将不会影响和改变波的传播，就像波长几米的海浪冲击着沙滩上的鹅卵石一样。你需要更短的波长，比如那种在学校的科学实验课上常见的水槽里的涟漪，才能在遇到鹅卵石后产生反射和衍射，使我们最终"看见"这个鹅卵石。因此，克诺尔和鲁斯卡在 1931 年制造了世界上第一台电子显微镜，并用它拍下了世界上第一张病毒的照片。恩斯特·鲁斯卡因此获得了 1986 年的诺贝尔物理学奖。这个奖颁得或许有些迟了，因为克诺尔在多年前已经逝世（1969 年），而鲁斯卡在得奖两年后也离开了人世。

| 量子遂穿，"穿墙而过"的粒子 |

第二个例子将更加重要。你知道太阳为什么会发光吗？

大多数人可能知道太阳本质上是一个核聚变反应堆，消耗氢来释放热量和阳光，而阳光维持了地球上的所有生命。但是，很少有人知道，如果没有那让粒子"穿墙而过"的奇异量子性质，太阳根本不会发光。太阳（或者说宇宙中的所有恒星）之所以能够放射如此大量的能量，是因为氢原子的原子核（也就是带有一个单位正电荷的质子）能够聚变，并以我们称为阳光的电磁辐射释放能量。两个氢原子核要想聚变，就需要靠得非常近，但两者靠得越近，相互间的排斥力就越大，因为它们各携带一个正电荷，而同种电荷互相排斥。

事实上，如果要让两个质子靠近到足以聚变，那么两个质子必须要有能力穿越一堵亚原子尺度的"砖墙"：一个明显不可穿透的能量壁垒。经典物理学 ①——构建在牛顿定律之上，能够很好地描述日常生活中球体、弹簧、蒸汽引擎，甚至是天体的受力和运动——认为这样的穿越不可能发生。换句话说，因为粒子不可能穿墙而过，所以太阳也不应该发光。

但是原子核这一类遵循量子力学原理的粒子却暗藏玄机：它们通过一种被称为"量子隧穿"（quantum tunneling）的过程，可以轻松地穿透上述的壁垒。从本质上讲，是它们的波粒二象性使它们能够完成隧穿。正如海浪可以绕过物体（比如沙滩上的卵石）传播一样，波也可以绕过物体传播（比如声波可以穿透墙壁，让你听到邻居家的电视声）。当然，作为声波的介质，空气并没有真正地穿透墙壁：空气中的振动，也就是声音，使你和邻居共用的墙壁发生振动，而此振动又推动你房间中的空气，将相同的声波传入你的耳中。但原子核却不一样，如果你能像原子核一样行动，那么有时候，你真的能够像幽灵一般直接穿过坚实的壁垒。② 太阳内部的氢原子核所做的正是如此：它能让自己传播出来，像幽灵一样穿透能量壁垒，使自己与墙另一边的伙伴靠得足够近来完成聚变反应。因此，当你下一次在沙滩上晒太阳时，不妨看看拍打着沙滩的海浪，想一想量子粒子像幽灵一样波动，这种波动不仅能够让你享受温暖的阳光，也使得我们星球上所有的生命成为可能。

---

① 一般指在量子力学出现前的确定性物理学，包括狭义与广义相对论。经典物理学的提法是为了与非经典的量子力学相区分。

② 虽然认为"量子隧穿引起物质波从壁垒中穿出"的观点是错误的，但抽象的数学波动向我们提供了在墙壁的另一端瞬时发现量子粒子概率上的可能性。只要有可能，我们就会试着在本书中提供一些直觉性的类比来解释量子现象，但真实的情况是，量子力学是完全反直觉的，为了清楚地说明情况，这些例子可能会有过分简化的危险。

| 叠加态：华尔兹与爵士共舞 |

第三个例子与前面的例子也相关，但展现了量子世界不同甚至更加奇怪的特征：一种被称为"叠加态"（superposition）的现象。

叠加态现象指粒子可以同时完成两件、100件甚至100万件事情。这个性质可以解释我们的宇宙为什么如此复杂而有趣。在大爆炸之后，宇宙诞生，彼时的空间中充斥着单一的原子，即以最简单的形式存在的氢原子——由一个带正电荷的质子和一个带负电荷的电子构成。那是一个相当单调的世界，没有恒星或是行星，当然，也不会有任何生命。因为，包括我们自己在内，构成我们周围一切事物的"基本单位"，都是比氢原子更为复杂的物质，比如像碳、氧、铁这样更重的元素。幸运的是，在充满氢的恒星内部，可以利用氢的另一种形态来生成这些更重的元素。氢的这种更重的形态叫作氘或重氢。而氘原子之所以能存在，多少要归功于量子的魔法。

如前所述，合成的第一步是两个氢原子核，也就是质子，通过量子隧穿效应靠得足够近时，释放一些能量。正是这些能量变成的阳光温暖着我们的星球。第二步，两个质子必须结合在一起，这个过程并不容易，因为两个质子间的作用并不能提供足够的黏合力。所有的原子核其实由两种粒子构成：质子和电中性的中子。如果原子核中某一种粒子太多，量子力学的原理就认为原子核内的平衡会重新调整，部分多余的粒子会转变为另一种粒子：质子变成中子或是中子变成质子。这种转变的过程被称为 β 衰变（beta-decay）。两个质子结合时所发生的事情正是如此：两个质子不能共存，其中之一会 β 衰变为中子。剩余的质子与新生成的中子会结合形成一种新的物质氘核（氢的同位素①氘的原子核），之后，氘核会进一步发生核反应，合成更加复杂的、重于氢的原子核，从氦（两个质子加一个或两个中子）到碳、氮、氧，以此类推。

此处的重点在于，氘核的存在归功于其能同时以两种状态出现的能力，而这种能力恰是量子叠加态的体现。这是因为，由于自旋方式的不同，质子和中子能以两种不同的方式结合。我们随后将详细考察"量子自旋"（quantum spin）的概念与我们所熟悉的宏观物体（如网球）的旋转究竟有何不同，而现在，我们将暂时跟随自己对自旋粒子的直觉，把氘核内质子和中子的共同旋转，想象成一场精心编排的"舞蹈"，而这舞蹈结合了"缓慢亲密的华尔兹"与"节奏稍快的爵士"两种特点。早在 20 世纪 30 年代晚期，科学家就发现，氘核内部的这两种粒子并不是以这一种或那一种形式在共舞，而是同时以两种状态在舞蹈——它们同时跳着"华尔兹"和"爵士"——而正是这种舞蹈形式，将它们紧密结合在了一起。②

看了上文，你可能不禁要问："你们是怎么知道的？"是的，原子核太小了，远非肉眼所能看见，那么，为了更合情理，我们是不是该假设自己对"核力"的理解还不够完善呢？答案是否定的。上文的结论已经在多个实验室被反复证明：如果质子和中子以"量子华尔兹"或"量子爵士"的任意一种形式结合，两者间的核"黏合力"都不足以强到使两者结合在一起；只有两者互相叠加时，也就是两种状态同时存在时，黏合力才足够强。我们可以将这两种状态的叠加想象为两种颜料的混合（如蓝色和黄色，混

---

① 所有化学元素的不同核素互称同位素。一种元素由其原子核内的质子数定义：氢有一个质子，氦有两个，以此类推。而同一种元素原子核中的中子数可以变化。因此，氢有三种核素（同位素）：普通的氢原子核只有一个质子，更重一些的核素为氘和氚，各有一个和两个中子。

② 从专业角度来讲，氘核的稳定性是由于将质子和中子紧握在一起的"核力"的"张量相互作用"，这种相互作用使成对的质子与中子处于两种角动量状态的量子叠加态，这两种角动量状态分别称为"S 波"和"D 波"。

合后会形成一种新的颜色——绿色），虽然你知道绿色是由最初的两种颜色混合而成的，但它既不是蓝色也不是黄色。不同比例的蓝色和黄色混合，也能创造出不同色调的绿色。同样地，质子和中子能够结合为氘核，是因为它们的舞蹈大部分是"华尔兹"，但同时也混合着一小部分"爵士"。

因此，如果粒子们不能同时共舞"华尔兹"和"爵士"，那么我们的宇宙到现在还是一锅氢气粥，除了氢气外别无他物——没有发光的恒星，没有其他元素，你也不会在这儿读这些文字了。我们能够存在，是因为质子和中子以反直觉的量子方式存在着。

| 核磁共振的秘密 |

我们的最后一个例子要把大家带回到技术世界中。量子世界的性质不仅可以用来观察像病毒一样微小的事物，也可以用来观察我们的身体内部。核磁共振成像是一种医疗扫描技术，能够造出细节极其丰富的软组织图像。核磁共振成像通常被用来诊断疾病，特别是探测内部器官上的肿瘤。大多数介绍核磁共振成像扫描仪的通俗说明都没有提到，其实此项技术依赖于量子世界奇特的运转原理。核磁共振成像扫描仪使用磁力强劲的大型磁铁将病人体内氢原子核的自旋轴排列整齐。之后，这些原子被放射波脉冲刺激，迫使排列整齐的原子核以奇特的量子状态存在，同时向两个方向自旋。试着将这个过程视觉化对理解它并没有什么作用，因为目前它离我们的日常生活还很遥远。重点在于当这些原子核重新回到最初的状态（即它们还未接受能量脉冲的刺激而进入量子叠加态）时，它们会把之前接受的能量释放出来。核磁共振成像扫描仪上的电子仪器将收集这些能量，并以此为患者体内的器官造影，生成细节丰富的图像。

因此，如果你有机会躺在一台核磁共振成像扫描仪里，或许还一边听

着耳机里的音乐 ①，不妨花一小会儿时间想想亚原子粒子反直觉的量子行为，因为正是这种行为让核磁共振成像技术成为可能。

知更鸟是如何感知方向的

上面所有这些量子世界的奇异现象与知更鸟依靠自身导航跨越半球的航行有什么关系呢？对了，你应该还记得维尔奇科夫妇在 20 世纪 70 年代早期的研究：知更鸟的地磁觉与磁倾角罗盘的工作原理相同。这让人极其迷惑，因为那个时候，没有任何人对生物磁倾角罗盘的工作原理有头绪。

然而，大约在同一时期，一位叫克劳斯·舒尔滕（Klaus Schulten）的德国科学家对自由基（free radical）相关的化学反应中电子的转移方式产生了兴趣。他发现，大多数电子在原子轨道中成对出现，而分子的外层轨道却有孤电子存在。联系到奇怪的量子自旋性质，这个发现就显得重要起来。因为，配对的电子向相反的方向自旋，它们的合自旋也就抵消为零。但是，如果没有配对电子可以抵消自旋，自由基中的孤电子就会产生净自旋，并拥有磁性：在磁场中就可以统一排列它们的自旋。

舒尔滕提出，在高速三重态反应（fast triplet reaction）中会产生成对的自由基，而自由基中对应的成对孤电子会处于"量子纠缠"（quantum entanglement）的状态。由于某些难以理解的原因（后文会介绍），被分开的两个电子处于微妙的量子状态，对任何外部的磁场方向极度敏感。舒尔滕进一步认为，谜一般的鸟类罗盘可能使用了量子纠缠的机理。

---

① 核磁共振成像扫描仪会产生极强的磁场，因此在接受扫描时，禁止患者佩戴金属及磁性物质，包括钥匙、手表、心脏起搏器等物品，否则会发生危险的事故。耳机中含有金属及磁性物质，故作者此处描述的场景虽然只是想象，但不符合核磁共振成像扫描仪的使用规范，属于危险行为。——译者注

行文至此，我们还未事先解释量子纠缠，这是因为这可能是量子力学中最奇异的性质了。量子纠缠是指，曾经在一起的粒子，无论分开多么遥远的距离，都能保持瞬时的、近乎魔法般的联系。比如，曾经相距很近的两个粒子被分开很远很远，就算分到宇宙的两边，至少在理论上讲，它们仍然能够相互联系。实际上，刺激一个粒子，会让它远在天边的伙伴同时跃起。[①]

LIFE ON THE EDGE

量子纠缠
quantum entanglement
指曾经在一起的粒子，无论分开多么遥远的距离，都能保持瞬时的、近乎幽灵般的联系。

据量子力学先驱们的展示，量子纠缠能很好地符合他们列出的方程式，但由于其造成的影响太不可思议了，以至于伟大如提出黑洞和时空弯曲的爱因斯坦，也拒绝接受它，嘲笑量子纠缠不过是"远距离的幽灵作用"。这种"远距离的幽灵作用"也确实激起了"量子神秘主义者们"的兴趣，让他们做出了关于量子纠缠的夸大陈述，比如，认为量子纠缠可以解释诸如心灵感应等超自然现象。

爱因斯坦持怀疑态度，是因为量子纠缠违背了他的相对论，而相对论认为没有任何影响和信号能在空间中以比光更快的速度传播。按照爱因斯坦的理论，相距遥远的粒子不应该拥有幽灵般的同步联结。但就此事而言，爱因斯坦错了：现在，我们已经通过实证发现，量子粒子确实有远距离的瞬时联系。但即便这样，为了防止你胡思乱想，必须要澄清一下，**量子纠缠并不能被用来证实心灵感应的存在。**

---

① 我们必须要澄清一下，量子物理学家们并不会使用这种过于简单的语言。更加准确的说法是，两个相距很远但互相纠缠的粒子并不局限于局部联系，因为它们属于同一个量子状态的组成部分。但这么说并不能帮助我们更好的理解，是吧？

在 20 世纪 70 年代早期，如果有谁认为量子纠缠这种奇特性质参与了普通化学反应，人们就会觉得他在异想天开。在那时，许多科学家支持爱因斯坦，他们怀疑处于纠缠态的粒子是否真的存在，毕竟还从未有人发现过这样的粒子。但在那之后的几十年间，许多实验室设计了巧妙的实验，证实了这种幽灵般的联结，其中最著名的要数早在 1982 年由阿兰·阿斯拜克特（Alain Aspect）领导的一组法国科学家在南巴黎大学进行的实验。

阿斯拜克特的团队让成对的光子（光的粒子）处在了纠缠偏振状态。偏光太阳镜可能让我们对偏振光已经很熟悉了。每一个光子都有其方向性和偏振的角度，与我们之前介绍的自旋性质很相似。[①]阳光中的光子包含所有的偏振方向，而偏振太阳镜会过滤掉这些光子，只允许某个特定偏振角度的光子通过。阿斯拜克特生成了成对的光子，不仅偏振方向不同（比如一个向上一个向下），而且互相纠缠。正如之前那个舞伴的比喻，这两个光子中的任意一个，并不是真的朝此或是彼方向偏振，而是同时既向此又向彼方向偏振，接下来就要测量它们了。

测量是量子力学中最不可思议也是最有争议的地方。它与一个你一定已经想到的问题有关：**为什么我们看到的所有物体不会像量子粒子一样完成这些怪异而又神奇的事情呢？答案是，在微观的量子世界中，粒子们之所以能够表现得如此奇特（比如同时做两件事、能穿墙而过、拥有幽灵般的联结），是因为没有人在看。一旦用某些方法去观察或是测量它们，它们就会失去这些特异性，表现得像我们周围随处可见的那些经典的普通物体一样了。**

当然，这只会带来另一个问题：测量究竟有什么特别之处，能让量子

① 但是，因为光既可以被看作是波也可以被看作是粒子，将极化（与量子自旋不同）视为光波振动的方向会更容易理解。

粒子从量子行为变成了符合经典物理学的行为？^①这个问题的答案对本书的故事很重要，因为测量正处于量子世界与经典世界的边界上，可能你从本书的英文书名中也猜到了一二，生命也处在这个地方，即处于量子的边缘。

对量子测量的探索将会贯穿全书，而我们也希望你能逐渐掌握探索过程中难以理解的微妙之处。现在，我们将仅仅考虑对此现象最简单的理解，姑且认为用科学的工具测量一个量子性质，使得被测量的目标瞬间失去了自己的各种量子能力，而展现出一种传统的经典物理学性质，比如测量光的偏振状态时，光子失去同时指向各个方向的能力，而仅仅指向单一的方向。因此，当阿斯拜克特用观察光是否可以穿过特定的偏光镜的方法测量任意一对互相纠缠的光子其中之一的偏振态时，该光子瞬间失去了和它同伴之间幽灵般的联系，并采取了单一的偏振方向。而无论这对光子离得多远，它的同伴也会瞬间变得和它一样。至少，量子力学的方程式是这样预测的，也正是这一点让爱因斯坦心神不宁。

LIFE ON THE EDGE
量子实验室
The Coming of Age of Quantum Biology

阿斯拜克特和他的团队在实验室中进行了一个著名的实验：一对光子被分开数米远，这个距离已经足够。因为相对论告诉我们，没有什么会比光的传播速度更快，所以即使在两个光子之间施加一个以光速传播的影响，也不能影响它们偏振的角度。但是，测量结果表明，这对光子的偏振方向是相关的：当其中一个光子向上偏振时，与其成对的另一个光子会向下偏振。

---

① 为了能够清楚地说明这个问题，此处我们再一次使用了过于简化的语言。测量量子粒子的一种特定的性质，比如其位置，也就意味着我们对该粒子的所在不再是不确定的——换句话说，该粒子被放在了焦点上，不再模糊。然而，这并不意味着它现在就像一个经典物理学下的粒子一样运动了。根据海森堡测不准原理（Heisenberg's Uncertainty Principle），该粒子不再有固定的速度。也就是说，一个在确定位置上的粒子，在那个时间点上，处于以任何可能的速度向任何可能的方向运动的量子叠加态。至于量子自旋，因为这个性质只存在于量子世界，对它的测量显然不会让该粒子以经典物理学的方式运动。

自 1982 年起，这个实验被重复多次，更有甚者，将成对的两个光子分开数百公里之远，而分开的光子总能表现出这种让爱因斯坦无法接受的幽灵般的纠缠联系。

在舒尔滕提出鸟类罗盘使用了量子纠缠的机理之后很多年，阿斯拜克特才做了这个实验，而在舒尔滕的时代，量子纠缠现象还颇具争议。而且，舒尔滕并不知道如此模糊的化学反应如何能让知更鸟"看见"地球的磁场。此处，我们说"看见"是因为维尔奇科夫妇的另一大发现。虽然知更鸟在夜间迁徙，但是要激活其体内的磁性罗盘需要少量的光（大约在可见光谱中偏蓝的一端），这就暗示着知更鸟的眼睛在其体内罗盘的运转中扮演着重要的角色。但是，除了视觉之外，知更鸟的眼睛又是如何向其提供磁感觉的呢？不管是否掌握舒尔滕的自由基配对原理，这都是一个十足的谜题。

"鸟类罗盘中用到了量子力学的理论"这一认识在科学的角落中搁置了 20 余年。舒尔滕后来去了美国，在伊利诺伊大学香槟分校建立起了非常成功的理论化学物理小组。但他从来没有忘记他那稀奇古怪的理论，并持续地撰写修改了一篇相关的论文，该文列举出一些可能的生物分子（活细胞中产生的分子），而这些生物分子可能会产生完成高速三重态反应必不可少的自由基。但是没有一种生物分子能够满足条件：它们不是不能产生自由基对，就是在知更鸟的眼睛里不存在。直到 1998 年，舒尔滕在一篇论文中了解到，在动物的眼中发现了一种神秘的光感受器，叫作隐花色素（cryptochrome）。这立刻激起了他的科研直觉，因为隐花色素是一种已知的可能会产生自由基对的蛋白质。

一位名叫索斯藤·里茨（Thorsten Ritz）的博士生后来加入舒尔滕的小组，里茨颇具天赋。在法兰克福大学读本科时，里茨听过舒尔滕关于鸟类罗盘的演讲，并对此着了迷。当出现机会时，他就跳槽到舒尔滕的实验室读博士，最初的研究课题是光合作用。当知道了隐花色素的事情后，他又转去研究磁感应。2000 年，里茨与舒尔滕合著了题为《鸟类基于光感受器的磁感应模型》的论文，描述了隐花色素如何能在鸟的眼睛中创造一个量子罗盘（在第 5 章中，我们还要更加详细地讨论这个问题）。

四年后，里茨与维尔奇科夫妇组成小组，共同进行了一项关于知更鸟的研究，为"鸟类利用量子纠缠来进行环球导航"的理论提供了第一份实验证据。这一切似乎证明，舒尔滕一直是对的。他们 2004 年的论文，在《自然》上一经发表就引起了广泛的关注，鸟类的量子罗盘也立刻成为量子生物学——这门新兴科学的典型代表。

形形色色的量子现象

之前我们描述过量子隧穿和量子叠加态，它们都既存在于太阳的核心，也存在于电子设备中，比如电子显微镜和核磁共振成像扫描仪之中。那么，量子现象出现在生物学中又有什么值得我们大惊小怪的呢？

生物学，其实只是一种应用化学，而化学又是一种应用物理学。因此，当你非要刨根问底时，所有的事物，包括我们和其他生物，都是物理学而已！这正是许多科学家所支持的论点，他们认为量子力学必须深层次地参与到生物学中，但他们同时也认为量子力学在生物学中的角色是无足轻重的。这些科学家想表达的观点是：因为量子力学的规则描述了原子的行为，而生物学毫无疑问地包含了分子间的相互作用，那么量子力学的规则在生物学最微观的层面一定也适用——不过也仅仅在这些最微观的层面适用，而在对生命至关重要的一些宏观过程中，量子力学只有很少的作用或是根本就没有作用。

这些科学家的观点至少是部分正确的。诸如像 DNA 或是酶之类的生物分子是由像质子和电子这样的基本粒子组成的，而这些粒子的相互作用受限于量子力学。不过，话说回来，你正在读的这本书或是你正在坐的椅子其实也是一样的。你走路、说话、进食、睡觉，甚至思考的方式，无一不取决于量子世界中的力对电子、质子及其他粒子的控制，正如你的汽车和烤面包机的运转也极大地依靠于量子力学一样。

但是，总的来说，你并不需要知道这些。车辆机械工人并不要求在大学时修量子力学的学分，大多数生物学专业的课程也鲜有提及量子隧穿、量子纠缠或是量子叠加态。即使我们不知道这个世界的运转，除了基于我们熟悉的规则外，其实从根本上还依靠着一套我们完全不熟悉的法则，我们中的大多数人也照样活得好好的。发生在极微观层面的奇异量子现象，对大一点的东西来说，比如我们每天见到和使用的汽车或烤面包机，通常并不能产生什么影响。

为什么不能呢？足球不能穿墙而过，人与人之间并没有幽灵般的联结（除了伪称的心灵感应），你会沮丧地发现，自己不能同时既在办公室又在家里。但是，构成足球或是人体的基本粒子却能做到所有这些事情。为什么会有这样一条断层线？边界的一边是我们眼见为实的世界，而其表面之下，在边界的另一边，是物理学家们确认存在的另一个不同的世界。这是整个物理学中最深奥的问题，与我们之前提到过的量子测量现象有关。

当量子系统与诸如阿兰·阿斯拜克特实验中的偏光镜等经典物理学的测量工具相互作用时，量子系统立刻失去了其量子特异性，表现得像经典物理学的物体一样。但是，我们周围的世界是我们看到的这个样子，并不能完全归咎于物理学家们采用的测量方法。那是什么力量在物理实验室之外使量子行为消失了呢?

答案与粒子的排列方式及其在大型(宏观)物体中的运动方式有关。原子与分子倾向于在非生命固体内随机地散布及无规则地振动;在液体与气体中,由于热的关系,它们也会持续地随机运动。这些随机的因素——散布、振动与运动——导致粒子波浪式的量子性质迅速消失。因此,**其实是一个物体的所有量子成分的整体行为,共同完成了对所有成分的"量子测量",也因此让我们周围的世界看起来变得正常。**

为了观察到量子的特异性,你要么必须去一些不同寻常的地方(比如太阳的内层),要么凝视深层的微观世界(借助类似电子显微镜的工具),要么仔细地把量子粒子排成一行,以便它们能够步调一致地前进(正如当你躺在核磁共振成像扫描仪中时,你体内的氢原子核会按照相同的方式自旋——当关掉电磁铁后,原子核的自旋方向重新变得随机,量子一致性会再一次被抵消掉)。同理,分子随机化可以解释为什么大多数时候没有量子力学我们也可以照样过日子:**我们周围所有能看见的非生命物体,其量子特异性由于构成它们的分子持续地向各个方向随机运动,而被抵消掉了。**

注意是"大多数时候"而不是"总是"。正如舒尔滕所发现的那样,只有用到纠缠态这一精妙的量子理论时,才能解释高速三重态反应的反应速度。但高速三重态反应不过只是"快"而已,而且仅仅涉及两三个分子。要想解释鸟类的导航能力,量子纠缠必须对整只知更鸟施加持续的影响。因此,宣称鸟类磁性罗盘是量子纠缠的,与宣称量子纠缠在一个只涉及几个分子的特殊化学反应中起到了作用是两个完全不同级别的命题。因此,这个主张受到了相当数量的怀疑也就不足为奇了。

通常认为，活细胞主要是由水和生物分子组成的，并处于一种恒定的分子搅动状态中，而这种分子搅动会立刻测量并分散奇特的量子效应。此处的"测量"并不是让水分子或生物分子真的去完成测量（就像我们测量物体的重量或是温度），然后把数值永久地记录在纸上、电脑的硬盘上，甚至仅仅是记在我们的大脑里。此处我们所讨论的"测量"是当一个水分子撞击在处于量子纠缠态中的一对粒子的其中之一上时所发生的事情：水分子随后的运动会受到该粒子先前状态的影响，因此，如果去研究水分子撞击后的运动，将能推理出与其相撞的粒子的一些性质。

从这个意义上来讲，水分子完成了一次"测量"，因为不管是否有人去检验，水分子的运动提供了一份关于被撞击的纠缠粒子对的记录。这种偶然的"测量"通常足以破坏纠缠态。因此，许多科学家认为，宣称精细的量子纠缠态能够在温热而复杂的活细胞内部保存下来，是一种不切实际的想法，近于疯癫。

但是，近几年来，我们关于这类事物的知识取得了巨大的进步——不仅仅是与鸟类相关。在许多生物现象中的确发现了诸如叠加态和隧穿之类的量子现象，从植物如何获得阳光到我们的细胞如何制造生物分子都涉及该内容。甚至连我们的嗅觉或是我们从父母那里继承来的基因可能都要依赖奇异的量子世界。研究量子生物学的论文现在经常出现在世界上最权威的科学期刊上。尽管现在只有一小部分科学家坚持认为量子力学在生命现象中扮演的角色不是无足轻重的，而是至关重要的，但这个数量正在增长。**而生命，在一个特殊的位置——量子世界与经典世界的边缘上，维持着奇异的量子特性。**

我们于 2012 年 9 月在英国萨里大学举办了量子生物学国际研讨会，该领域中的绝大多数科学家都出席了这次会议（见图 0–2），而我们竟然成功地把大家全安排进了一个小型阶梯教室里，那时，我们清楚地发现，研究量子生物学的科学家在数量上真的很少。但是，那种发现量子力学在日常生物现象中所起作用的兴奋，正在驱动着这个领域快速发展。为什么温热、湿润、混乱的生命体内能有量子特异性存在？这个谜题的答案已逐渐浮出水面，而对这个问题的研究可能对新量子技术的发展产生巨大影响，量子生物学是目前最令人激动的研究领域。

不过，要想真正感受这些发现的重要性，我们必须先提一个貌似简单的问题——生命是什么。

自左至右为，吉姆·艾尔－哈利利（Jim Al-Khalili）、约翰乔·麦克法登（Johnjoe McFadden）、弗拉特科·韦德拉（Vlatko Vedral）、格雷格·恩格尔（Greg Engel）、奈杰尔·斯克鲁顿（Nigel Scrutton）、索斯藤·里茨（Thorsten Ritz）、保罗·戴维斯（Paul Davies）、珍妮弗·布鲁克斯（Jennifer Brookes）、格雷格·斯科尔斯（Greg Scholes）。

图 0–2　2012 年英国萨里大学量子生物学国际研讨会的出席者

LIFE ON THE EDGE

第一部分
生命科学的前世今生

The Coming of Age of Quantum Biology

LIFE

ON

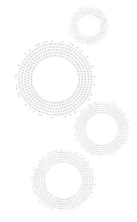

THE

EDGE

01
生命是什么

在很长一段时间里，人们认为生命体与非生命体的主要区别在于生命体内有一种特殊的"生命力"。后来，活力论渐渐让位于机械论。但是，生命中仍有许许多多的待解之谜。尽管克雷格·文特尔成就非凡，他仍不能从零开始创造出生命，而最低级的微生物却可以毫不费力地创造生命。薛定谔认为,生命是量子的,生命的秩序属于"来自有序的有序"。

神奇的生命

随着"旅行者 2 号"航天探测器（Voyager 2）于 1977 年 8 月 20 日在美国佛罗里达州发射升空，人类有史以来最成功的科学探索任务拉开了帷幕。两周后，"旅行者 2 号"的姐妹探测器"旅行者 1 号"（Voyager 1）也冲向了苍穹。[①] 两年后，"旅行者 1 号"到达了它的第一个目的地——木星。在这里，它先是完成了对木星这个巨型气态行星的拍照任务，得到了木星上空翻腾盘旋的气流和著名的木星大红斑照片，随后，又从冰雪覆盖的木卫三上空飞过，之后，"旅行者 1 号"还见证了木星的另外一颗卫星木卫一上的一次火山喷发。与此同时，"旅行者 2 号"正在另外一条不同的轨道上飞行，它于 1981 年 8 月抵达土星附近，开始传送回一系列美得令人惊艳的土星环照片。通过这些照片可以发现，这些像一条精心编织的项链一样的土星环，其实是由数以百万计的小岩石和小卫星构成的。大约又一个十年后，"旅行者 1 号"于 1990 年 2 月 14 日拍下了

---

① "旅行者 2 号"先于"旅行者 1 号"两周发射，"旅行者 1 号"发射于同年 9 月 5 日。——译者注

有史以来最引人注目的照片：在一片带着颗粒感的灰色背景中，地球只是一个极其微小的小蓝点。①

在过去的半个世纪中，旅行者探空计划和其他太空探测器让人类得以在月球上漫步，遥控式地探索火星上的峡谷，窥视金星上荒凉的大漠，甚至还目睹了一颗彗星猛烈地撞入木星的大气层。但大多数情况下，这些探测器发现的只是岩石——许许多多的岩石。事实上，我们可以认为，对姐妹星球的探索其实在很大程度上是对岩石的研究。无论是"阿波罗号"上的宇航员从月球上带回的一吨左右的矿物质，还是美国国家航空航天局（NASA）在"星尘"任务中发现的需要用显微镜才能看到的彗星碎片，无论是于 2014 年与一颗彗星直接接触的"罗塞塔号"（Rosetta）彗星探测器，还是分析火星表面情况的"好奇号"火星探测器（Curiosity Rover），其实都是在研究各种各样的岩石。

宇宙空间中的岩石当然是非常有趣的东西，因为它们的结构和组成将为解答诸如太阳系的起源、各个行星的形成以及太阳系形成之前的宇宙事件等问题提供线索。但是，对于大多数非地质学家而言，一块火星上的球粒陨石（一种石质的非金属陨石）和一块来自月球的橄长岩（一种铁质的富含磁性物质的陨石）并没什么太大的不同。然而，在太阳系中却有这样一个地方——在这里所有构成岩石和石头的基本元素以多样化的形态、功能和化学反应结合在了一起，仅仅一克这样的物质就足以超越已知的宇宙空间中所有其他地方的物质多样性。这个地方就是"旅行者 1 号"拍到的那个暗淡的蓝色小点，而我们把它叫作"地球"。最令人惊奇的是，那些让我们的星球表面变得如此与众不同的形形色色的原材料，还共同创造了

---

① "旅行者 1 号"于 1990 年拍摄的著名照片——《暗淡蓝点》（Pale Blue Dot）。从数十亿公里外看去，在一条彩色射线带中，地球变成了一个微小的点，甚至占不满一个像素点。——译者注

生命。

生命如此美妙。我们已经讨论过知更鸟令人惊异的磁感应，但这种特别的技能不过是其诸多能力中的一种而已。知更鸟能够看到、嗅到、听到并捕捉苍蝇；它能够在地面或是树杈间跳跃；它能够飞上天空并一口气飞行数百公里远。最令人惊叹的是，它能够在伴侣的一点点帮助之下，用和那些岩石成分相同的材料，创造出一整窝和自己相似的生物。**地球上有成千上万亿的生命体，它们具备与知更鸟相似的能力，还有许多其他同样令人费解的技能，而知更鸟只是这芸芸众生中的沧海一粟。**

另一种非常奇妙的生物当然就是你了。凝视夜空，星光中的光子进入你的眼睛。光子经视网膜组织转换为极其微弱的电流，沿着视神经抵达大脑的神经组织，并生成一种"闪烁"的神经冲动，让你体验到自己正置身于一闪一闪的漫天繁星之下。与此同时，你的内耳毛发细胞感受到了小于 $1/10^9$ 个大气压力的轻微气压变化，并生成听觉神经信号来提醒你，微风正拂过树林，那声音仿佛鸣响的口哨。几个分子飘入你的鼻子，被特殊的嗅觉感受器捕捉到，这些分子的化学特性紧接着传递到你的大脑，告诉你现在正值夏日时光，金银花正在盛放。此外，你的每一个微小的运动，无论是仰望星空，静听风吟，还是嗅闻花香，都要靠数百条肌肉协调行动才能得以实现。

由人类的身体组织完成的那些机械运动，无论如何不同凡响，与同在一个星球上生存的其他生命体比起来，都显得苍白无力。切叶蚁能够举起 30 倍于自身质量的重物，相当于你要背起一辆小汽车。大齿猛蚁在咬合时能将大颚在 0.13 毫秒内从 0 加速到 230 千米 / 时，而一辆 F1 方程式赛车要加速到相同的速度需要大概 40 000 倍的时间（大约 5 秒）。亚马孙河电鳗能够瞬间产生 600 伏特的致命电压。生命的能力千奇百怪：鹰击长空，鱼翔浅底，蚓食埃土，猿曳森林。还有，正如前面发现的那样，包括知更鸟在内的许多动物，能够利用地球磁场完成数千公里的旅程。此外，就生物合成能力而言，没有什么能够与地球上那多姿多彩的绿色生命相提并论。它们把空气、水（再加一些矿物质）的分子糅合在一起，就造出了青草、橡树、海藻、蒲公英、地衣和高耸入云的红杉树。

所有的生命体都有其特别的技能和特长，比如知更鸟的磁感应或是大齿猛蚁的极速咬合，但有一种人类器官的表现可以让其他所有生物望尘莫及。这个灰色肉质的器官（大脑）被我们坚硬的颅骨牢牢地保护着，其计算能力超过了世界上所有的计算机，它还创造了埃及金字塔、广义相对论、《天鹅湖》、《梨俱吠陀》、《哈姆雷特》、明代的陶器和唐老鸭。而且，**最令人惊叹的一点是，人类大脑有能力感知到自身的存在。**

生命体拥有万千的形态和无尽的功能，然而构成这种极大生命多样性的原子，与火星上那些球粒陨石中发现的原子几乎完全相同。

究竟是什么将岩石中那些没有活动能力的原子和分子夜以继日地转化为能跑、能跳、能飞、能定位、能游泳、能生长、能爱、能恨、能欲求、能恐惧、能思考、能哭、能笑的活生生的生物呢？这是科学界最宏大的问题，也是本书的核心。对它这种非凡转化现象的熟悉，让我们觉得它似乎稀松平常，但请牢记，即使在这样一个基因工程与合成生物学的时代，人类还从来没能用完全非生命的物质创造出生命。我们的技术至今未能成功地完成一次转化，而即使是地球上最简单的微生物也能毫不费力地创造出生命来。这个事实告诉我们，我们关于生命构成的知识还不完善。我们可能忽略了一些元素，这些元素并不存在于非生命体中，却是激活和维持生命必不可少的"火种"。

这并不是说我们要宣称存在什么能够激活生命的原动力、灵魂或是神奇的原料。我们的故事可比那有趣多了。我们要做的是探讨最新的研究。这些研究表明，至少有一部分生命之谜的问题会在量子力学的世界中得到解答。在那里，物体可以同时出现在两个地方，物体之间拥有幽灵般的联结，并且可以穿越明显无法穿透的屏障。**生命似乎一只脚踩在了充斥着日常物品的经典世界中，而另一只脚陷在了奇怪而特别的量子世界中。我们想说的是，生命，其实生活在量子的边缘。**

我们坚信自然法则只能用来描述基本粒子的行为，但是，动物、植物和微生物是否也受自然法则的支配呢？当然，就像足球、汽车或是蒸汽火车一样，生命体同样是由数以兆计的粒子构成的宏观物体，应该充分地遵循经典物理学规律，比如牛顿力学定律或是热力学定律。既然如此，那我们为什么还需要隐藏的量子力学世界来解释生命物质的奇特属性呢？要回答这个问题，我们需要先踏上一次短暂的科学之旅，来回顾一下科学为了理解"生命究竟有什么特别之处"所做过的努力。

活力论

生命之谜的核心在于：与一块石头相比，为什么物质一旦形成生命就会表现得如此不同？ 古希腊的哲人们是探究这个问题的第一批人。哲学家亚里士多德或许是世界上第一位伟大的科学家。他发现了非生命物质的一些可靠且可预测的性质：比如，固体具有下落的倾向，而火和水蒸气倾向于上升；天体倾向于围绕地球做圆周运动。然而，生命却大不相同：尽管很多动物也有下落的倾向，但它们也会跑；植物可以向上生长，而鸟儿则可以飞离地面。那么，是什么让生命与世界上其他的东西不同呢？年代更早的哲学家苏格拉底曾做出回答，答案记录在其学生柏拉图的书中："是什么，当其出现在物体体内时，就让它拥有了生命？答案是灵魂。"

亚里士多德同意苏格拉底关于生命体拥有灵魂的说法，但他认为灵魂也有等级。最低级的灵魂附身于植物，让植物能够生长，并从周围吸取养分；动物的灵魂更高一级，赋予其宿主感觉和运动的能力；只有人类的灵魂，承载着理性与智力。古代中国的哲人们持有相似的看法。他们认为，生命体之所以活着，是有一种叫作"气"的无形生命力在生命周身流转。后来，世界上的主要宗教都吸收了"灵魂"这一概念，但灵魂的性质、灵魂与身体之间的联系等问题却仍然玄妙而神秘。

生命的另一个谜团在于生命的必死性。大家普遍相信灵魂是不朽的，可为什么生命却如此短暂？大多数文化给出的答案是，在死亡降临时，灵魂会脱离躯体。到了 1907 年，美国医生邓肯·麦克杜格尔（Duncan MacDougall）宣称自己能够通过在病人死后立刻称量其体重的方法，对比其死亡前后体重的变化，从而测量出灵魂的质量。他的实验让他相信灵魂的质量大约为 21 克。但灵魂为什么非要在陪伴了我们 70 多年后脱离我们的身体呢？这仍是个谜。

灵魂的概念虽然不再是现代科学的一部分，但它至少将对生命体与非生命体的研究区分开来，使科学家能够心无旁骛地研究非生命体内部运动的成因而不受神学和哲学问题的困扰。研究"运动"（motions）这一概念的历史可谓久远、复杂而又迷人，但在本章中，我们只是带着你简要地游览一遭。之前已经提过，亚里士多德认为，物体有向着地球、远离地球或围绕地球旋转等运动倾向，他将这些倾向统称为"自然运动"（natural motions）。他还发现，固体能够被拉、推和抛出。这些运动在他看来是"被动的"（violent），而且是由另一个物体提供的某种力量发起的，比如一个投掷物体的人。但是，投掷这一动作又是怎么产生的呢？或者说鸟是如何飞起来的呢？似乎还有其他的原因。亚里士多德指出，与非生命体不同，生命体具有自发产生动作的能力。而就上述的例子而言，产生动作的就是生命体的灵魂。

一直到中世纪，亚里士多德关于"运动"起源的看法都占据着主导地位，但有趣的事情发生了。科学家们（当时他们称自己为自然哲学家）开始用逻辑和数学的语言来表达关于非生命体运动的理论。大家可以争论究竟谁对这次极具效益的人类思想转变做出了贡献，但可以明确的是，中世纪阿拉伯和波斯的学者们，比如阿尔哈曾（Alhazen，965—1040）和阿维森纳（Avicenna，980—1037），一定扮演过重要的角色，而之后兴起的欧洲学术机构，比如巴黎大学和牛津大学，延续并发展了这一潮流。

不过，这种描述世界的方法第一次结出丰硕的果实应该是在意大利的帕多瓦大学。伽利略在那里用数学公式推导出了简单的运动定律。在伽利略逝世的 1642 年，牛顿诞生于英格兰的林肯郡。牛顿继续伽利略的工作，对非生命体在力的作用下运动发生改变的现象提出了极其成功的数学表达。今天，我们将他提出的这套理论称为"牛顿力学"。

牛顿的力在一开始还是一个神秘的概念，但几个世纪过去之后，人们越来越认识到力与"能量"的概念密不可分。移动物体，被描述为向碰到的静物转移能量，使其移动。但是，力同样可以在物体间远程传递：比如把牛顿的苹果拉向地面的地球引力，或是让指南针的指针旋转的地磁力。

由伽利略和牛顿发端的伟大科学进步在 18 世纪得到了长足的发展，到 19 世纪末期，经典物理学的理论框架已经基本建成。在那个时候，科学家们已经知道，热和光等其他形式的能量也可以与物质的组成（原子和分子）

进行互动，让物质变热、发光或改变颜色。物体是由微小的粒子构成的，而这些粒子的运动受到重力和电磁力的控制。在 19 世纪晚期，苏格兰物理学家詹姆斯·克拉克·麦克斯韦（James Clerk Maxwell）证明，电力和磁力其实是同一种力（电磁力）的两个方面。这样一来，物质世界，或者至少是物质世界中的非生命体，就被分成了两个截然不同的部分：由粒子组成的可见的物质和以难以理解的方式在物质之间作用的不可见的力。当时认为，不可见的力以能量波的形式在空间中传播或是利用"力场"（force field）发生作用。但是，构成生物的生命物质又是怎么一回事呢？是什么构成了这些生命物质，它又是如何运动起来的呢？

机械论

所有的生物都是从某种超自然的物质或是主体那里获得了生命力，这一古老的想法确实为生物与非生物之间令人惊异的差异提供了某种解释：生命之所以不同，是因为灵魂而非其他平凡的机械力量在驱使其行动。但这终归不是令人满意的解释，就好像说太阳、月亮和恒星的运动是因为有天使推着它们在动一样。事实上，这个问题还没有什么真正的解释，灵魂（和天使）的性质依然是个十足的谜题。

17 世纪时，法国哲学家勒内·笛卡儿提出了一种全新的视角。他有感于当时用来取悦欧洲宫廷的机械钟表、玩具和自动人偶，受其机械原理的启发，革命性地宣称植物和动物的身体，包括人类在内，都不过是由传统材料制成的精密机械，由泵、齿轮、活塞和凸轮等机械装置提供动力，而这些机械装置的动力与支配非生命体运动的力量相同。笛卡儿将人类的心智排除在他的机械论之外，认为心智是一个不朽的灵魂。笛卡儿的哲学至少尝试着用支配非生命体的物理定律为解释生命提供了一种科学框架。

牛顿的力学体系让机械生物路径传统在近现代一直延续：物理学家威廉·哈维（William Harvey）发现，心脏不过是一个机械泵。一个世纪之后，法国化学家安托万·拉瓦锡（Antoine Lavoisier）证明，呼吸的天竺鼠消耗氧气，呼出二氧化碳，正如燃烧燃料为新发明的蒸汽引擎提供动力一样。拉瓦锡据此总结道："因此，与煤的燃烧很类似，呼吸是一种非常缓慢的燃烧现象。"笛卡儿可能曾经也预言过，动物与燃煤驱动的火车头没有看起来那样不同。而后者很快让工业革命席卷了欧洲。

但是，驱动蒸汽火车的力量也能让生命运动吗？要回答这个问题，我们先要理解蒸汽火车是怎样翻山越岭的。

| 分子台球桌 |

研究热量与物质相互作用的科学被称为热力学。该学科的核心观点由19 世纪奥地利物理学家路德维希·玻尔兹曼（Ludwig Boltzmann）提出，他大胆地将组成物质的粒子看成了一大堆遵循牛顿力学定律的随机碰撞的台球。

试想用一根可移动的短杆将台球桌 ① 的表面分成两侧。包括母球在内的所有球都在短杆的左手边，整组台球整齐地摆成三角形。现在，用母球用力击打球组，让台球向各个方向快速运动，互相撞击，在球桌库边及可移动短杆上反弹。想想短杆会发生什么：球都在左侧，因此它会受到来自左侧的多次撞击，而不会受到来自空空如也的右侧的撞击。即使所有的台球都是完全随机地运动，在所有随机运动的台球的推动下，短杆也会受到

---

① 此处讨论的是美式台球。

一个将其向右推动的平均力，使左侧的区域扩大，右侧的区域压缩。我们可以进一步想象，利用这个台球桌做一些功。比如，通过建造一个由杠杆和滑轮组成的奇巧的装置，用短杆向右的运动来推动一列玩具火车爬上一个山坡的模型。

玻尔兹曼意识到，从本质上讲，这正是热力引擎将真实火车头推上真实山坡的原理。别忘了，当时正处于蒸汽时代。蒸汽机汽缸里的水分子与被母球击散的台球表现得极为相似：炉内的热量使它们的随机运动加速，使分子互相撞击，推动活塞更为有力地向外驱动蒸汽机车的转轴、齿轮、链条和轮子，并由此产生定向的运动。在玻尔兹曼之后又过了一个多世纪，现在我们自己使用的汽油机车与蒸汽机车的工作原理依然完全相同，只不过是用汽油燃烧的产物取代蒸汽罢了。

作为一门科学，上文中的原理正是热力学的不凡之处。已造好的每一台热力引擎，其规则运动都是利用了数以兆计的分子与原子的随机运动所产生的平均运动。不仅如此，这门科学的应用极其普遍，不仅可以用在热力引擎上，还发生于几乎所有的标准化学反应中：煤炭燃烧、铁钉生锈、做饭、炼钢、盐在水中溶解、烧水或将火箭送上月球。所有这些化学过程都有热量交换，而且在分子层面上，都是基于随机运动，都遵循热力学原理。**事实上，几乎所有能使世界发生变化的非生物过程（物理的和化学的）都遵循热力学原理，"混乱"拥有不可阻挡的力量。**它不仅是热力学的基石，也操控着洋流、风暴、岩石风化、森林大火、金属腐蚀等现象。每一个复杂的过程在我们看来可能是结构严谨、秩序井然的，但究其核心，所有现象的驱动力都是分子的随机运动。

| 生命是团乱麻吗 |

那么生命也是如此吗？让我们重新回到那张台球桌上，在游戏开始时重新把球摆成整齐的三角形。这次，我们还要增加大量多余的球（假设球桌非常大），并让这些球在摆成三角形的球组周围受到猛烈的撞击。我们也会利用由随机碰撞推动的短杆来做一些有用的功，只不过不是用它来驱动玩具火车爬上小山坡，而是设计一个更加巧妙的装置。这一次，由所有这些球碰撞所推动的机器将做一些特别的事情：它将在混乱中使原先那组球保持整齐的三角形阵列。每当三角形阵列中的一个球被一个随机移动的球撞离其原来的位置时，某种感应装置会探测到这一事件，并引导机械手臂从随机碰撞的其他球中选择一个相同的球，去取代三角阵列中缺失的球，来填补三角形中的一个空缺。

我们希望你已经注意到，这个系统正在用由分子随机碰撞产生的能量来使自身的一部分保持高度有序的状态。在热力学中，"熵"（entropy）用来描述一种缺乏秩序的状态，因此，高度有序的状态被描述为拥有较低的熵。因此，我们的台球桌也可以说是利用高熵（混乱的）碰撞的能量，

LIFE ON THE EDGE

熵
entropy
在热力学中，"熵"用来描述一种缺乏秩序的状态，因此，高度有序的状态被描述为拥有较低的熵。

来使自身的一部分，即中间摆成三角形阵列的球组，保持低熵（有序的）的状态。

现在，我们先不关心如何建造这样一种巧妙的装置，此处的重点是，这个由熵驱动的台球桌正在做一件有趣的事情：仅仅靠着混乱的台球运动，这个由台球、球桌、短杆、感应器和机械手臂组成的新系统就能够使它的一个子系统保持有序的状态。

让我们想象另一层面的复杂性:移动短杆的能量(我们可以将其称为该系统的自由能①)可以用来建造和维持感应器和机械手臂,甚至可以用来制作最开始用作系统原材料的台球。现在,整个系统可以自我维持,而且在理论上,只要能够持续地提供大量随机移动的台球,而且有足够的空间让短杆继续移动,该系统就可以无限地运作下去。

最后,除了能够保持自身运转外,这个拓展系统还能完成一项令人惊异的成就:它能使用自由能来探测、捕捉和摆放台球,并完成一份完整的自身拷贝:球桌、短杆、感应器、机械手臂,还有摆成三角形的台球组。这些拷贝又可以利用它们的台球及碰撞产生的自由能来制造更多这样能够自我运转的装置,然后"子子孙孙无穷匮也"……

好了,你可能已经猜到我们要说什么了。我们假想的这个 DIY 项目创造了一个由台球驱动的生命等价物。就像一只鸟、一条鱼或是一个人,这个想象出来的装置能够通过利用随机分子碰撞产生的自由能来维持并复制自己。虽然这是一项复杂而困难的任务,但通常认为,其驱动力与推动蒸汽火车上山的动力别无二致。在生命体中,从食物中获得的分子相当于台球,虽然过程比我们所举的这个简单例子要复杂得多,原理却相同:**分子随机碰撞(及其化学反应)产生的自由能被用来维持生命体并复制生命体。**

那么,难道生命科学不过是热力学的一个分支吗?当我们外出远足时,我们爬上山丘的过程与推动蒸汽机车头的过程是完全一样的吗?知更鸟的飞行与一发炮弹的飞行没有区别吗?若要追根问底,难道生命的火种仅仅是随机的分子运动吗?要回答这些问题,我们需要近距离观察生命体的精密结构。

_____

① 自由能(free energy)是热力学中最重要的概念,该名称用在此处的描述中也恰如其分。

生命科学新发现

| 细胞 |

在人类对生命精密结构的探寻中,第一次重大的进步来自 17 世纪的"自然哲学家"罗伯特·胡克(Robert Hooke)与荷兰显微镜研究者安东·列文虎克(Anton van Leeuwenhoek)。在自己发明的原始显微镜下,胡克看到了软木塞薄切片中他称为"细胞"(cell)的结构,而列文虎克则在池塘的水滴中发现了他称为"微动物"(animalcule)而现在称为单细胞生物的生命体。列文虎克还观察到了植物细胞、血红细胞,甚至还包括精子。后来,我们知道所有的活体组织都可以分为这样的细胞结构,而细胞就像是构成生命体的砖块。德国医生、生物学家、病理学家鲁道夫·魏尔肖(Rudolf Virchow)在 1858 年的著作中写道:

> 一棵树是由物质按照一定的秩序组成的。无论是树叶还是树根,无论是树干还是花朵,在树的每一部分中,细胞都是最基本的元素。同理,动物生命的形态也是如此。每一只动物都是一群生命单位的集合,而每个单位都展现出生命全部的特性。

在功能日益强大的显微镜的辅助下,人类对活细胞的研究逐步深入,细胞的内部结构也显示出高度的复杂性。每个细胞的中心都有填充着染色体的细胞核,细胞核的周围包裹着细胞质,细胞质中又镶嵌着细胞器。就像人体的器官一样,细胞器也在细胞内部执行着特殊的功能。比如,被称为线粒体的细胞器在人体细胞内具有呼吸的功能,而叶绿体在植物细胞内负责进行光合作用。总体来讲,细胞就像一个忙碌的制造厂的缩影。

但究竟是什么让细胞持续运作? 又是什么让细胞有了生命? 起初,普遍的观点认为,细胞内充斥着"生命力",本质上就是亚里士多德所说的灵魂。

后来，在 19 世纪的大多数时间里，对活力论（vitalism）的信仰又持续占据主流。活力论认为，活体生物的生命来自一种在非生命体中不存在的力。在活力论的视角下，细胞里充盈着一种被称为"原生质"（protoplasm）的神秘活性物质，而对原生质的描述也渲染着神秘主义色彩。

但是，19 世纪几位科学家的工作使活力论土崩瓦解。他们成功地证明从活细胞中分离出的化学物质与实验室合成的完全相同。比如，1828 年德国化学家弗里德里希·维勒（Friedrich Wöhler）成功地合成了尿素，而之前认为这种生物化学物质只存在于活细胞中。路易·巴斯德（Louis Pasteur）甚至利用活细胞的提取液（后来被称为酶），成功地重现了发酵等化学变化，而之前认为只有生命体才能做到这样的事情。随着科学进步，人们发现组成生命体的物质似乎与构成非生命体的化学物质是相同的，并因此遵循相同的化学规律。活力论渐渐让位于机械论。

到 19 世纪末期，生物化学家可以说完全击败了活力论者。[①]细胞被视为装着各种生物化学物质并进行着各种复杂反应的袋子，同时像玻尔兹曼所描述的那样，以与台球类似的随机分子运动为基础。人们普遍相信，生命实际上不过是热力学的进一步拓展。但仅有一个方面除外，而这一方面可以说是最重要的一个方面了。

| 基因 |

无论是一只知更鸟、一株杜鹃花还是一个人，活体生物能够忠实地遵循指令复制出另一个自己的能力，几百年来一直让人极其费解。在 1653 年的《第 51 号实习报告》中，威廉·哈维写道：

———————

① 此处必须澄清一下，一些生物化学家同时也是活力论者。

> 虽然众所周知，胚胎的起源与诞生来自雄性与雌性，就像公鸡与母鸡合作产出了鸡蛋，而鸡蛋又生出了小鸡，但是，没有一个学派的医生或者亚里士多德那明察秋毫的大脑，能够说明公鸡和它的"种子"是如何让小鸡破壳而出的。

两个世纪以后，奥地利修道士与植物学家格雷戈尔·孟德尔（Gregor Mendel）为该问题给出了部分解答。大约是在 1850 年，孟德尔在布尔诺奥古斯丁修道院的菜园里种植豌豆。他的观察让他认为，像花的颜色或是豌豆的形状等性状是由可遗传的"因素"决定的，这些"因素"可以不经改变地从一代传向下一代。孟德尔所谓的"因素"提供了一个让豌豆得以流传几百代而性征保持不变的遗传信息库，或者说正是通过这个遗传信息库使"公鸡和它的'种子'让小鸡破壳而出"。

孟德尔的工作被他同时代的大多数学者所忽视，其中包括达尔文。一直到 20 世纪早期，孟德尔学说才重新受到重视。孟德尔所说的"因素"后来被称为"基因"，并很快被不断发展的 20 世纪机械论生物学所吸收。不过，虽然孟德尔曾说明这些遗传单位一定存在于活细胞内部，但从来没有人真正见过这些遗传单位或是知道它们的构成成分。然而，到了 1902 年，美国遗传学家沃尔特·萨顿（Walter Sutton）发现，一种叫作"染色体"的细胞内结构遵循孟德尔式"因素"的遗传规律，他据此提出基因位于染色体上。

但相对而言，染色体体积较大，结构复杂，包括了蛋白质、糖和一种名为脱氧核糖核酸（DNA）的生物化学物质。就算这些物质真的具有遗传性，最开始也并不清楚究竟哪种成分具备这样的功能。到了 1943 年，加拿大科学家奥斯瓦尔德·艾弗里（Oswald Avery）通过从供体细胞中提取 DNA 并注入受体细胞中，成功地将一组基因从一个细菌细胞转移到了另一个细菌细胞。这个实验说明，在染色体中携带所有关键遗传信息的物质，是 DNA，而不是蛋白质或是其他生物化学物质。在那个时候，埃弗里的实验并不被当作 DNA 是遗传物质的决定性证据——争论一直持续到克里克和沃森的时代。大家觉得 DNA 似乎也没什么神奇的，不过是一种普通的化学物质。

因此，问题依然没有得到解决：这一切究竟是怎么运转的？一种化学物质是如何传递使"公鸡和它的'种子'让小鸡破壳而出"所需的信息的？基因又是如何从一代复制繁衍到下一代的？以玻尔兹曼的热力学为基础的传统化学似乎无法解释基因为什么能够储存、复制和精确地传递遗传信息。

答案终于在 1953 年揭晓，这在科学史上非常著名。当时，詹姆斯·沃森（James Watson）和弗朗西斯·克里克（Francis Crick）在剑桥的卡文迪什实验室与他们的同事罗莎琳德·富兰克林（Rosalind Franklin）成功地设计出了一个能与从 DNA 中获得数据相匹配的结构模型：双螺旋结构。

每条 DNA 链都由一串由磷、氧原子及叫作脱氧核糖的糖类分子组成，在分子链上还像念珠一样分布着叫作核苷酸的化学结构。核苷酸"念珠"有四种变体：腺嘌呤（adenine，缩写为 A）、鸟嘌呤（guanine，缩写为 G）、胞嘧啶（cytosine，缩写为 C）和胸腺嘧啶（thymine，缩写为 T）。因此，这些核苷酸沿着 DNA 链的排列就提供了一种一维的"遗传字母"序列，比如"GTCCATTGCCCGTATTACCG"。

弗朗西斯·克里克第二次世界大战时曾在英国海军部（负责指挥皇家海军的部门）服役，因此我们也就不难理解他可能对密码比较熟悉，因为当时德国恩尼格码密码机（Enigma）加密过的文件都会送去布莱奇利园[①]

---

① 布莱奇利园（Bletchley Park），又称 X 站（Station X），是一座位于英格兰米尔顿凯恩斯（Milton Keynes）布莱奇利镇内的宅第。在第二次世界大战期间，布莱奇利园曾经是英国政府进行密码解读的主要场所，轴心国的密码与密码文件，如恩尼格码密码机加密的文件等，一般都会送到那里进行解码。——译者注

解码。不管怎样,当克里克一看到 DNA 序列时,他就立刻意识到这是密码,是一条提供重要遗传指令的信息序列。而且,正如我们将在第 6 章进一步讨论的那样,DNA 双螺旋结构的发现还解决了遗传信息的复制问题。电光火石间,科学界的两大谜题就解决了。

DNA 结构的发现为解锁基因之谜提供了一把机械论的钥匙。基因是化学物质,而化学不过是热力学,那么,是不是说双螺旋结构的发现最终将生命完全带入了经典科学的王国呢?

| 合成生物学 |

在刘易斯·卡罗尔(Lewis Carroll)的《爱丽丝梦游仙境》中,有一只能随时现身随时消失的柴郡猫,在消失后只留下它那咧嘴的笑脸。爱丽丝评论道:"我常常看见没有笑脸的猫,可还从没见过没有猫的笑脸呢。"许多生物学家面对着相似的困境。就算知道了活细胞中热力学如何运作、基因如何编码合成细胞所需的信息,"生命究竟是什么"的谜题依然未得到解决,就好像一直在对着他们笑的柴郡猫一样。

生命的第一个谜题是在每个活细胞内生化反应的极度复杂性。 当化学家要生产一种氨基酸或糖类时,他们几乎总是一次只合成一种产品,通过精心地控制该制备实验的条件,比如温度和不同原料的浓度,来优化对目标化合物的合成。这可不是一项简单的工作,需要对定制的长颈瓶、冷凝器、分离柱、过滤器及其他复杂的化学仪器内部许多不同的条件进行精细的控制。然而,你体内的每个活细胞中,在一个仅仅容纳着一微升液体的百万分之几的单一反应室内,正在马不停蹄地合成着数以千计各不相同的生化物质。这些不同的反应是如何同时发生的?所有的分子活动如何在一个小小的细胞内协调运作?这些问题正是新兴的科学分支"系统生物学"所关注的焦点。但是坦白地说，这些问题的答案依然迷雾重重。

生命的另一个谜题是死亡。化学反应的一个特征是它们总是可逆的。我们可以按这样的方向写下方程式：底物→产物。[①]但是，该反应的逆反应：产物→底物，也在同时发生着。只不过在一定的条件下，总有一个方向会倾向于占据主导地位。实际上，我们总能找到一套倾向于逆反应的反应条件。比如，当化石燃料在空气中燃烧时，底物是碳和氧气，产物只有温室气体二氧化碳。通常，这个反应被看作是一个不可逆反应。但是，某些碳捕捉技术正在试图利用其他能源将这一过程逆转，推动反应向相反方向发展。比如，伊利诺伊大学的里奇·马塞尔（Rich Masel）成立了一个名为"二氧材料"（Dioxide Materials）的公司，致力于使用电能将大气中的二氧化碳转化为汽车燃料。

生命却迥然不同。还从没有人发现过能使下面的反应发生的条件：死细胞→活细胞。正是这个谜题让我们的祖先提出了灵魂的概念。我们不再相信一个细胞中会包含任何形式的灵魂，但是当一个细胞或是一个人死去时，不可逆转地失去的东西又是什么呢？

此时，你可能会想：新兴的合成生物学不是饱受赞誉吗？那门学科的研究者难道没有掌握生命之谜的钥匙吗？合成生物学最著名的实践者可能要数基因组测序的先驱克雷格·文特尔[②]（Craig Venter）了，他在 2010 年宣称自己创造出了人造生命，并由此掀起了一场科学风暴。他的工作在世界各地登上了新闻头条，并激起了人们对人造新物种将会占领地球的恐慌。

[①] 反应中的初始化学物质被称为反应物，但是当反应过程中有像酶一样的催化剂协助时，初始反应物被称为底物。——译者注

[②] 欲了解"人造生命之父"创造生命的传奇历程，请阅读由湛庐文化策划、浙江人民出版社出版的《生命的未来》。——编者注

但文特尔和他的团队不过是修饰了一个现存的生命形态，而不是完完全全地创造了一个新的生命。他们选择了一种能使山羊得病的名为丝状支原体（Mycoplasma mycoides）的致病菌，先是合成了该致病菌整套基因组的 DNA，然后将合成的 DNA 基因组注入到一个活菌细胞内，并非常巧妙地诱导该活菌将自己原先那条单一的染色体替换成合成的 DNA。

毫无疑问，这项工作绝对是一项技术上的杰作。实验中的细菌染色体包含了 180 万个遗传字母，而且所有的遗传密码都需要按照正确的序列精确地串在一起。但是，我们每个人都能毫不费力地将食物中的惰性化学物质转化为自己身上鲜活的血肉，而从本质上讲，这些科学家所做的转化与我们的日常行为别无二致。

文特尔和他的团队成功地合成并插入了细菌染色体的替代物，为合成生物学开启了一片全新的天地，在本书的结语中，我们会重新来看这部分内容。这项技术很有可能将衍生出制备药品、种植庄稼、分解污染更有效率的方法。但在这些及其他许多相似的实验中，**科学家并没有创造出新的生命。尽管有了文特尔的成就，生命的根本谜题一直还在对着我们笑。**

诺贝尔奖获得者、物理学家理查德·费曼（Richard Feynman）因为一直坚持如下的观点而为人所称道："**凡是我们做不出来的，就是我们还不理解的。**"按照这个定义，我们还不理解生命，因为我们还从未能够创造出生命。我们能够混合生化物质、加热它们、照射它们，我们甚至能像玛丽·雪莱（Mary Shelley）笔下的弗兰肯斯坦一样，用电来使它们具有生机，但是，我们要想创造生命，就只能将这些生化物质注射到活细胞中，或是吃下它们，让它们成为我们身体的一部分。

每一秒都有数以兆计的最低级的微生物毫不费力地创造着生命，那我们为什么就做不到呢？我们是缺了什么原料吗？ 70 多年前，著名物理学家埃尔温·薛定谔（Erwin Schrödinger）也曾思考过这一问题，他那令人惊异的答案与本书的主旨十分契合。要想知道对这个生命最深奥的谜题，为什么薛定谔的解答直到现在还依然具有非凡的革命性，我们需要回到 20 世纪初，回到那个 DNA 双螺旋结构还未被发现的年代，而彼时的物理学界正发生着翻天覆地的变化。

量子力学，物理学的一场革命

在 18 ~ 19 世纪的启蒙运动期间，科学知识的大爆炸催生了牛顿力学、电磁学与热力学，并向世人展示，从炮弹到钟表，从风暴到蒸汽火车，从摆锤到行星，只要物理学的这三个领域合力，就能成功地描绘这个世界上所有日常宏观物体与现象的运动与行为。但到了 19 世纪末 20 世纪初，当物理学家将他们的注意力转向物质的微观组成（原子和分子）时，他们发现熟悉的定律不再适用。物理学需要一场革命。

| "量子" 概念的提出 |

革命的第一个重大突破性进展是"量子"概念的提出。1900 年 12 月 14 日，德国物理学家马克斯·普朗克在德国物理学会的一次研讨会上展示了他的研究成果，而这个日子也被广泛认为是量子理论的诞生之日。

当时传统的观点认为，与其他形式的能量类似，热辐射在空间中以波的形式进行传播。问题在于，波理论无法解释某些发热物体的能量辐射现象。因此，普朗克提出了一种全新的观点，认为这些发热体表面的物质在以一定的离散频率振动，导致热能只能通过微小而离散的能量团进行辐射，而且这些能量团不可以再分，普朗克称其为"量子"。普朗克的简单理论大获成功，却背离了经典辐射理论，因为后者认为能量具有连续性。普朗克的理论表明，从物质中流出的能量并不像从水龙头里连续不断地流出的水柱那样，而是更像从龙头里缓慢滴出的水滴，像一个个离散的、不可再分的"包裹"一样传播。

对"能量团块化"这个想法，普朗克自己也从未感到很满意。但就在他提出量子理论五年之后，爱因斯坦拓展了他的理论，并提出包括光在内的所有电磁辐射都是"量子化"的，而非连续的，光以我们称为"光子"的离散的"包裹"或粒子的形式存在。爱因斯坦指出，以这种方式来思考"光"，能够解释一个长期以来困扰物理学家的现象——在高于特定频率的电磁波照射下，光可以将物质内部的电子激发出来，即"光电效应"。正是这项成就，而不是他那更广为人知的广义相对论，让爱因斯坦获得了1921年的诺贝尔物理学奖。

但是，也有大量的证据表明光的行为像是扩散和连续的波。那么光怎么可以既像团块又像波呢？这在当时看来，似乎不合情理，至少在经典物理学的框架内是说不通的。

| 玻尔的贡献 |

革命的第二大步由丹麦物理学家尼尔斯·玻尔（Niels Bohr）迈出。1912年，他与欧内斯特·卢瑟福（Ernest Rutherford）一起在英国曼彻斯特工作。卢瑟福刚刚提出了著名的原子行星模型，认为原子的中心有一个极小而致密的原子核，周围环绕着更加微小的、在轨道中旋转的电子。但没有人可以解释为什么原子可以保持稳定。根据传统的电磁理论，当绕着带正电的原子核旋转时，带负电的电子会持续地释放光能。如果这样，电子会失去能量并很快（小于万亿分之一秒）朝着原子核螺旋向内移动，导致原子塌缩。但事实上，电子并没有发生这种情况。那么，它们玩的是什么把戏呢？

为了解释原子的稳定性，玻尔认为，电子并不能自由地占据原子核外的任意轨道，而是只能占据某些固定的或量子化的轨道。电子只能从一个轨道跃迁到下一个较低的轨道，并释放与两个轨道的能级差完全相同的一团电磁能（一个光子），也就是量子。相应地，如果电子跃迁到一个更高的轨道上，就需要吸收一个具有相应能级差的光子的能量。

用吉他和小提琴演奏音符的类比，或许可以将经典理论与量子理论之间的差别形象化，并解释为什么电子只能占据原子中某些固定的轨道。当小提琴手演奏一个音符时，他会用一根手指将一根弦压在琴颈的指板上，使弦变短，然后运弓拉琴，使弦振动。较短的琴弦能以更高的频率（每秒振动更多次）振动，演奏音调更高的音符，与之相反，较长的琴弦会以更低的频率（每秒振动更少次）振动，演奏音调更低的音符。

在继续行文之前，我们要简单地介绍一下量子力学的基本性质之一，那就是频率与能量紧密相关。[①] 在引言中我们已经提到，亚原子粒子同时具有波的性质，像所有扩散的波一样，它们也有自己的波长和频率。快速的振动（或波频）比慢速的振动具有更多的能量——就像你的滚筒甩干机一样，为了得到足够的能量将衣服里的水甩干，滚筒必须以很高的频率（速率）旋转。

---

① 事实上，能量与频率的关系可以用马克斯·普朗克于 1900 年提出的方程来概述。该方程式为：$E = h\nu$，其中 E 为能量，ν 是频率，h 被称为普朗克常量。从方程也可以看出，能量与频率成比例。

现在回头说说小提琴的事。依照演奏者手指到琴弦固定端长度的不同，音符的音高（振动频率）可以连续变化。这就像一个"古典"理论下的波可以有任意的波长（两个连续波峰之间的距离）。所以，在此我们将小提琴定义为"古典"乐器——不是古典音乐的"古典"，而是非量子理论的经典物理学的"古典"。当然，这也说明了为什么要拉好小提琴非常困难，因为音乐家为了得到一个准确的音必须精确地知道要把手指放在什么位置。

但吉他的琴颈却不一样，吉他沿着琴颈会有一些"品"——在琴颈上间隔分布的一些金属，凸出于指板但并没有接触到琴弦。因此，当一名吉他手将他的手指压在弦上时，弦也同时压在了品上，让品而非手指暂时成了弦的末端。此时弹拨琴弦，所弹音符的音高仅仅由品到琴桥之间的这段琴弦振动而产生。品的数量是有限的，也就意味着只有一定数量的、间断的音符可以在吉他上演奏。在弹拨琴弦时，调整在两个品之间手指的位置并不会改变弹出的音符。因此，吉他更像是"量子"乐器。此外，根据量子理论，频率和能量是相关的，那么振动的吉他弦就一定具有间断而非连续的能量。与此相类似，电子之类的基本粒子，只能拥有特定的波频，每种拥有特定的能量层级。当电子从一个能量层级跃迁到另一个能量层级时，它必须吸收或释放与其跃迁前后能级差相对应的辐射。

| 海森堡不确定性原理 |

到了 20 世纪 20 年代中期，欧洲的几位物理学家狂热地追求一个能够更加完善而一致地描述亚原子世界的数学理论。彼时的玻尔已经回到了哥本哈根，他也是追求数学理论的狂热者之一。他们这个群体中最聪明的人是一位来自德国的年轻天才——维尔纳·海森堡（Werner Heisenberg）。

1925 年的夏天，从一次花粉症发作中恢复过来的海森堡在一个名为黑尔戈兰岛的德国小岛上养病，其间，他在构建用来描述原子世界的数学体系时取得了重大进展。但这是一种非常奇怪的数学表达，而这个表达所描述的原子行为更加离奇。比如，海森堡认为，如果我们不是正在测量，那么我们将无法说出原子中电子的准确位置，不仅如此，由于电子以一种不可知的模糊方式运行，电子本身就没有一个确定的位置。

海森堡因此被迫得出结论，原子世界是一个幽灵般非实质的地方，只有当我们架起测量设备与之互动时，它才能固定下来，成为真实的存在。这正是我们在引言中简要介绍的量子测量过程。海森堡指出，这个过程只能揭示那些可以用特殊设备测量的特征——就像汽车仪表盘上各个独立的工具，只能给出汽车运转时某一方面的信息，比如速度、已行驶的距离或是引擎的温度。因此，我们可以设计一个实验来测量某一时间点上电子的精确位置；我们也可以设计一个不同的实验来测量同一个电子的速度。但是，海森堡从数学上论证，要想设计单一的实验，按照我们的意愿同时测量一个电子的位置和其移动的速度是不可能的。1927 年，这个概念被简要地概括为著名的"海森堡不确定性原理"（Heisenberg Uncertainty Principle），其在世界各地的实验室中被反复证明。到现在为止，它依然是整个科学界最重要的创见之一，也是量子力学的一块基石。

| 薛定谔波动方程 |

1926 年 1 月，几乎在海森堡发展自己理论的同一时间，奥地利物理学家埃尔温·薛定谔写了一篇论文，为原子描绘了一幅迥然不同的图景。在论文中，薛定谔提出了一个数学方程，也就是现在广为人知的"薛定谔波动方程"。该方程并没有描述粒子的运动而是描述了波进化的方式。与海森堡不同，在薛定谔的论文里，电子并不是一个在原子内绕原子核轨道运动的、位置不可知的、模模糊糊的粒子，而是在原子内传播的波。海森堡相信，如果不去测量，我们完全不可能画出电子的肖像，而薛定谔则更喜欢将没有被观测的电子想象成一个真实的物质波，只不过我们一观测，就会"塌缩"为一个离散的粒子。薛定谔的原子理论后来成了波动力学（wave mechanics），而薛定谔方程也以描述原子内波的进化和运动而闻名。今天，我们认为海森堡与薛定谔的理论是对量子力学的两种不同的数学解读，在各自的视角下，他们都是正确的。

无论是炮弹、蒸汽机车还是行星，每一样都由数以兆计的粒子构成，当我们试图描述这些普通物体的运动时，求解需要用到基于牛顿定律的一组数学方程。但是，如果我们需要描述的系统属于量子世界时，我们需要用到的就是薛定谔波动方程了。这两套方法有一个深刻的不同之处。在牛顿世界中，运动方程的解是一个或一组数字，能够确定一个物体在给定时间点上的精确位置。而在量子世界中，薛定谔方程的解是一个被称为波动方程的数学量，该方程不会告诉我们一个电子在一个特定时间点上的确定位置，但是，它会提供一个数集来描述：当我们去寻觅这个电子时，该电子在不同位置出现的概率各有多大。

当然，你可能会有这样的第一反应：这样的结果可不够好，仅仅告诉我们电子可能出现在哪里听起来并不像是那么有用的信息。你可能很想知道电子的确切位置。但是，与一个在空间中永远占据一个确定位置的经典物体不同，只要不去测量，一个电子就会同时出现在多个地方。量子波动方程覆盖整个空间，这意味着在描述电子时，我们所能做的极限就是算出一个数集来描述电子同时存在于空间中各点的概率，而不是在一个单一的位置找到电子。然而，我们必须要意识到，量子概率并不意味着我们的知识存在缺陷，我们也无法通过获得更多的信息来弥补这一"缺陷"，因为量子概率本身就是自然界在微观层面的根本性质之一。

假设一个珠宝大盗刚刚获得了假释，被放出监狱。但他并没有痛改前非，而是旧习难改，很快重操旧业，开始在全城入室行窃。通过研究地图，警察能够追踪到自释放之日起他大致的行踪。虽然警察不能指出任一时间点上他确切的位置，但是他们能够大致确定他在城市的不同地区行窃的概率。

开始时，靠近监狱的住宅区风险最大，但是随着时间的推移，面临风险的区域会逐渐变大。而且，根据该盗贼过去选择行窃目标的特点，警察也有一定的信心推断，更富裕、拥有更昂贵珠宝的区域比相对较穷的区域面临着更大的风险。这个扩散全城的"单人犯罪波"可以被看作是一个概率波。在不可感知、没有事实支撑的情况下，一组抽象的数字就被分配给了这座城市的不同区域。与此相类似，波动方程会从电子上一次被观测到的点开始扩散。通过计算波动方程在不同时间、不同地点的值，可以让我们推测电子下一次会以多大的概率出现在哪里。

如果警察依照线报采取行动，在盗贼肩上背着赃物从窗户中爬出时抓他个正着，那么又该如何解释呢？在这一瞬间，警察描述盗贼行踪的概率分布，迅速塌缩到一个确定的位置，此时，这个盗贼一定不可能再出现在其他地方。同样，如果电子在一个确定的位置被检测到，其波动方程也会瞬间改变。在检测到电子的瞬间，在其他地方发现该电子的概率就变为零。

然而，这个类比也有不贴切的地方。在抓到窃贼之前，警察只能给盗贼的行踪分配概率，他们这么做，是因为缺乏信息。毕竟，该盗贼一次只能出现在一个地方，并未真的遍布整个城市，而警察只能假设他可能出现在任何地方。但是，电子与盗贼形成鲜明的对比，当我们在追踪其运动时，我们不能假设电子在某个特定的时间点上一定会出现在某个特定的位置。相反，我们能描述的只有波动方程，也就是它在同一时间可能出现在任何地方。只有通过"看"（进行一次测量），我们才能"迫使"电子成为一个可以定位的粒子。

到 1927 年，由于海森堡、薛定谔及其他科学家的贡献，量子力学的数学基础基本完成。今天，它们组成了大部分物理学与化学赖以发展的基础，也向我们展现了一幅整个宇宙基本组成单位的非凡全景图。事实也确实如此，**如果没有量子力学对所有事物如何协调共存的解释力，现代技术世界的一大半成果都不可能出现。**

因此，到了 20 世纪 20 年代晚期，由于在"驯化"原子世界的过程中获得成功让科学家备受鼓舞，几位量子理论的先驱大步地走出了他们的物理学实验室，开始征服一个全新的科学领域：生物学。

量子生物学的兴起

在 20 世纪 20 年代，生命仍是个谜。虽然 19 世纪的生物化学家在建立对生命化学的机械论理解的过程中取得了巨大进展，但许多科学家仍然坚持活力论的原理，认为生物学不应该被贬低到只剩下化学和物理，而是需要有一套自己的法则。活细胞中的"原生质"依然被看作是由未知力量激活的神秘物质，而遗传之谜也始终阻碍着遗传学的发展。

但在那十年中，也涌现出一批被称为有机论者的科学家。他们既反对活力论者的观点，也不赞成机械论者的看法。这些科学家认为，生命确实还有未解的谜题，只不过这个谜题可以用尚未发现的物理和化学原理来解释。有机论运动中最伟大的倡议者是另外一个奥地利人，他的名字富有异国情调，叫路德维希·冯·贝塔朗菲（Ludwig von Bertalanffy）。他最早创作了几篇关于生物发育理论的论文，并在其 1928 年出版的《形态发生的重要理论》（*Kritische Theorie der Formbildung*）一书中强调了用一些新的生物原理来描述生命本质的必要性。他的思想，特别是在这本书中体现的思想，影响了许多科学家，包括后来量子物理学家的带头人之一——帕斯夸尔·约尔旦（Pascual Jordan）。

约尔旦出生于德国汉诺威并在当地接受教育，后来在哥廷根师从量子力学的奠基人之一马克斯·玻恩（Max Born）。1925 年，约尔旦与玻恩共同发表了堪称经典的《论量子力学》（*Zur Quantenmechanik*）。一年后，其"续集"《论量子力学 Ⅱ》问世，由约尔旦、玻恩和海森堡合著。这篇被称为"三大师杰作"的论文，被奉为"量子力学经典"之一，因为该文包括了海森堡创造性的突破，并以优雅的数学之美表现了原子世界的行为。

次年，当机会出现时，约尔旦做了一个欧洲同时代任何一个有上进心和自尊心的年轻物理学家都会做的选择：到哥本哈根与尼尔斯·玻尔一同工作。大约在 1929 年左右，他们两人开始讨论量子力学是否有可能在生物学领域中具有某些应用。后来，约尔旦回到德国，在罗斯托克大学任教，在接下来的两年中，他与玻尔保持通信，就物理学与生物学的关系展开讨论。他们的思想集中呈现在约尔旦于 1932 年发表在德国杂志《自然科学》（*Die Naturwissenschaften*）上的一篇题为《量子力学与生物学和心理学的根本问题》（*Die Quantenmechanik und die Grundprobleme der Biologie und Psychologie*）的论文中，该文也被有些学者视为"量子生物学的第一篇科学论文"。

　　约尔旦在文章中确实表达了一些对生命现象的洞见，其中一个有趣的想法在此处萌芽，约尔旦称之为"放大理论"（amplification theory）。约尔旦指出，非生命物体由数以百万计的大量粒子的平均随机运动来控制，单一分子的运动对整个物体的影响微乎其微。但是，他认为，生命却大不相同，因为生命是由处于"控制中心"内的极少数分子来管理的，这些分子具有独裁式的影响力，影响关键分子运动的量子事件，比如海森堡不确定性原理将被放大，对整个生命体产生影响。

　　这是一个非常有趣的思想，之后我们还会回头讨论，但是，该理论在当时并没有得到发展，也没有产生很大的影响力。因为，在 1945 年德国战败后，约尔旦的政治观让他在同时代的科学家中声名狼藉，他在量子生物学方面的思想也因此被忽视了。其他在生物学与量子物理学之间牵线搭桥的科学家也受到战争的波及，四散飘零；而物理学，因为核弹的使用动摇了其核心，也将它的注意力转向了更为传统的问题。

　　不过，量子生物学的火焰依然熊熊燃烧着，守护这火种的不是别人，正是量子波动方程的发明者——埃尔温·薛定谔。在第二次世界大战爆发前夕，由于纳粹政权认为他的夫人是"非雅利安"血统，薛定谔举家逃离奥地利，在爱尔兰定居下来。正是在那里，他于 1944 年出版了一本书，书名是一个开门见山的问题——《生命是什么》（*What Is Life？*）。

　　在此书中，薛定谔提出了一种对生物学的全新理解，至今仍是量子生物学领域的核心，当然也是本书的核心。在结束本章对科学史的回顾之前，让我们先略微展开介绍一下薛定谔的洞见。

来自有序的有序

让薛定谔萌生兴趣的问题是谜一样的遗传过程。你或许还记得，那是 20 世纪上半叶，科学家们仅仅知道基因可以从一代传递到下一代，却不知道基因的组成或其工作原理。于是，薛定谔开始思考，究竟是什么法则让遗传保持了如此高的精确性？换句话说，相同的基因拷贝如何能在代际间几乎一丝不变地传递？

薛定谔知道，诸如热力学定律之类的经典物理学与化学规律，虽然精确可以重复验证，但实质上都是统计规律，背后是原子或分子的随机运动，也就是说，它们只有在平均意义上是正确的，也只有在包含了极大量的粒子相互作用后，才是可靠的。回到之前那个台球桌的模型，单球的运动是完全不可预测的，但是如果在台面上扔大量的球，随机地撞击它们一小时左右，你就能做出预测，此时大部分球已经进洞。热力学的原理正是如此：大量分子的平均行为是可预测的，而单一分子的行为却不可预测。薛定谔指出，像热力学定律之类的统计规律，不能精确地描述仅由少量粒子构成的系统。

比如，让我们以罗伯特·玻意耳（Robert Boyle）与雅克·查理（Jacques Charles）于约 300 年前提出的气体定律为例。他们描述了气球中气体的体积在受热时如何膨胀、在遇冷时如何收缩的规律。这个现象后来可以用一个简单的数学公式来概括描述——理想气体状态方程。[1]一个气球遵循这些规规矩矩的定律：当你给它加热时，它就膨胀；当你让它冷却时，它就收缩。虽然气球遵循这些定律，不过，事实上，气球里数以兆计的分子正

---

[1] 该方程的表达式为 $PV=nRT$，其中 n 指样本中气体物质的量，R 是理想气体常数，P 是气压，V 是气体体积，T 是温度。注意：该方程并不是由玻意耳和查理提出的，而是由法国物理学家克拉伯龙于 1834 年首次提出的。该方程的提出建立在玻意耳－马略特定律、查理定律、盖－吕萨克定律等经验定律上。——译者注

在像毫无秩序的台球一样各自做着完全随机的运动，互相碰撞、抖动，在气球的内壁上反弹等。那么，完全无序的运动是如何产生出秩序井然的定律的呢？

当气球被加热时，气体分子运动加剧，使它们在互相碰撞或与气球内壁碰撞时的力量有了轻微的增加。额外的力对气球的弹性表面产生更多压力，使其扩张（就像台球对玻尔兹曼台球桌上那个可移动的短杆所做的事情一样）。扩张的量取决于提供的热量有多少，完全可以预测，可以通过计算气体方程准确地描述出来。此处的要点在于，像气球一样的单一物体严格遵守气体定律，因为气球表面单一、连续而有弹性，其有序运动来自极大量粒子的无序运动，用薛定谔的话说，产生了"来自无序的有序"（order from disorder）。

薛定谔继续论证道，不仅只有气体定律从大数统计中获得了准确性，所有的经典物理学及化学定律——包括描述流体动力学或化学反应的定律——无一不是基于"大数的平均"或"来自无序的有序"这一原理。

不过，虽然一个填充有数以兆计气体分子的、正常大小的气球永远遵守气体定律，但一个微观的气球，一个小到只填充有几个气体分子的气球却不然。因为，即使在恒温下，这几个分子也会间或地、完全随机地互相远离，使气球膨胀，同理，它们也偶尔会完全随机地向内运动，使气球收缩。因此，一个极小气球的行为在很大程度上将变得不可预测。

在生活的其他方面，基于大数的秩序性及可预测性对我们来说已经非常熟悉了。比如，美国人比加拿大人喜欢打棒球，而加拿大人比美国人喜欢打冰球。基于这项统计"规律"，一个人可以对这两个国家做一些进一步的预测，比如美国会比加拿大进口更多的棒球，而加拿大会比美国进口更多的冰球棍。但是，尽管这样的统计"规律"对有几百几千万居民的国家来说具有预测性价值，但是它们却无法精确地预测单个的小镇，比如一个位于明尼苏达州或萨斯喀彻温省的小镇中冰球棍或棒球的贸易。

薛定谔并不只是简单地认识到经典物理学的统计规律在微观层面并不适用，他更近一步量化了精确性衰退的过程，计算出那些统计规律的离差与涉及粒子数量的平方根成反比。因此，一个填充有 10^{12} 粒子的气球，其对气体定律的偏离程度是 $1/10^6$。然而，一个仅填充有 100 个粒子的气球，其偏离有序行为的程度就达到了 1/10。虽然此时该气球受热仍然会膨胀，遇冷仍然会收缩，但是它的行为不再能被任何确定性的定律所描述。经典物理学的所有统计规律都受制于这样的限制：对于由极大量粒子组成的物体来说，它们是正确的，但它们却不能描述由少量粒子组成的物体的行为。所以，任何依赖于经典定律可靠性与规律性的物体，自身需要由大量的粒子构成。

那么生命呢？生命的有序行为，比如其遗传规律，是否可以用统计规律解释呢？在思考这一问题时，薛定谔总结道，奠定了热力学基础的"来自无序的有序"原理无法解释生命——因为，在他看来，至少有一些极其微小的生物"机器"因为太小而不适用经典定律。

比如，在薛定谔撰写《生命是什么》那个年代，遗传被认为由基因来控制，但是基因的性质又是个谜——薛定谔问了一个简单的问题：基因是否大到足以保证其在复制过程中对精确性的偏离符合统计上的"来自无序的有序"呢？他后来大致估算出单个基因的体积应该是边长不大于 300 埃 ① 的立方体。这样一个立方体大约能够容纳 100 万个原子。这听起来好

---

① 埃，度量单位，1 埃为 10^{-10} 米，一般用来表示波长或原子间的距离。——译者注

像还挺多的，但是 100 万的平方根是 1 000，因此，按照这种方法推断出的遗传中的不精确性或"噪音"应该是 0.1%。因此，如果遗传是基于经典的统计规律，它产生错误的程度（偏离规律）应该是 0.1%。但是，事实上基因的传递非常准确，其变异率（错误率）小于 $1/10^9$。这种非比寻常的高精度让薛定谔相信，遗传规律不可能建立在"来自无序的有序"的经典定律之上。相反，他认为基因更像是单个的原子或分子，符合另一科学领域的规律，非经典但拥有奇特的秩序，也就是由他做出的贡献的量子力学领域。薛定谔提出，遗传应该基于一种新的原理，即"来自有序的有序"（order from order）。

LIFE ON THE EDGE

来自无序的有序和来自有序的有序
order from disorder, order from order
薛定谔提出有序事件的产生，有两种不同的"机制"："来自无序的有序"的"统计学机制"和"来自有序的有序"的一种机制。"有序来自有序"似乎很简单，很合理。而"来自无序的有序"是基于对极大量粒子无序运动的统计结果。

薛定谔最先于 1943 年在都柏林圣三一学院的一系列演讲中介绍了这一理论，随后将其发表在次年出版的《生命是什么》一书中。他在书中写道："生命有机体似乎是一个宏观系统，该系统的一部分倾向于某种行为……所有的系统在当温度趋近绝对零度且分子的无序状态消除时，都将趋向于这种行为。"由于某些我们即将讨论的原因，在绝对零度时，所有的物体都服从量子的而非热力学的定律。

薛定谔认为，生命正是一种能在空中飞翔、能用两足或四足行走、能在海洋里游泳、能在土壤中生长，或是能阅读此书的量子现象。

生命是量子的

在薛定谔的书出版之后几年，人类发现了 DNA 分子的双螺旋结构，分子生物学——一个基本不会涉及量子现象的学科——也如雨后春笋般成长起来。基因克隆、基因工程、基因组鉴定、基因组测序被生物学家发展起来，而这些科学家总体上心安理得地忽视了在数学上具有挑战性的量子世界。虽然，大多数科学家偶尔也尝试在生物学与量子力学的边界上游走，但他们忘记了薛定谔大胆的提议，许多人甚至公开反对将量子力学引入对生命的解释中。比如，英国化学家与认知心理学家克里斯托弗·朗吉特－希金斯（Christopher Longuet–Higgins）曾于 1962 年写道：

> 我记得几年之前曾有关于在酶与底物之间可能存在长距的量子力的讨论。然而，对这种假设持保留意见绝对是正确的。因为该假设不仅缺乏可靠的实验证据，而且也很难与分子间作用力的一般理论相调和。

到了 1993 年，《生命是什么？未来五十年》（*What is Life? The Next Fifty Years*）一书出版了。当时在都柏林举办了纪念薛定谔理论发表 50 年的学术会议，该书正是参会学者的论文合集，不过书中对量子力学却鲜有提及。

当时，对薛定谔理论的质疑主要源于一个普遍的共识：微妙的量子状态不可能在活体生物内部温热、湿润、杂乱的分子环境中存在。正如我们在引言中指出的那样，这也是为什么许多科学家曾经非常质疑"鸟类罗盘由量子力学所主宰"的主要原因（许多科学家现在仍然在质疑）。你或许还记得，当在引言中讨论这个问题时，我们认为物质的量子性质会被物体内部分子的随机运动"抵消"掉。现在，我们可以用热力学的观点来看看这种损耗的原因：薛定谔发现，像台球一样的分子冲撞正是"来自无序的有序"这一统计规律的源头。

随机散布的粒子可以通过重新排列整齐来揭示其隐藏的量子性质，但这种重新排列通常只能在特殊环境下进行，而且只能维持极短的时间。比如，我们曾提到，基于量子自旋，散布在我们体内随机自旋的氢原子核，可以排列整齐生成一个连续一致的核磁共振信号，但只有在一个由强力磁铁提供的极强磁场中，而且只有当磁力能够维持时才能实现：只要磁场一关闭，粒子又会在所有分子的冲撞中恢复随机排列，量子信号重新变得分散而难以探测。随机分子运动会干扰精心排列的量子系统，这种现象被称为"退相干"（decoherence）。正是这种现象快速地抵消掉了宏观非生命物体奇特的量子效应。

提高身体的温度会增加分子冲撞的能量和速度，因此，退相干现象在较高的温度下更为常见。但你可别以为"较高的温度"指的是我们认为"热"的温度。事实上，即使在常温下，退相干也无时无刻不在发生。这就是为什么"温热的生命体可以保持微妙的量子状态"至少在一开始时让人觉得不合情理的原因。只有当物体温度降到接近绝对零度——–273℃——随机分子运动才会完全静止，并使退相干现象消失，量子力学的作用才会显现出来。上文刚引用过薛定谔的话，现在我们明白了他的意思。这位物理学家的意思是，生命设法按照一套特殊的规则行事，而这套规则通常只有在比任何生物都低273℃左右的环境中才能运行。

但是，正如约尔旦或薛定谔主张的那样，随着阅读的深入，你会发现，生命不同于非生命物体。数量相对较少却高度有序的一些粒子，比如一个基因或是鸟类罗盘内部的那些粒子，能对整个生命体造成巨大的影响。这正是约尔旦所说的"放大效应"，也是薛定谔所谓的"来自有序的有序"。

你眼睛的颜色、鼻子的形状、性格的方方面面、智力水平甚至包括患不同疾病的倾向，其实都已经由 46 个高度有序的超级分子精确地决定了。这些超级分子正是你从父母那里继承来的 DNA 染色体（共 46 条）。在已知的宇宙中，没有任何一种宏观非生命物体能够对结构精细而又如此微小的物质拥有这样的敏感度。在这样一个微小的层次，量子力学取代了经典定律，统领着一切。薛定谔论证道，正是这个现象让生命如此与众不同。2014 年，在薛定谔的书出版 70 年后，我们终于体会到了他的良苦用心，开始懂得欣赏这位科学家给出的绝妙答案及其令人震惊的影响。**而此时，薛定谔在 70 年前回答过的问题依然值得我们反复自问：生命是什么？**

LIFE

ON

THE

EDGE

02

酶是生命的引擎

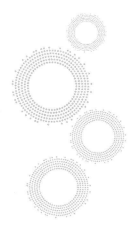

酶是生命的引擎。所有的生命都依赖酶。我们体内的每一个细胞中都填充着数百甚至数千个这样的分子机器，无时无刻不在"帮助"细胞组装和回收利用生物分子，使之持续不停地运转下去。这个过程，就是我们所说的"活着"。

LIFE ON THE EDGE
The Coming of Age of Quantum Biology

　　大约在 6 800 万年以前，在那段我们现在称为白垩纪晚期的时间里，一只年轻的霸王龙正沿着植被稀疏的河谷向一片亚热带森林前进。这只霸王龙大约 18 岁，还未成年，但其站立时身高已达 5 米。它行进的每一步都显得笨重，要用足够的动力把自己数以吨计的躯体向前推进，力量之大，使它一路披荆斩棘，挡路的树木被推倒在地，而其他不幸的小型生物更是被踩在脚下。

　　在能使自身肉体瓦解的作用力下，如此巨大的身体能够保持自身的完整性，要多亏一种坚韧而有弹性的蛋白纤维——胶原蛋白。胶原蛋白让身体的每一根骨头、每一条肌腱与肌肉保持在本来的位置。这种蛋白就像一种胶水，将血肉黏合，同时它也是包括人类在内的所有动物的基本成分。像所有生物大分子一样，胶原蛋白由已知世界中最令人惊叹的"机器"组装或分解。我们本章的焦点就聚焦在这些生物"纳米机器"如何运作的问题上，而且由此开始，我们将探讨一些最新的发现。新发现告诉我们，正是由于构成这些生物机器的"齿轮"和"杠杆"一直深入到量子世界之中，我们和其他所有生物才能活着。

不过，首先还是让我们先回到那个古老的河谷。这一天，霸王龙那由无数"纳米机器"组成的庞大身躯反而给它埋下了祸根。在陷入松软河床上黏糊糊的淤泥后，霸王龙那在追捕和撕碎猎物时极为有用的四肢变得使不上力气。在几个小时的无谓挣扎之后，霸王龙巨大的口腔已灌满了泥水，这头垂死挣扎的野兽没入了泥浆。像《哈姆雷特》中掘墓人所说的"尸体"一样，在绝大多数情况下，动物的血肉会很快腐败，但这头霸王龙沉得实在太快了，以至于它的整个身体很快就被埋在了厚厚的、能够保护肉体的泥沙之中。斗转星移，在漫长的岁月中，颗粒微小的矿物质渗透进了霸王龙骨骼与血肉组织的孔隙与空腔之中，使其原来的组织石化：恐龙的尸体变成了恐龙化石。在地表，河流依然不停地在如画的风景中蜿蜒流淌，连绵不断地沉积着砂砾泥石，慢慢地，化石之上的砂石和页岩已沉积了数十米之厚。

大约 4 000 万年之后，气候变暖，河床干涸，覆盖着长眠已久的恐龙尸骨的岩层，在炎热干燥的风中受到了侵蚀。又过了 2 800 万年，另一种两足物种——现代智人——走入了河谷。但是，这种直立行走的灵长类动物大多数避开了这个干燥而不友好的环境。时间继续向前推移，欧洲殖民者来到了这片土地，将这片不宜居住的土地称为"蒙大拿的荒地"（Badlands of Montana），并将这个干燥的河谷称为"地狱溪"（Hell Creek）。2002年，一队古生物学家在这里安营扎寨，他们的带头人是非常著名的化石猎手杰克·霍纳（Jack Horner）。团队成员之一鲍勃·霍蒙（Bob Hormon）在吃午饭时发现，就在他的头顶之上，一块巨大的骨头从岩石里凸了出来。

在之后的三年时间里，整副恐龙骨架的近乎一半被小心翼翼地从周围的石块中发掘了出来，运往位于蒙大拿州博兹曼市的落基山博物馆。标本在这里被编码为 MOR 1255。许多机构参与了这项任务，包括美国陆军工程兵团的一架直升机以及许多研究生。为了能装上直升机，一块霸王龙的股骨被切成了两半，而在此过程中，一块石化的骨骼碎掉了。杰克·霍纳将其中几块碎片送给了他同为古生物学家的同事玛丽·施魏策尔（Mary Schweitzer），因为他知道施魏策尔会对化石的化学组成感兴趣。

打开盒子时，施魏策尔感到万分惊喜。她在检验第一块碎片时就发现，在该化石骨骼内部（骨髓腔）似乎有着看起来极不寻常的组织。她将骨骼化石放在酸中处理，希望酸浴能够将其外部石化的矿物质溶解，以便观察其内部更深层次的结构。然而，由于意外，她让化石在酸浴中待了太长时间。等到她回头来看这个实验时，才发现所有的矿物质已经全都溶解了。施魏策尔本以为整块化石都已分解，但她和她的同事们惊奇地发现，一种柔韧的纤维物质竟留存了下来，在显微镜下看起来，它与现代动物骨骼中常见的软组织如出一辙。而且与现代骨骼一样，这种组织中似乎填充着许多血管、血细胞和长链状的胶原蛋白——让笨重的生物体保持整体性的"生物胶水"。

含有软组织的化石很稀少但也绝非没有先例。1910—1925 年间，在加拿大不列颠哥伦比亚省的落基山脉中发掘出了伯吉斯页岩化石（Burgess Shale fossil）。化石保留了大量惊人的细节，非常详实，其中的生物生活在约 6 亿年前的寒武纪，化石成形时它正在海洋中游曳。无独有偶，在德国索伦霍芬采石场出土的带羽毛的始祖鸟也非常著名，该鸟生活在距今约 1.5 亿年前。

但是，这些传统的软组织化石只保留了生物组织的"印象"，而非实际的"物质"，而从施魏策尔的酸浴中留存下来的似乎就是恐龙的软组织本身。2007 年，施魏策尔将其发现发表在著名的《科学》杂志上，一开始，她的文章让人很吃惊，也受到了相当程度的质疑。虽然，生物分子能穿越数百万年的时空而保存下来确实让人震惊，但这个故事中后来发生的事情才是本书关注的重点。

为了证明纤维结构确实是由胶原蛋白构成的，施魏策尔先是演示了能附着在现代胶原蛋白上的蛋白同样也能附着在从古老的骨骼中发现的纤维上。作为终极测试，她又将恐龙组织与胶原蛋白酶混合，这种酶正是众多"生物分子机器"中的一员，能够组成和解构动物体内的胶原蛋白纤维。仅仅几十分钟之内，紧密结合了 6 800 万年的胶原蛋白链就被该酶破坏了。

酶是生命的引擎。也许有些我们耳熟能详的酶类，其日常用途看起来似乎很平凡，比如在一些所谓的"生物"洗涤剂中添加的蛋白酶能洗去污渍，果酱中的果胶酶能使果酱凝结，牛奶中加入的凝乳酶能让牛奶凝结成为奶酪。我们或许还要感谢我们的胃与小肠中的多种酶类在消化食物时扮演的重要角色。但对于自然中的"纳米机器"，这只是些微不足道的例子。无论是"原始汤"中涌现的第一群微生物，还是穿越侏罗纪森林的恐龙，抑或是直到今日还存活的每一种生物，所有的生命都依赖酶。

我们体内的每一个细胞中都填充着数百甚至数千个这样的"分子机器"，无时无刻不在"帮助"细胞组装和回收利用生物分子，使之持续不停地运转下去。这个过程，就是我们所说的"活着"。

此处，"帮助"是描述酶类行为的关键词：它们的工作就是加速（催化）所有生化反应，否则，这些生化反应会变得极其缓慢。因此，洗涤剂中的蛋白酶加速了污渍中蛋白质的分解，果胶酶加速了水果中果胶的分解，而凝乳酶则加速了牛奶的凝结。与此类似，细胞中的酶类加速了我们的新陈代谢：在此过程中，我们细胞内数以兆计的生物分子持续地转化为数以兆计的其他生物分子，让我们能够活着。

施魏策尔加在恐龙骨骼上的胶原蛋白酶只是诸多"生物机器"中的一种，该机器在动物体内的日常工作就是分解胶原蛋白纤维。通过比较两个反应的时间——没有加酶时胶原蛋白自身分解消失的时间（很明显，要大于 6 800 万年）与加入恰当的酶后胶原蛋白分解的时间（大约 30 分钟）——我们可以粗略地估计酶让反应变快的比率：这是 10^{12} 倍的差别。

在本章中，我们将会探讨胶原蛋白酶之类的酶是如何以天文数字般的倍率加速化学反应的。近年来，科学探索的意外收获之一就是量子力学至少在某些酶的作用中起着关键作用。因为酶对生命至关重要，所以就让它们成为我们探索量子生物学之旅中停靠的第一站吧。

生死攸关的酶

在真正发现和详细描述酶之前，人类对酶的利用已经持续了几千年。几千年前，我们的祖先可以通过添加酵母使谷子变成啤酒、葡萄汁变成红酒，而酵母本质上就是一包以细菌为包装的酶[1]。我们的祖先还知道，小牛胃黏膜的提取物（凝乳酵素）可以加速将牛奶转变为奶酪的过程。许多世纪以来，人们一直认为，这些转变是由活体生物的"生命力"实现的，是"生命力"赋予该过程以活性，产生了生死之别的转变速度。

1752 年，受到笛卡儿机械论哲学的启发，法国科学家列奥米尔（René Antoine Ferchault de Réaumur）开始研究所谓的生命活动之一——消化。他做了一个天才式的实验。

当时普遍认为，动物靠磨碎和搅拌等消化器官内的机械过程来消化食物。这种理论与鸟类的行为尤其契合，鸟胃内含有小石块可以磨碎食物——这种机械行为与笛卡儿的观点一致。在第1章中，我们简要地描述过笛卡儿的观点，他认为动物不过是机器。但是，食肉鸟类胃里没有帮助消化的砂石，它们又是如何消化食物的呢？这让列奥米尔迷惑不解。因此，他把小块的肉装在扎有许多小洞的极小的金属胶囊内喂给了自己养的隼。当他打开金属胶囊后发现，里面的肉已经完全被消化了。因为有金属的保护，肉不可能受到任何机械活动的影响。显然，至少有一种生命的"力"不可以用笛卡儿的齿轮、杠杆和转盘来解释。

---

① 酵母菌是一种单细胞真菌。

又过了一个世纪，另一个法国人、著名化学家与微生物学的奠基人路易·巴斯德研究了另外一种一直被归因于"生命力"的生命转化现象：从葡萄汁到红酒的转变。巴斯德证明，发酵转化的原理在本质上似乎与活酵母菌细胞有关，这种菌既出现在酿酒工业中，也出现在制作面包的酵母中。德国生理学家威廉·弗里德里希·屈内（Wilhelm Friedrich Kühne）于 1877 年首次使用了"酶"（在希腊语中即指"在酵母中"）这个术语描述这些"生命活动"中的媒介，而"生命活动"也不单指由活酵母细胞引起的发酵，而是包括所有由活体组织的提取物所推动的转化现象。

那什么是酶呢？它们又是怎样加快生命转化的呢？让我们回到本章开头故事中的酶——胶原蛋白酶。

蝌蚪的尾巴哪去了

| 胶原蛋白酶 |

胶原蛋白是包括人类在内的动物体内最丰富的蛋白质。它像一种分子线，在我们的组织里与组织间穿梭，将我们的肉体紧紧地结合在一起。像所有其他蛋白质一样，它由基本的化学结构单位组成。串成链状的氨基酸大约有 20 种。其中有几种，你可能会比较熟悉，比如像甘氨酸、谷氨酸、赖氨酸、半胱氨酸、酪氨酸等氨基酸，是可以在健康食品店买到的营养保健品。每个氨基酸分子由 10 ~ 50 个碳、氮、氧、氢原子，有时也有硫原子，靠化学键结合在一起，组成自己与众不同的三维结构。

之后，几百个这样扭曲的氨基酸分子会串在一起形成蛋白质，就像一串颗颗形状各异的念珠。每个念珠通过"肽键"与下一颗念珠连接，肽键连接了一个氨基酸中的碳原子与下一个氨基酸中的氮原子。肽键很强——别忘了，肽键可是让霸王龙体内的胶原蛋白纤维紧密结合 6 800 万年！

胶原蛋白是一种特别稳固的蛋白质，这对于其作为内部纽带维持生命组织形状与结构的角色至关重要。三股胶原蛋白会缠在一起，结合成一股"粗绳"或"纤维"。这些纤维会像线一样在我们的组织间穿梭，把我们的细胞"缝"在一起。在连接骨骼与肌肉的肌腱中，在连接骨骼与骨骼的韧带里，同样有胶原蛋白纤维的身影。这个由胶原蛋白纤维织成的紧密网络被称为细胞外基质（extracellular matrix），正是它让我们的身体结为一体。

如果吃过或者见过肉类食材的话，大家其实对细胞外基质已经很熟悉了，因为在一根不太好嚼的香肠或是一片廉价的肉中，难免会遇到多筋的软骨。厨师们也知道这种多肌腱的食材不太好消化，即使炖上几个钟头往往也不能变嫩。但无论细胞外基质在晚餐中多么不受欢迎，它在人们体内的存在却是绝对生死攸关的。没有胶原蛋白，我们的骨头就会分崩离析，我们的肌肉会从骨头上剥离，我们的内部器官也会变成一堆糨糊。

但是，在你的骨骼、肌肉或晚餐中的胶原蛋白纤维并非坚不可摧。在强酸或强碱中煮沸它们，将最终使连接氨基酸"念珠"的肽键断裂，将这些强韧的纤维变成可溶的明胶。这种状如果冻的物质可以用来做棉花软糖或是果冻。电影迷们可能还记得在电影《捉鬼特工队》（Ghostbusters）中的棉花糖宝宝，它那像山一样的白色躯体，步履沉重、摇摇晃晃地碾压过来，让纽约陷入一片恐慌。不过，棉花糖宝宝最后被轻易地打败了，被熔化成了一滩棉花糖浆。胶原蛋白纤维中氨基酸"念珠"间的肽键正是棉花糖宝宝与霸王龙不同之所在。坚韧的胶原蛋白纤维让真实的动物变得坚韧。

不过，当我们用像胶原蛋白一样坚韧而耐久的材料支起动物的躯体时，还面临一个问题。想象一下你不小心切到或是擦伤了自己，或更甚一步，假设你跌断了一条胳膊或一条腿，这时，组织被破坏了，起支持作用的细胞外基质或者说内部多筋的网络也很可能受损或破碎。如果一幢房子被一场风暴或地震摧毁，修缮工作一定会先从清理被破坏的框架开始。与此类似，动物的躯体用胶原蛋白酶来清除细胞外基质受到损害的部分，使组织通过另一套酶的作用得以修复。

更为重要的一点是，随着动物的生长，细胞外基质必须持续地重塑自身的形态：能够维持婴儿体形的内部结构将无法支持高大很多的成年人。在成年与幼年形态截然不同的两栖类动物中，这个问题很尖锐，因此，问题的答案也就特别富有启发性。

| 变态发育 |

我们最熟悉的例子莫过于两栖类动物的变态发育：从一个球形的卵变成摇头摆尾的蝌蚪，之后进一步发育成熟，变成一只活蹦乱跳的青蛙。在侏罗纪的岩层中发现的化石显示，这些两栖类动物身材短小，没有尾巴，有着非常明显而有力的后肢。这些古老的化石可以追溯到两亿年前的中生代中期，也就是著名的"爬行动物时代"。但这些两栖动物的身影同样也出现在白垩纪的岩层中。如此看来，当最终变成 MOR 1255 号化石的那头恐龙在蒙大拿州的河流中遇难时，青蛙们似乎正在同一条河中游泳。但是，与恐龙不同，青蛙们在白垩纪的物种大灭绝中活了下来，直到现在依然是池塘、河流和沼泽中常见的生物，让一代又一代的学龄儿童和科学家得以研究它们的身体组成与变态发育过程。

由蝌蚪到青蛙的变态包含了相当可观的拆卸与重构，比如蝌蚪的尾巴，躯体会逐渐将其重新吸收，而尾巴的肉体在回收利用后，将构成青蛙新的四肢。所有这一切都需要以胶原蛋白为基础的细胞外基质在重组为新的四肢之前被快速地分解掉。但请不要忘了在蒙大拿岩层中的 6 800 万年：胶原蛋白纤维可不是那么轻易就能破坏的。如果完全依赖于胶原蛋白化学分解的无机过程，那么青蛙的变态发育可能要花上漫长的时光。显然，动物不可能将自己坚韧的肌腱泡在沸腾的热酸中。因此，动物需要一种更加温和的分解胶原蛋白纤维的方法——这正是胶原蛋白酶的用武之地。

但胶原蛋白酶和它的伙伴们是如何工作的呢？认为"酶的活性由某种神秘的活力来调控"的活力论观点一致持续到 19 世纪晚期。在那个时候，屈内的一位同事化学家爱德华·布希纳（Eduard Buchner）发现，从酵母细胞中得到的非生命提取物可以激发与活细胞完全相同的化学转化。布希纳更进一步地提出了颠覆性的假设：**所谓的"生命力"不过是一种"催化反应"**（catalysis）。

催化剂是能够加速普通化学反应的物质，到 19 世纪时已为化学家们所熟知。事实也确实如此，许多推动工业革命的化学反应过程，所依赖的关键正是催化剂。比如，硫酸是一种推动工业与农业革命的基本化学原料，在钢铁制造业、纺织工业中使用广泛，也用来制造磷酸肥料。硫酸的制备反应要用到二氧化硫和氧气作为"反应物"，此两者与水反应形成"产物"——硫酸。然而，此反应非常缓慢，一开始的时候很难商业化。到了 1831 年，英格兰布里斯托尔的一位食醋制造商佩里格林·菲利普斯（Peregrine Phillips）发现了加速该反应的方法，它让二氧化硫和氧气在热铂上反应，而铂的作用正是催化剂。催化剂与反应物（参与反应的初始物质）不同，因为它们虽然能够加速反应，但是并不直接参与反应或被反应改变。因此，布希纳认为，酶与菲利普斯发现的无机催化剂并无本质区别。

之后数十载的生化研究不断证实布希纳的洞见。小牛胃中的凝乳酵素是第一种实现提纯的酶类。古埃及人将牛奶保存在用小牛的胃黏膜做成的袋子里。通常认为，正是埃及人首先发现用这种看起来最不可能的物质，可以让牛奶加速凝结为奶酪，以便更好地储存。这种制奶酪的方法一直持续到 19 世纪末期。那时，人们将小牛的胃直接烘干，在药店里作为"凝乳剂"来出售。到了 1874 年，丹麦化学家克里斯蒂安·汉森（Christian Hansen）去一家药店应聘工作，在面试时，无意间听到药店新到了一打烘干的胃膜。在问询了这些是什么之后，他萌生了一个想法，希望用自己化学方面的知识和技能制作一种不那么难闻的凝乳剂。汉森回到自己的实验室，开发出了一种新方法，从重新补水后的小牛胃中提取液体，然后将这种恶臭的液体烘成干粉。通过将这个产品商业化，汉森大赚了一笔。"汉森医生的干胃膜提取物"也因此行销全球。

小牛胃中的凝乳酵素其实是几种不同酶类的混合物。就制造奶酪而言，其中最活跃的要数凝乳酶（chymosin）。它是加速蛋白质分解的蛋白酶大家族中的一分子，在奶酪制作中扮演的角色是让牛奶凝固，分成凝乳块和乳清。凝乳酶在小牛犊体内的本来作用是使牛犊摄入的牛奶凝结，以便牛奶能在其消化道留存更久，从而为吸收留下更长的时间。胶原蛋白酶是另外一种蛋白酶，不过，直到 19 世纪 50 年代，当波士顿哈佛医学院的临床科学家杰尔姆·格罗斯（Jerome Gross）对蝌蚪如何吸收自己的尾巴变成青蛙这一问题萌生了兴趣时，胶原蛋白酶的提纯方法才被开发出来。

LIFE ON
THE EDGE
量子实验室
The Coming of
Age of
Quantum Biology

格罗斯对胶原蛋白纤维扮演的角色很感兴趣，认为这是分子自我组装的一个范例，其中包含了一个"重大的生命奥秘"。他决定研究体型长达数厘米的牛蛙蝌蚪的大尾巴。格罗斯准确地猜测到，在尾巴重吸收的过程中，一定包含了大量动物胶原蛋白纤维的组装和分解。为了检测胶原蛋白酶的活动，他发明了一种简单的测试，在培养皿中填充了一层牛奶样的胶原蛋白胶体，里面装满了坚韧、耐久的胶原蛋白纤维。当他把蝌蚪尾巴组织的碎片放在胶体表面时，他发现在组织周围的一个区域中，坚韧的胶原蛋白纤维被分解成了可溶的明胶。后来，他提纯了使胶原蛋白分解的物质——胶原蛋白酶。

胶原蛋白酶在青蛙及其他动物的组织中都存在，包括那只将遗骸留在地狱溪的恐龙。时至今日，该酶的功能依然与 6 800 万年前一样——分解胶原蛋白纤维。只不过当恐龙死去并沉入泥沼时，它体内的酶沉默了，这样才使恐龙的胶原蛋白纤维安然无恙地保留到现在，直到施魏策尔将新鲜的胶原蛋白酶加在其骨骼碎片之上，才又重新分解。

胶原蛋白酶只是动物、植物、微生物在进行几乎所有重要生命活动时所需的数百万种酶之一。有的酶参与合成细胞外基质的胶原蛋白纤维，或者合成像蛋白质、DNA、脂肪、碳水化合物这样的生物大分子，而又有一套完全不同的酶来分解和回收利用这些分子。酶在消化、呼吸、光合作用、新陈代谢中都起着重要的作用。酶让我们得以生存，让我们能继续活下去。酶是生命的引擎。

但是，难道酶只是生物催化剂吗？难道酶的作用与制备硫酸和其他工业原料的化学过程是一样的吗？几十年前，大多数生物学家可能会同意布希纳的观点，认为生命的化学与化学工厂里的反应甚或是小孩的化学实验没有什么两样。但在过去的 20 年间，这种观念发生了根本转变，因为一系列关键的实验为酶的工作机理提供了引人注目的新解释。比起老旧而经典的化学催化剂，生命催化剂似乎能够触碰到更深层次的现实，并巧妙地用到一些量子的把戏。

不过，为了更好地解释为什么生命的活力需要用到量子力学，我们必须先研究一下平淡无奇的工业催化剂的工作原理。

| 肽键的断裂 |

催化剂有许多不同的运作机理，但大多数可以用一种被称为"过渡态理论"（transition state theory, 简称 TST）的解释来理解。过渡态理论为催化剂加速化学反应提供了一种简单的解释。为了理解过渡态理论，我们或许有必要把问题反转思考，先来考虑为什么需要用催化剂来加速反应。答案是，我们所处环境中大多数常见的化学物质是稳定且不活跃的。它们既不会即时分解也不会时刻准备着与其他化学物质反应。毕竟，如果它们能做这两者之一的话，它们将不再是常见的化学物质。

常见物质之所以稳定，是因为在物质中始终存在的分子震荡，尽管无从避免，但并不能经常性地使常见物质的化学键断裂。我们可以对这一过程进行视觉化的描述，反应物分子需要爬上一个"山坡"，越过它们与产物之间的一个山丘，然后才能转变为产物（见图 2–1）。爬上"山坡"所需的能量大部分由热能提供。热能可以加速分子和原子的运动，使它们的运动或振动变快。分子间的跃动与碰撞可以破坏分子内连接原子的化学键，甚至可能使它们形成新键。但是那些相对更加稳定的分子，比如日常环境中常见物质的分子，连接其原子的化学键结合得很紧密，足以抵挡周围的分子震荡。这也正是这些化学物质在我们周围的环境中很常见的原因。正是因为它们的分子无视环境中的分子冲撞，所以才能大体上保持稳定。[①]

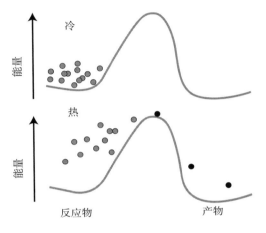

用灰色小点代表的反应物分子能够被转化为用黑色小点代表的产物分子，但它们首先需要攀上一个能量壁垒。冷的分子很少能有足够的能量来完成攀登，但热的分子可以轻易爬上顶峰。

图 2-1　化学反应的形象化

　　然而，即使是稳定的分子，一旦获得足够的能量，也可以被分解。能量获得有多种途径，其中之一是获得更多的热量（热量可以使分子加速）。加热一种化学物质最终将使其化学键断裂。这也是我们在烹调大多数食物时需要加热的原因：热量加速了使食材（反应物）转化为更加鲜美的食物（产物）的化学反应。

　　热量如何加速化学反应？一种方便的视觉化解释是将反应物分子想象为一个横置的沙漏中躺在左边空间的沙粒（见图 2–2a）。如果置之不理，全部的沙子将一直待在初始的位置，因为它们没有获得足够的能量来越过

---

① 当然，也有非常重要的例外：像氧气一样的关键化学物质，虽然活跃，但地球上发生的某些过程可以持续补充更新氧气。最明显的例子是，植物等生物会不停地将氧气倾注入大气中。

沙漏颈部，达到代表产物的右边空间。在一次化学过程中，反应物分子可以通过受热来获得足够的能量，从而使自己更快地运动和振动，并使其中的某些分子获得足够的能量转化成产物。我们简单地将其设想为摇晃沙漏，那么一些沙粒将被抛进右边的空间，从反应物变为产物（见图 2–2b）。

但是还有另外一种使反应物变为产物的方法，即降低反应物需要翻越的能量壁垒。这正是催化剂的工作。催化剂就像使沙漏的颈部变得更宽一样，只要有一点点的热搅动，左边的沙粒就能够流向右边（见图 2–2c）。由于催化剂能改变反应中的能量壁垒，比起没有催化剂时，底物变为产物的反应速度便极大地加快了。

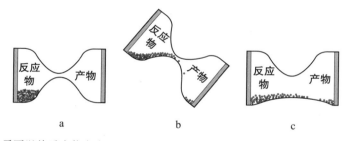

a	b	c
分子可以从反应物变为产物，但它们必须先获得足够的能量爬上过渡态的壁垒（沙漏的颈部）。	将横置的沙漏抬起让反应物（底物）处在了比产物更高的能量状态，可以让沙粒容易地顺流而下。	酶使过渡态更稳定，有效地降低了过渡态的能量壁垒（沙漏的颈部），使底物能更容易地流向产物一端。

图 2–2　改变能量壁垒

我们可以通过先考虑在没有胶原蛋白酶时，胶原蛋白分子极其缓慢的分解过程，来从分子层面说明催化剂的工作原理（见图 2–3）。正如前文所说，胶原蛋白是一串氨基酸，每一个氨基酸通过碳原子与氮原子间的肽键（在图 2–3 中以 C 与 N 之间的粗线表示）与下一个氨基酸相连。肽键仅仅是分子内能将原子结为一体的几种化学键之一。它的本质是一对由碳氮原子共享的电子。这对由碳氮原子共享的带有负电荷的电子会吸引肽键两端带有正电的原子核，因此，就像一种电力粘胶一样将肽键两端的原子结合在一起。这类化学键也被称为共价键。

肽键很稳定，因为通过迫使共用电子对分离使肽键断裂需要很高的"活化能"（activation energy）：化学键必须要爬上一个很高的能量壁垒才能抵达反应中"沙漏的颈部"。在实际反应中，化学键通常并不是依靠自身的力量断开的，而是在一个被称为"水化"（hydrolysis）的过程中借助了周围水分子的一臂之力。要想使水化发生，首先，水分子必须足够靠近肽键，向肽键中的碳原子贡献出自己的一个电子，形成一个能拴住水分子的相对微弱的新键，该键在图 2–3 中用虚线表示。这个不稳定的中间阶段称为"过渡态"（也是"过渡态理论"的来源），表示使旧键断裂所需能量壁垒的顶峰，即图 2–2 中沙漏的颈部。注意，在图 2–3 中，有水分子贡献的电子一路向下转移到了与肽键相邻的氧原子，氧原子由于多了一个电子而带有一个单位的负电荷，用"–"表示。与此同时，在过渡态中贡献出一个电子的水分子此刻整体带一个正电荷。

整个过程从此处开始变得稍微有点难理解了。想象一下，这个水分子之所以带正电并不是因为它失去了一个电子，而是因为它包含了一个裸露的氢原子核，或者说一个质子（在图 2–3 中以"+"表示）。水分子中这个带正电的质子不再紧密地结合在原来的位置，而是像第 1 章讨论的量子力学的观点那样，变得"离域"（delocalized）。虽然它在大多数时间里依然在水分子中（见图 2–3b 中左边的结构），但有时它可能在更远的地方被发现，更靠近处于肽键另一端的氮原子（图 2–3b 中右边的结构）。处于这个位置时，漫游的质子可以将肽键中的一个电子拖拽出其原来的位置，从而使肽键断裂。

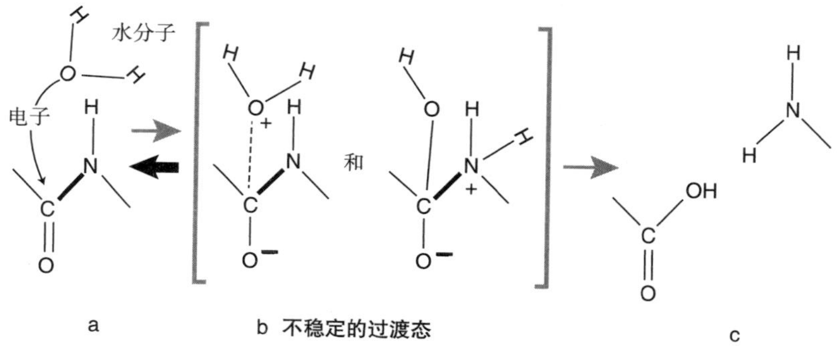

胶原蛋白之类的蛋白质由氨基酸链组成，而氨基酸链又由碳（C）、氮（N）、氧（O）、氢（H）等原子组成，并通过肽键连接（见 a）。图中的肽键用粗线表示。肽键可以被一个水分子（H₂O）水化，从而使肽键断裂（见 c）。但在断裂之前必须要先经过不稳定的过渡态，此状态至少包括两种可以互相转化的不同结构（见 b）。

图 2-3 胶原蛋白分解示意图

但图 2-3 展现的情况通常并不会发生。原因在于像图 2-3b 中展示的过渡态是非常短暂的，即使非常轻微的推搡碰撞也能使其脱离这种状态。比如，由水分子提供的带负电的电子可以轻易地回到水分子中，使初始反应物变回原形（由图 2-3 中的粗箭头表示）。比起先前描述的使肽键断裂的反应，出现这个情景的概率要大得多。因此，肽键通常不会断裂。实际上，在非酸非碱的中性溶液中，要让一个蛋白质分子中一半的肽键断裂所需的时间，也就是该反应的半衰期，要超过 500 年。

当然，这都是在没有酶的情况下出现的状态。我们这就来讨论酶是如何参与水化作用来帮忙的。根据过渡态理论，催化剂通过使过渡态更加稳定来加速像肽键断裂之类的化学过程，从而提高形成最终产物的概率。该过程可以通过几种不同的方

LIFE ON THE EDGE

过渡态理论
transition state theory
酶通过使过渡态更加稳定来加速像肽键断裂之类的化学过程，从而提高形成最终产物的概率。

法来实现。比如，一个带正电的金属原子靠近化学键后，可以中和过渡态中带负电的氧原子，使之稳定下来。因为这样一来，氧原子就不用着急将水分子提供的电子给回去了。通过使过渡态稳定下来，催化剂就像将沙漏的颈部变宽一样，助反应一臂之力。

酶加速了所有其他生命必需的反应。现在，我们需要考虑，这个用沙漏来类比的过渡态理论是否也可以用来解释酶的行为。

一场精心编排的分子舞蹈

玛丽·施魏策尔用来分解古老的霸王龙胶原蛋白纤维所用的酶与杰尔姆·格罗斯在青蛙体内发现的酶是同一种。你应该记得，这种酶可以用来分解蝌蚪的细胞外基质以便蝌蚪的组织、细胞和生物大分子可以被重新组装形成成年的青蛙。胶原蛋白酶在恐龙内具有完全相同的功能，而且时至今日，依然在我们体内扮演着同样的角色：在发育期间和受伤以后，分解胶原蛋白纤维来保障主体的生长和组织的重塑。

为了能够实际观察该酶促反应，我们将从理查德·费曼的著名演讲中借用一个想法，该演讲可以说改变了科学的走向。1959 年，费曼在美国加州理工大学向观众发表了题为"别有洞天在深处"（*There's Plenty of Room at the Bottom*）的主题演讲，该演讲被广泛地视为纳米技术领域的思想基础。纳米技术即在原子和分子层面上展开工程的技术。据说，费曼的想法还启发了 1966 年的科幻电影《神奇旅程》（*Fantastic Voyage*）。在这部电影中，一艘潜艇及艇上的船员都缩到足够小，然后被注入一位科学家的体内，他们的任务是发现并清除这名科学家脑部有致命危险的血栓。为了探究胶原蛋白酶的工作原理，我们将在想象中乘着纳米潜艇踏上征程，旅途的目的地是蝌蚪的尾巴。

首先，我们必须先找到一些蝌蚪。在当地的一个池塘里，我们发现了一窝蛙卵，然后，我们小心翼翼地捧起这一掬果冻一样的、带着黑点的小球体，将它们移到一个玻璃水箱中。没过多久我们就可以观察到蛙卵内的蠕动，几天之内，小蝌蚪就从卵中孵出来了。我们对放大镜下小蝌蚪的主要特征进行了快速记录：相对很大的脑袋上有一张小嘴；嘴上有个鼻头；眼睛长在两侧；又长又壮的尾鳍前是一对羽状的鳃。之后，我们给蝌蚪提供充足的食物（藻类），并且每天进行观察。

我们发现，在开始的几周里，蝌蚪的形态变化可谓微乎其微，但其长度与体围的增长速度之快却令人震惊。到了大约第八周的时候，我们注意到蝌蚪的鳃逐渐缩回体内，并显露出前肢的痕迹。再过两周，蝌蚪的后肢开始从健硕的尾巴根部长出。在这个阶段，我们必须进行更加频繁的观察，因为蝌蚪变态发育的变化速度似乎正在加速。之后，蝌蚪的鳃与鳃囊完全消失，它的眼睛也转移到头部更高的地方。在蝌蚪的前端发生着巨大变化的同时，它的尾巴开始萎缩。这正是我们一直等待的线索：从此刻起，我们将登上纳米潜艇，驶入水箱，去探索大自然最非凡的变化。

随着我们的潜艇越变越小，我们可以看到青蛙变态发育的更多细节。比如，蝌蚪的皮肤发生了巨大的变化，变得更厚、更韧，还嵌着分泌黏液的腺体，以保证它在离开池塘，跃上陆地后能够保持皮肤的湿润和柔软。我们潜入其中一个腺体，由此可以穿越蝌蚪的皮肤。在通过数层细胞壁垒之后，我们来到了蝌蚪的循环系统。

顺着蝌蚪的静脉和动脉航行，我们可以从内部观察到发生在其身体里面的变化。由囊状物开始，蝌蚪的肺逐渐形成、扩张并充满空气。蝌蚪适合消化藻类的长而盘旋的肠道也变直，成为典型的捕食者肠道。随着软骨被骨骼所取代，其半透明的软骨骨架，包括脊索（从头到尾支撑蝌蚪原始形态的脊柱）变得致密且不再透明。我们继续征程，顺着正在发育的脊索来到蝌蚪的尾部，此时，蝌蚪吸收尾巴用于变身为青蛙的过程才刚刚开始。在如此小的尺度下，我们可以看到带有横向纹理的厚厚的肌肉纤维组成了尾巴的模样。

我们进一步缩小自己的身体，以便进行更精细的观察。缩小的身体让我们得以看到每条肌肉纤维是由许多长条的圆柱状细胞组成的，正是这些圆柱状细胞的节律性收缩为蝌蚪的游动提供了动力。围绕这些肌肉圆柱的是一张由多筋的"绳索"织成的致密网络，这正是我们的调查目标——细胞外基质。基质本身似乎正处于溶解的状态，因为单一的"绳索"正在解开，将固定在其中的肌肉细胞释放出来，使这些自由之身得以加入到规模不断扩大的细胞迁徙中去。这次细胞的迁徙之旅，起点是正在消失的蝌蚪尾部，终点是不断形成的青蛙躯体。

再次缩小，我们停在正在分解的细胞外基质上正在散开的一根"绳索"上。随着散开时其周长不断扩大，我们看到，就像一根真的绳子一样，这条"绳索"其实是由数千条单独的蛋白质线织成的，而每条蛋白质线本身又是一束胶原蛋白纤维。每条胶原蛋白纤维又由三股胶原蛋白线绕成。正如我们之前在讨论恐龙骨骼时所用的比喻一样，这些胶原蛋白线就像是一串氨基酸"念珠"，但同时又互相缠绕在一起，组成更加坚韧的螺旋线结构，有点像 DNA 的双螺旋结构，但胶原蛋白线是三螺旋结构。在这里，我们终于发现了这次探险的目标猎物：一个胶原蛋白酶分子。这个分子像蛤蜊一样的结构夹在一条胶原蛋白纤维上，顺着纤维滑下，在剪断连接氨基酸

"念珠"的肽键之前，先散开了紧密缠绕的三螺旋结构。这条可能会稳定存在数百万年的链条就在瞬间被破坏了。现在让我们把视角放到更大，看看剪断肽键的动作究竟是如何完成的。

这次缩小将我们变到了分子的级别，大小只有几纳米。很难说明这个尺寸到底有多小，所以，为了能让读者有一个更清晰的概念，不妨想想下面这个字母"o"：如果把你从通常的大小缩小到纳米级，那么对你来说，这个字母"o"大约就是整个美国那么大了。在如此小的尺寸下，我们可以清晰地看到细胞内部紧密排列的水分子、金属离子①，还有大量不同种类的生物大分子（其中包括许多形状奇特的氨基酸分子）。这个繁忙而拥挤的分子池塘处于持续的搅动和扰动中，其中的分子像第 1 章中所描述的台球运动一样，不停地旋转、振动、互相碰撞。

在所有这些随机而混乱的分子活动中，形如蛤蜊的酶以一种十分奇特的方式运动，顺着胶原蛋白纤维滑下。在纳米级，我们可以将视野聚焦在沿着胶原蛋白链运动的单个酶上。一眼看去，酶的整体形态满是疙瘩，并没有一定的晶体秩序，像是东拼西凑的组装体，给人一种杂乱无章的错觉。其实，像所有的酶一样，胶原蛋白酶有精确的结构，分子中的每个原子都占据着一个特别的位置。与周围分子的随机碰撞形成鲜明对比，胶原蛋白酶正跳着华丽而精确的分子舞蹈。它将自己缠绕在胶原蛋白纤维上，解开纤维的螺旋状结，精确地剪开在链条中连接氨基酸的肽键，之后再从胶原蛋白纤维上解开自己，顺着蛋白链去剪断下一个肽键。这些运动可不是微缩的人造机械，在分子层面，它们的运作也不是由数以兆计随机运动的粒子像台球一样混乱的运动来驱动的。这些纳米机器正在表演的是一场精心编排的分子舞蹈。为了操纵基本物质粒子的运动，数百万年的自然选择早

---

① 离子是由于失去电子（正离子）或得到额外的电子（负离子）而带有电荷的原子或分子。

已精确设置了舞蹈的动作。

为了更近地观察剪开的过程，我们下潜到酶像颚一样的裂缝中，正是这个部位钳住了底物：胶原蛋白链与一个水分子。这是酶的活化中心（active site），其工作就是通过将能量沙漏的颈部扩大来加速肽键的断裂。发生在该分子控制中心精心编排的动作与酶外部和周围的随机碰撞截然不同。可以说，该活化中心在整只青蛙的生命中扮演了极其重要的角色。

酶的活化中心如图 2–4 所示。通过与图 2–3 进行对比，我们可以发现，酶将肽键保持在了原本不稳定的过渡态，而要想使肽键断裂，必须先达到这一状态。底物由相对较弱的化学键固定（在图 2–4 中由虚线表示），该键本质上是底物与酶之间的共用电子对。这样的固定让底物处在一种精确的结构上，酶的分子大颚可以随时将其咬断。

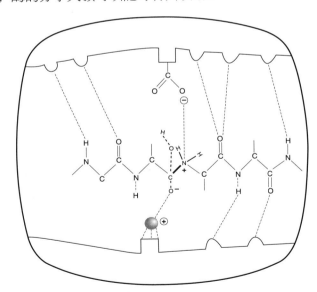

在胶原蛋白酶活化中心里胶原蛋白肽键（粗线表示）断裂的过程。底物的过渡态由粗虚线表示。在底部中心偏左位置的球体是带正电的锌离子；顶部的羧基（COO）来自酶活化中心的谷氨酸。注意：分子间的距离并没有严格地遵循实际的比例。

图 2–4　在酶的活化中心中的肽键断裂

当酶的大颚闭合时，其所做的工作可比简单地"咬合"肽键要精细微妙得多：它们提供了催化得以发生的路径。我们注意到，在已固定好的目标肽键下方，直接悬挂着一个巨大的带正电荷的原子。这是一个带正电荷的锌原子（锌离子）。如果我们把活化中心比作酶的颚，那么锌原子就是酶的两颗门牙之一。带正电荷的原子从底物的氧原子那里夺来一个电子，使过渡态稳定存在，从而改变了能量壁垒：沙漏的颈部被变宽了。

剩下的工作由酶的第二颗分子门牙来完成。这是酶自身的氨基酸之一，叫作谷氨酸。它也移到特定的位置，将其带负电的氧原子悬挂在目标肽键之上。它的角色首先是要从拴住的水分子那里夺得一个带正电的质子，然后将该质子转移到肽键一端的氮原子，让氮原子带正电并将肽键的电子对吸引过来。你或许还记得，电子对是化学键中的黏合剂，因此，将电子对拉走就意味着从键合的关节中抽走了胶水，使肽键变弱、断裂。经过一系列的电子重新排布，反应产物及断裂的肽键便从酶的分子大颚中排出。一个原本可能要花上 6 800 万年的反应在几纳秒内已经完成。

但是，整个过程中到底哪里用到了量子力学呢？为了明白为什么需要用量子力学来解释酶的催化作用，我们不妨先暂停一小会儿，重新思考一下量子力学的先驱们留下的洞见。我们已经提到，在酶的活化中心，一些原子扮演着特别的角色，它们精心编排的运动与内环境中其他地方分子随机的碰撞形成鲜明的对比。在活化中心，高度有序的生物大分子与其他高度有序的生物大分子以非常特别的方式进行互动。这个过程既可以被视为约尔旦的"放大效应"，也可以被看作是薛定谔的"来自有序的有序"：从正在发育的青蛙一路走向微观层面有序的组织与细胞，再到将组织与细胞结合在一起的纤维，再到能使纤维重塑并影响青蛙发育的胶原蛋白酶及其活化中心内基本粒子精心编排的动作。无论我们选择约尔旦或是薛定谔的模型，这里发生的一切显然与将火车推上山丘的分子无序运动大不相同。

然而，是否像薛定谔所说的那样，为了解释这种分子秩序需要在生命中引入一套不同的规则呢？为了发现该问题的答案，我们需要再学一点运行于微观世界中的那套不同的规则。

为了解释像这样精心编排的分子运动有必要引入量子力学吗？我们之前已经讨论过，在没有引入量子力学的情况下，胶原蛋白酶加速肽键断裂的能力可以用化学家们通常用来加速化学反应的几种催化机理来解释。比如，锌离子在酶的活化中心所扮演的角色似乎与佩里格林·菲利普斯在 19世纪加速硫酸生产时使用的热铂的作用相类似。这些无机催化剂依靠分子的随机运动而非预设的运动使自己具有催化功能的基团靠近底物，从而加速化学反应。酶的催化难道只是活化中心内几个经典催化机理的简单堆叠吗？难道这样就能提供点亮生命的火种吗？

一直到不久前，几乎所有的酶学家都会给出肯定的回答。标准过渡态理论描述了使中间过渡态时间延长的不同过程，这种理论一直被视为酶工作机理的最好解释。但把所有的影响因素都考虑在内后，几个疑点浮出水面。比如，本章中讨论了几种能够加速肽键分解的反应机理，每一种都有充分的解释，也能单独地使反应速率提高到至多 100 倍。但即使将所有这些因素都相乘，反应速度最多可以提高 100 万倍。与酶实际能提高的反应速率相比，这只是个微不足道的数字：在理论与现实之间，似乎有一道令人难堪的鸿沟。

另一个谜题是，酶自身结构的多种改变如何影响酶的活动？比如，像所有酶一样，胶原蛋白酶基本上是一个蛋白质底板，支撑着活化中心的

"颚"与"牙"。我们可以推断，改变组成其"颚"与"牙"的氨基酸会对酶的效率造成极大的影响，而事实也确实如此。更令人吃惊的是，如果改变了酶中与活化中心相距很远的氨基酸，同样能使酶的效率大打折扣。为什么这些应该对酶的结构无关痛痒的修饰会引起如此巨大的变化？这在标准过渡态理论中仍然迷雾重重。但是，似乎引入量子力学后一切都能说得通了。我们会在本书的结语再次探讨这个发现。

还有一个问题，那就是过渡态理论至今未能创造出能像真正的酶一样高效工作的人造酶。你可能还记得理查德·费曼的那句至理名言："凡是我们做不出来的，就是我们还不理解的。"这句话与酶也有关系。虽然关于酶的机理已经知道了很多，但时至今日，还从未有人能够从零开始设计出一种酶，并像自然界的酶那样提高反应的速率。按照费曼的标准，我们还远没有理解酶的工作原理。

但是，让我们回看图 2–4 并问自己：酶在干什么？答案很显然：**酶在分子内或分子间操控着单个的原子、质子和电子**。本章行文至此，我们一直把这些粒子看作与电荷团类似，可以在球 - 棍模型表示的分子中被推来搡去，从一个地方到另一个地方。但是，如我们在第 1 章中所述，电子、质子，甚至整个原子，与经典的球状物都是大不相同的，因为它们遵循量子力学的规则，比如那些依赖于相干性但通常在宏观层面由于"退相干"过程而不再适用的奇异规则。台球毕竟不是基本粒子的理想模型，因此，为了真正理解发生在酶活化中心内的事情，我们必须把自己先入为主的经典物理观念抛在一边，进入到神奇的量子力学世界中去。在那里，物体可以同时做两件甚至 100 件事情，互相间可以拥有幽灵般的联结，可以穿越明显无法穿过的壁垒。这样的功绩"台球"可做不到。

呼吸酶与呼吸作用

如前所述，酶的关键活动之一就是在底物分子内转移电子。比如，胶原蛋白酶将多肽分子内的电子拉来推去。但是，电子除了能在分子内部进行转移，还可以从一个分子转移到另一个分子。

在化学中，一种很常见的电子转移反应是"氧化"。当我们在空气中点燃煤之类的碳基燃料时，发生的正是氧化反应。氧化反应的本质是电子由供体分子到受体分子的移动。以煤的燃烧为例，来自碳原子的高能电子转移向氧原子，形成低能的化学键，从而产生了二氧化碳。剩余的能量以炭火热量的形式释放。我们利用此热能来给房间供暖，烹饪食物，将水变成水蒸气驱动引擎或是驱动涡轮机来发电。但是，燃煤和内燃机对电子势能的利用其实原始而低效。大自然在很久以前就发现了一种远为高效的利用电子能的方法。

我们总是忍不住把"呼吸作用"看作是"呼吸"：将需要的氧气吸入肺中，然后排出二氧化碳废气。但吸和呼其实不过是细胞内更复杂、更有序的过程的第一步（提供氧气）和最后一步（排出二氧化碳）而已。呼吸作用发生在一种叫作"线粒体"的复杂细胞器内。线粒体之所以看起来就像是独立存在于人类细胞内的细菌细胞一样，是因为它们也有自己的内部结构，比如膜。它们甚至还有自己的 DNA。实际上，线粒体几乎肯定是从一种共生菌类进化而来的，数亿年前该菌寄生在动物和植物祖先的细胞中，后来失去了独自生存的能力。但它们的祖先曾是独立生存的微生物细胞，这或许解释了为什么它们有能力执行像呼吸作用这样极度复杂而巧妙的过程。其实，就化学反应的复杂性而言，呼吸作用可能仅次于我们将在下一章中讨论的光合作用了。

为了专注于说明量子力学在此处所起的作用，我们需要将呼吸作用的过程简化。不过，即使经过简化，它依然包含了一系列非凡的工序，美妙地表现了这些生物"纳米机器"的奇妙之处。启动呼吸作用同样要靠碳基燃料的燃烧，不过此处的燃料是我们从食物中获得的养分。比如，碳水化合物在我们的肠道中分解会产生葡萄糖之类的糖类，经血液吸收后会被运送到渴求能量的细胞那里。用于"燃烧"这些"糖类燃料"的氧气也从肺部经由血液循环被运送到相同的细胞中。

就像煤的燃烧一样，分子内碳原子的外层电子转移向一种叫作NADH[①]的分子。但电子并没有急于与氧原子成键，而是沿着我们细胞内"呼吸链"上的酶，从一个传向下一个，就像接力赛中，接力棒从一个运动员传向下一个运动员一样。经过每次转移，电子都进入一个能量更低的状态，相差的能量用来给将质子泵出线粒体的酶供能。泵出的质子从线粒体外向线粒体内渐变分布，又带动了另一种制造ATP[②]分子的酶——ATP酶。ATP在所有活细胞中都极其重要，因为它像"能量电池"一样可以方便地在细胞内转运，并为诸如身体运动、发育之类的耗能运动供能。

由电子驱动的酶质子泵有点像水力发电时的泵，通过将水泵到山坡上，将剩余的能量储存起来。之后，通过让水顺着山坡流下驱动水轮机发电，将储存的能量释放出来。与此类似，呼吸酶将质子泵出线粒体。当质子重新流向线粒体内部时，它们会驱动好比水轮机的ATP酶转动起来。ATP酶的运转会驱动另一套预设的分子运动，将一个高能磷酸基团结合在酶内的分子上，形成ATP。

---

① NADH，nicotinamide adenine dinucleotide，还原型烟酰胺腺嘌呤二核苷酸，或还原型辅酶 I，是细胞内主要的电子载体。——译者注

② ATP 为三磷腺苷简写，是一种可以储存能量和释放能量的分子。

之前我们将这个捕捉能量的过程比作接力赛跑，现在我们可以进一步拓展这个类比，用一瓶"水"来取代其中的接力棒（代表电子能量），每一位赛跑者都先啜一小口"水"，然后将"水瓶"传下去，到最后再把瓶中剩余的"水"倒入一个叫作氧气的桶中。这样小量多次的捕捉电子能量，比起简单粗暴地直接与氧气反应，让整个过程更有效率，因为只有极少的能量会以热的形式耗散。

因此，呼吸作用的关键环节其实与吸气、呼气并没有多大关系，反而是电子通过细胞内呼吸酶接力进行的有序转移。从一个酶到下一个酶的接力中，每一次电子的转移都会跨越一个数十埃的间隔，这个距离容得下许多原子的直径，比传统的电子跃迁可能跨越的距离要远得多。酶为什么能以如此快的速度和如此高的效率使电子跨越如此大的分子间隔呢？这正是呼吸作用的谜之所在。

早在20世纪40年代，这个问题首先由美籍奥匈裔生化学家阿尔伯特·圣捷尔吉（Albert Szent–Györgyi）提出。他本人也因为在维生素 C 的发现中所做出的重要贡献而获得了 1937 年的诺贝尔生理学或医学奖。1941 年，圣捷尔吉发表了主题为"走向新生化"（*Towards a New Biochemistry*）的演讲。他在演讲中提出，电子在生物大分子间轻松流动的方式与电子在诸如电子设备中的硅晶体等半导体材料中的移动相似。不幸的是，几年后蛋白质被证明是非常不良的电导体，电子在酶中不可能像圣捷尔吉所设想的那样自由地流动。

20 世纪 50 年代，化学界取得了一些重大进展，其中一项理论尤为重要，它由加拿大化学家鲁道夫·马库斯（Rudolph Marcus）建立，并以他的名字命名。马库斯理论解释了电子在不同的原子或分子间移动或跃迁的速率。马库斯本人最终凭借该项工作获得了 1992 年的诺贝尔化学奖。

但是在半个世纪以前，呼吸酶为什么能够刺激电子以极快的速度转移呢？相对而言，如何跨越如此之远的分子距离仍然是一个谜。一种可能的解释是蛋白质会像钟表一样按照一定的顺序旋转，将相距甚远的分子拉近，让电子得以轻松地转移过去。利用这些模型可以做出一个重要的推测：因为没有足够的热能来驱动像钟表一样运动，在低温下，该机理的运作会大幅减慢。但是，到了 1966 年，两位美国化学家唐·德沃尔特（Don DeVault）和钱百敦（Britton Chance）在宾夕法尼亚大学通过实验实现了量子生物学最初的重大突破：他们发现，与预期相反，在低温下，呼吸酶中电子跳跃的速度并没有大幅下降。

德沃尔特于 1915 年在密歇根出生，在大萧条期间举家迁到了西部。他在加州理工大学及加州大学伯克利分校学习，并于 1940 年获得了化学博士学位。他是一个坚定的人权主义者，第二次世界大战期间由于耿直的反战立场曾在监狱中服刑。1958 年，他辞去了自己在加州大学的化学教授职位，为了能够直接参与美国南部争取种族平等与融合的斗争活动，他搬到了佐治亚州。在同黑人抗议者一起游行时，他坚定的信念、对非暴力抗议活动的组织与坚持，让他暴露在人身攻击的危险之中。一次，德沃尔特与不同种族的抗议者一起遭到了暴民的袭击，他自己甚至被打至下颌脱臼，但这并不能阻挡他。

1963 年，德沃尔特来到宾夕法尼亚大学与钱百敦合作。钱百敦比他长两岁，但已经作为领军人物在其研究领域获得了世界级的声誉。钱百敦拥有两博士学位，一个是物理化学，另一个是生物学。因此，他专长的"领域"可谓非常广泛，而他的研究兴趣也很多样化。他将自己学术生涯的大多数时间都用来研究酶的结构和功能——其间，他居然还"抽空"代表美国获得了 1952 年夏季奥运会帆船项目的金牌。

光能够激发电子从呼吸酶细胞色素向氧气转移，其机理让钱百敦很着迷。他与西村光雄（Mitsuo Nishimura）合作，发现即使将细胞冷却到极其寒冷的液氮温度（–190℃）①，酒色着色菌（chromatium vinosum）内部的这种电子转移仍然能够发生。但是，这个过程如何随着温度的变化而变化呢？虽然解答该问题有助于解释该过程中的分子机制，其答案却仍未可知。钱百敦意识到，要想启动反应，必须用极短促的强光对反应物进行刺激。这正好用得上德沃尔特的专业知识。德沃尔特曾在一家小公司做过几年电子顾问，开发过可以产生这种短促强光脉冲的激光设备。

LIFE ON
THE EDGE
量子实验室
The Coming of
Age of
Quantum Biology

德沃尔特和钱百敦共同设计了一个实验，用红宝石激光器发射30纳秒的短促红色激光射线来照射充满呼吸酶的细菌细胞。他们发现，随着温度下降，电子转移反应的转移速率也会下降，到约100K（–173℃）时，电子转移反应的速度只有常温下的1/1 000。如果假设电子转移主要由参与反应的热能所驱动，那么实验结果符合预期。然而，当德沃尔特和钱百敦继续下调温度到100K以下时，奇怪的事情发生了。电子转移的速率没有下跌到一个更低的数值，而像是进入了一个平台期，从100K开始，即使进一步降低温度，反应速率也维持不变，直到降至绝对零度以上35度（–238℃），都是如此。这说明，电子转移的机理，不能完全归结于前面介绍的经典电子跃迁理论。

问题的答案似乎在量子世界中，尤其可能存在于奇异的量子隧穿过程

---

① 大多数科学家使用开氏温度（K，Kelvin）作为计量温度的单位。但其实对于温度的变化，升高 / 降低 1 开氏度与升高 / 降低 1 摄氏度相等，区别仅在于开氏度的计量从绝对零度（为 –273℃）开始。举例来说，人的体温约为 37℃，也就是 310 K。

中，而在引言中，我们已经见过量子隧穿这位"朋友"了。

量子思维，认识酶的关键

| 量子隧穿 |

你或许还记得引言中提到的量子隧穿，这种特殊的量子过程可以让粒子像声音穿过墙壁一样通过不可穿透的壁垒。德国物理学家弗里德里希·洪特（Friedrich Hund）于 1926 年第一个发现了该现象，乔治·伽莫夫（George Gamow）、罗纳德·格尼（Ronald Gurney）和爱德华·康登（Edward Condon）紧随其后，用量子力学这种新的数学方法成功地解释了放射性衰变。量子隧穿后来成为核物理学最重要的特征，其在材料科学和化学中更为广泛的应用也使这种现象备受推崇。如我们所见，对地球上的生命来说，

LIFE ON THE EDGE

量子隧穿
quantum tunneling
因为粒子的波粒二象性，它们能够像波绕过墙壁一样穿过能量壁垒，这个量子过程被称为量子隧穿。

量子隧穿效应可谓生死攸关，因为在太阳内部氢核聚变生成氦的反应中，它让一对对带正电的氢原子核得以融合，从而使太阳释放出巨大的能量。然而，直到最近，人们还认为量子隧穿效应并不存在于任何生命过程中。

我们可以这样来思考量子隧穿——它能以一种与常识相左的方式，让粒子从壁垒的一端穿越到另一端。此处的"壁垒"指在物理上没有足够的能量就无法穿越的空间区域，与科幻小说故事中的"力场"类似。这个区域可以是隔绝导体两端的一层绝缘材料，也可以就是一段空间，就像呼吸反应链中两个酶之间的间隙。这个区域还可以是我们之前描述过的那种限

制化学反应速率的能量壁垒（如图 2–1 中的例子）。

假设现在要把一个小球推上或踢上一个小山丘。要想让小球能登上山顶并从山的另一面滑下，就必须结结实实地猛踢一脚。小球沿着山坡向上滚，速度不断减慢，如果没有足够的能量（力量足够大一脚），它就会停下来，然后原路滚回。按照牛顿经典力学，让小球翻越山丘的唯一出路，便是使其获得足够的能量，升高到超过能量壁垒的位置。但是，如果小球是一个电子，山丘是由电磁斥力形成的能量壁垒，那么就存在很小的可能性使电子以波的形式穿越这个壁垒，也就是说，电子可以另辟蹊径，以更高效的方式完成穿越。这就是量子隧穿（见图 2–5）。

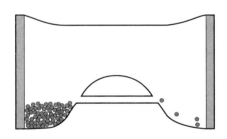

图 2–5 量子隧穿

粒子越轻，隧穿便越容易，这是量子力学的特性之一。因此，当人们认识到量子隧穿是亚原子世界中的普遍现象后，由于电子是非常轻的基本粒子，电子的隧穿效应最为常见也就不足为奇了。20 世纪 20 年代晚期，从金属放出电子的场致发射便被认为是一种量子隧穿。量子隧穿也可以用来解释放射性衰变——比如，铀等元素的原子核不时地放射出一个粒子。这是第一次成功地用量子力学求解出核物理问题。时至今日，化学领域对电子、质子（氢核）以及更重的原子的隧穿已经有了更深入的理解。

像许多其他的量子现象一样,量子隧穿依赖物质粒子向外传播时的"波"属性。这是量子隧穿的一个重要特点。要想使一个由无数粒子构成的物体完成隧穿，所有粒子的"波"属性必须在"行军"时保持步调一致，波峰波谷要重叠，我们将其称为系统"相干"，简而言之，就是调子要"合拍"。"退相干"的过程与之恰恰相反，所有的量子波各行其是，冲走了整体的相干行为，并最终使整体失去了量子隧穿的能力。一个粒子要以量子隧穿渗透壁垒，就必须保持其"波"的性质。这解释了为什么足球之类的宏观物体无法量子隧穿：这些物体由数以兆计的原子组成，所以粒子无法以协调一致的波形整体行动。

以量子的标准来衡量，活细胞也属于宏观物体。所以乍看上去，由于在活细胞中温热、湿润的环境内，原子和分子的绝大多数在无序运动，量子隧穿效应几乎不可能发生。但是，正如我们所发现的那样，酶的内部却别有洞天：酶的粒子并非群魔乱舞，而是跳着精心编排的舞蹈。这舞蹈到底如何影响生命，我们来一探究竟。

| 电子隧穿 |

在德沃尔特和钱百敦 1966 年做的实验中，低温下的实验数据与预期假设不符，直到多年以后实验结果才得到充分的解释。约翰·霍普菲尔德（John Hopfield）是另一位跨界甚广的美国科学家，其研究领域涉及分子生物学、物理学及计算机科学。他因为用计算机技术模拟神经网络而为人们所熟知，而且他对生物学中的物理过程也一直很感兴趣。

1974 年，霍普菲尔德发表了题为《生物分子间的电子转移与热能激活的隧穿效应》（*Electron Transfer Between Biological Molecules by Thermally Activated Tunneling*）的论文，在文中，他建立了一套理论模型来解释德沃尔特和钱百敦的实验结果。霍普菲尔德指出，高温下分子振动的能量即使不用隧穿也足以使其翻越能量壁垒。随着温度降低，分子振动的能量便不再能够支持酶促反应发生。但是,德沃尔特和钱百敦在实验中发现,低温下,反应照样进行。霍普菲尔德认为,较低温度下的电子相当于处在了能量壁垒的半山腰,虽然仍不足以翻越能量壁垒,但相比于山脚下的位置,此处缩短了距壁垒另一端的横向距离,提高了通过量子隧穿跨越壁垒的可能性。他的解释是正确的:正如德沃尔特和钱百敦发现的那样,以隧穿为媒介的电子转移即使在非常低的温度下也能发生。

到了今天,很少有科学家还会怀疑电子在呼吸反应链中穿梭的方式是量子隧穿了。这就将动物及非光合作用微生物细胞中最重要的产能反应纳入量子生物学的研究范围(在下一章中我们将讨论依靠光合作用产能的生物)。但注意,即使以量子世界的标准来衡量,电子也非常轻,其行为模式在很大程度上不可避免要像"波"一样。因此,虽然许多标准的生物化学教科书,依然在沿用原子的"太阳系模型",但我们不应该单纯地把电子看作可以运动弹跳的袖珍经典粒子。正如我们在引言中讨论过的"概率云",电子之于原子,更像是一朵飘逸的"电子云",像波一样变幻起伏又时刻笼罩着微小的原子核。如此一来,电子可以在生物系统中像声音穿过墙壁一样透过能量壁垒也就不足为奇了。

但是,像质子或是整个原子那么大的粒子又是什么情况呢?它们也可以在生物系统中量子隧穿吗?乍看一眼,你可能觉得这是天方夜谭。即使是单个质子,其质量也是电子的 2 000 倍,而量子隧穿对于隧穿粒子的质量极度敏感:小的粒子容易隧穿,而重粒子隧穿时的阻力就要大很多,除非隧穿的距离非常短。不过,最近几个非常精彩的实验表明,即使是质量相对较大的粒子在酶促反应中照样可以量子隧穿。

| 移动质子 |

你或许还记得，除了促进电子转移，胶原蛋白酶的关键活动还包括移动质子以促使胶原蛋白断裂（见图 2-4）。之前已经提过，这类反应是酶操纵粒子最常见的手段。大约有 1/3 的酶促反应都包含了将"氢原子"从一处移到另一处的环节。注意，此处的"氢原子"可以指代几种不同的东西：它可以是电中性的氢原子（H），由一个电子围绕一个质子构成；也可以是带正电的氢离子（H^+），只有一个裸露的原子核而没有电子；或者还可以是带负电的氢负离子（H^-），原子中有一个多余的电子。

任何谨慎的化学家或是生化学家都会不假思索地告诉你，分子内部或之间的氢原子（质子）转移并没有什么量子效应，或者说，至少不需要我们煞费苦心地用量子世界中像量子隧穿一样奇怪的过程来解释。确实，在生命可以活动的温度下，在绝大多数化学反应中，质子主要依靠非量子的热动力从一个分子跃迁到另一个分子。但是，质子隧穿也会出现在一些对温度变化相对不敏感的化学反应中，就像德沃尔特和钱百敦实验中的电子隧穿一样。

以量子世界的标准来衡量，允许生命活动的温度其实很高。因此，在生物化学史上，科学家们一直以为质子的酶促转移全靠以热能跨越能量壁垒的（非量子）机理。[①] 1989 年，加州大学伯克利分校的朱迪思·克林曼（Judith Klinman）和她的同事们首先发现了酶促反应中存在质子隧穿的直接证据。克林曼是一位生化学家，一直认为质子隧穿在生命的分子机制中扮演了重要角色。实际上，她甚至宣称质子隧穿是整个生物学中最重要也最普遍的机理。她的突破来自对酵母菌中乙醇脱氢酶（ADH）的研究，这

---

① 你可能会好奇，既然如此，为什么解释太阳内部的核聚变过程还需要用到量子隧穿呢？但是注意，即使是极高的温度和压力也无法克服聚变时两个带正电的质子之间的电子斥力，所以才需要量子力学来帮忙。

种特殊的酶可以将乙醇分子中的一个质子转移到一个叫作 NAD+ 的小分子上，形成 NADH。克林曼的小组巧妙地利用一种被称为"动态同位素效应"（kinetic isotope effect）的技术证实了质子隧穿的存在。该技术不仅在化学界很著名，而且为量子生物学提供了一部分最主要的证据。本书中还会多次提及此概念，因此值得我们好好解释一番。

| 动态同位素效应 |

你是否有过这样的经历：当你骑自行车爬陡坡时，反而被步行的人超过了？在平地上，你可以骑车毫不费力地超过走路的人，甚至跑步的人，那为什么在山坡上骑车就变得如此低效呢？

假设你不再骑车，而是从踏板上下来，推着自行车上坡或是在平路上走。现在，问题便很明显了。在山坡上，你必须把自行车和你自己同时推上斜坡。车身的重量，虽然对平路上的水平运动没什么影响，此时却在阻碍你爬上坡顶：你必须克服地球的引力，将车身抬高几米。正因为如此，赛车制造商一直在极力将他们的车造得更轻。很显然，物体的轻重对移动物体的难易程度有很大影响。不过，这个自行车的例子是想告诉大家，影响到底有多大，还取决于我们想怎样移动物体。

现在，假设有甲、乙两个小镇，你想知道两个小镇之间的地形是平坦还是崎岖，但又不能亲自去走一遭。不过，一个可能的办法很快浮出水面。你发现，甲、乙两镇之间有邮政服务，而往返于两地的邮递员们骑的是轻、重两个不同型号的自行车。为了知道两镇之间的地形到底是平坦还是崎岖，你可以在两镇之间寄出一些完全相同的包裹，一半由骑着轻车的邮递员来送，一半由骑着重车的邮递员来送。如果你发现两个包裹同时送达，那么两镇之间的路很可能是平坦的，但是如果骑重车的邮递员花了更长的时间才将包裹送到，那甲、乙两镇之间的路则可能是崎岖不平的。此例中，骑自行车的邮递员就扮演了地形探测器的角色。

像自行车一样，不同化学元素的原子质量也不同。因为氢原子的结构最简单，而且此处我们又对它最感兴趣，所以，让我们以氢原子为例来说明。一种元素是由其原子核中质子的数量来决定的（核外电子数与核内质子数相等，因而也由绕核运动的电子数决定）。因此，氢原子核中有一个质子，氦有两个，锂有三个，以此类推。但是，原子核内还有另一类粒子——中子。引言讨论太阳内部的氢核聚变时，我们曾提到过这种粒子。在原子核中加入中子使原子变得更重，因而改变了原子的物理性质。质子数相同而中子数不同的同一元素的不同核素互为同位素。最常见的氢的同位素是最轻的一种，由一个质子和一个电子构成，称为氕（H）。氕是氢元素最广泛的存在形式。但是，氢元素还有其他两种更重也更稀有的同位素：氘（D）和氚（T）。氘核中有一个质子、一个中子，氚核中有一个质子、两个中子。

元素的化学性质主要由其核外电子数决定。同一元素的不同核素，虽然具有相同的核电荷数，但核内中子数不同，因而具有极其相似但不尽相同的化学性质。动态同位素效应测量的是某种元素轻重不同的同位素在某化学反应中不同的敏感度，其定义为较重同位素的反应率与较轻同位素的反应率的比值。比如，如果某反应中有水（H_2O）参与，那么水中的氢原子就可以被它的同位素氘或氚替代，形成重水（D_2O）或超重水（T_2O），然后通过比较水、重水、超重水在反应中的活跃程度，就可以知道氢元素的动态同位素效应。就像骑车的邮递员一样，该反应对反应中原子质量的变化敏感或不敏感，取决于反应物转化为反应产物的反应路径。

动态同位素效应的背后有几项重要的机理，其中之一便是量子隧穿。

像骑车的例子一样，量子隧穿对隧穿粒子的质量极度敏感。增加质量让粒子的行为更像粒子而更不像"波"，同时更难穿透能量壁垒。因此，如果原子的质量加倍，比如将普通的氢原子换成氘，将使其量子隧穿的概率直线下降。

因此，如果发现某反应有显著的动态同位素效应，说明量子隧穿可能参与了反应，即反应物到反应产物的转化过程。当然，就此下结论还为时尚早，因为该效应也可能归因于一些经典（非量子驱动）的化学机理。不过，如果量子隧穿确实参与了化学反应，那么反应对温度应该有特殊的反馈：在低温下，即使温度继续下降，反应速率也会维持在一个平台期，就像德沃尔特和钱百敦实验中的电子隧穿一样。这恰是克林曼和她的小组在研究乙醇脱氢酶时的发现。克林曼小组的实验结果为反应机理中存在量子隧穿提供了强有力的证据。

克林曼小组继续跟进研究，并积累了重要的证据：在允许生命活动的温度下，质子隧穿普遍存在于许多酶促反应中。其他研究小组，比如曼彻斯特大学的奈杰尔·斯克鲁顿（Nigel Scrutton）小组，也针对其他酶做了类似的实验，实验中的动态同位素效应同样直指量子隧穿。然而，酶究竟是如何保持量子相干性来保证隧穿发生的呢？这一直是个很有争议的话题。一直以来，学界认为反应中的酶并非静态，而是在持续振动。比如，胶原蛋白酶的"大颚"每分解一个胶原蛋白的肽键就会开合一次。通常认为，酶的运动要么是反应机制中顺带引起的，要么是为了捕捉底物，将待反应的原子进行了正确的匹配。然而，量子生物学者们如今发现，这些振动其实是所谓的反应"驱动力"，主要功能是将原子和分子拉到足够近的距离，使它们的粒子（电子和质子）能够进行量子隧穿。这是量子生物学界最令人激动也是发展最快的研究课题。本书结语部分会重回这一话题。

来自量子世界的魔法

酶参与了每一个活着或死去的细胞中的每一个生物分子的合成与分解。与其他生命要素一样，酶之于生命，生死攸关。有的酶，或者说可能所有的酶，其工作原理是使处于空间中某一点的粒子去物质化，然后几乎同时在空间中的另一点重新物质化。这一发现为我们探寻生命之谜提供了全新的视角。虽然还有许多与酶相关的未解之谜（比如蛋白质的运动所起的作用）有待我们进一步理解，但量子隧穿在其中扮演的角色不言自明。

尽管如此，我们也应该说明，许多科学家对此做出了批评。这些科学家虽然接受克林曼、斯克鲁顿等科学家的研究发现，但认为量子效应之于生物学，就像其在蒸汽火车中的角色一样，并没有什么实质作用：是的，这些现象确实存在，但是量子效应对于我们理解蒸汽机车或是生物系统的工作原理基本上没有什么帮助。酶的进化是否让酶得以从隧穿之类的量子现象中获益呢——这些科学家经常参与此类论战。批评者们争辩道，考虑到大多数生物分子反应发生在原子级别，那么，生物过程中存在量子现象只不过是稀松平常的事情。在一定程度上讲，他们是对的。量子隧穿并不是魔法：自宇宙诞生以来，量子隧穿就一直发生着。它当然不是生命"发明"的什么把戏。但我们想强调的是，量子现象发生在活细胞中热、湿、乱的环境下，这让酶活动中的量子现象变得不再简单，而且绝非是"在所难免"的偶然。

还记得吗？活细胞里可是热闹非凡，各类复杂的分子在这里摩肩接踵，处于一种持续的激荡与扰动中。在上一章中，我们已经知道，像台球一样的分子运动，最终将蒸汽机车推上了山顶，而活细胞内的分子运动便与之类似。如果你还记得，那你要知道，正是这种随机运动破坏了精细的量子相干性，让我们周围的世界变得"正常"。普遍认为，量子相干性在分子涡流中难以存在，因此，在分子激荡得像海一样波澜壮阔的活细胞内，能够发现诸如量子隧穿一样的量子效应，可谓非常意外。

要知道，就在大约十年之前，绝大多数科学家还认为"量子隧穿和其他精细的量子现象会出现在生物学界"的想法不值一哂。事实胜于雄辩，量子现象确实出现在生物界中，而生命采取了非常行动来利用量子世界提供的特殊优势，以便其细胞正常运作。但这些"非常行动"是什么？生命如何限制了量子行为的宿敌——退相干？这是量子生物学中最大谜题。不过，谜底正在缓慢解开，我们将在结语中揭晓答案。

但在继续推进之前，我们得先回到我们停泊纳米潜艇的地方：蝌蚪正在消失的尾巴中胶原蛋白酶的活化点。当酶的"大颚"重新张开时，我们快速地退出了活化点，让断掉的胶原蛋白链（和我们！）重获自由，使状如蛤蜊的酶能够继续剪断胶原蛋白链上的下一个肽键。之后，我们在蝌蚪身体的其他部位进行了短暂的巡航，观察了一些其他酶秩序井然的活动，这些酶对于生命同样生死攸关。跟随着转移的细胞，我们从不断缩短的尾巴来到了不断发育的后肢，看到新的胶原蛋白纤维，像新铺的铁轨一样，正在这里生长，支持着成年青蛙的身体发育，而这些胶原蛋白的来源多是从消失的尾巴那里迁徙过来的细胞。此处的酶捕捉到由胶原蛋白酶分解释放的氨基酸亚结构，将它们重新组装在一起，形成新的胶原蛋白纤维。虽然我们没有足够的时间深入到这些酶中一探究竟，但可以想象，在这些酶的活化点中，像胶原蛋白酶内那样精心编排的"舞蹈"正在上演，只不过这次发生的是逆反应罢了。

在身体的其他部位，不同的酶正在忙碌地合成与分解支持生命的其他生物大分子——脂肪、DNA、氨基酸、蛋白质和糖。此外，青蛙发育过程中的每一个步骤都有不同的酶来协调参与。比如，当青蛙发现了一只苍蝇，来自眼睛的神经信号在传达到大脑的过程中就由一组神经递质酶来协调。当青蛙猛地伸舌粘住苍蝇，肌肉的收缩要靠另一种叫作肌凝蛋白的酶，该酶大量涌入肌肉细胞，引起肌肉细胞收缩。当苍蝇被青蛙吞入胃中后，青蛙会释放一系列的酶来加速其消化，将苍蝇的营养成分水解，以便自身吸收。此外，还有许多其他的酶会将吸收的营养素转变为青蛙的组织，或是利用这些营养，通过细胞线粒体内的呼吸酶发挥作用为青蛙供能。

酶是生命的引擎。青蛙和其他所有生物的每一项生命活动，维系所有生物和人类生命的每一个过程，无一不由酶来加速。**酶可以精确操纵基本粒子的运动，并能借此深入到量子世界中利用其奇异的法则。这一切共同铸就了酶非凡的催化能力。**

但量子力学给生命的馈赠可不仅仅只有量子隧穿。在下一章中，我们会发现，在生物界最重要的化学反应中，同样有来自量子世界的魔法。

LIFE
ON
THE
EDGE

EDGE

第二部分
量子世界中的生命

The Coming of Age of Quantum Biology

03

光合作用中的量子节拍

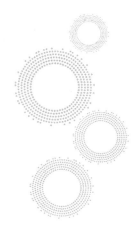

光合作用中能量从光子到反应中心的传递效率算得上是最高的，因为传递效率几乎是100%。在理想情况下，几乎所有叶绿素分子吸收的能量都可以到达反应中心。如果能量不是取道最短进行传递，大部分乃至全部能量都会在传递中殆尽。光合作用的能量为何能如此擅长寻找捷径，一直以来都是生物学领域的一大谜题。

> 构成树的主要元素是碳，这些碳元素从何而来呢？答案是空气，树中的碳元素来自空气中的二氧化碳。古人看见树木拔地而起，就理所当然地认为构成树的物质来自于土壤。但是这个问题真正的答案是……树来自于空气……来自于二氧化碳，是树木吸收了二氧化碳并且转化了它，留下了碳，排出了氧。如今我们知道二氧化碳中的氧原子和碳原子结合得非常紧密……那么为什么树木可以将两者不费吹灰之力地分离？……阳光，氧原子在阳光的照射下与碳原子分离……留下的碳元素，加上水，就有了一棵参天大树！
>
> ——理查德·费曼

麻省理工学院，是世界科学研究学林中的翘楚。麻省理工学院1861 年成立于马萨诸塞州的坎布里奇，在它现任的 1 000 名教授中有 9 名摘得过诺贝尔奖桂冠（截至 2014 年）。在麻省理工学院的历史上，有许多杰出校友活跃在众多领域，包括宇航员（NASA 近 1/3 的太空飞行任务都由麻省理工学院毕业生掌舵）、政客（比如联合国前秘书长、2001 年诺贝尔和平奖获得者科菲·安南）、知名企业家（比如惠普公司的联合创始人之一，威廉·雷丁顿·惠利特）——除此之外，当然少不了众多的杰出科学家，包括诺贝尔奖得主、量子电动力学的奠基者理查德·费曼。但是如果说到麻省理工学院资历最老的栖居者，就不得不提到一棵苹果树。这棵树种在校长花园里，离学院标志性的穹顶神庙不远，是用英国皇家植物园内另一棵苹果树的枝条扦插长成的，是其直系后代。而传说当年牛顿就是坐在皇家花园的那棵苹果树下，目睹了著名的"苹果落地"。

其实，牛顿的母亲在林肯郡拥有一个农场，三个半世纪以前，牛顿坐在农场的苹果树下苦苦思索着一个简单但又深远的问题：苹果为什么会掉下来呢？时隔 350 年，牛顿对这个问题的探究不仅仅改变了物理学，甚至让整个科学的面貌焕然一新。所以如果我们说牛顿的洞察力不够敏锐实在是有失公允。即便如此，在那幅经典的牛顿和苹果的画面里，的确有连牛顿也忽略了且一直被埋没的另一个问题：掉落的苹果最开始是怎么出现在树上的呢？如果说苹果的加速下落让人疑惑，那林肯郡的空气和水如何在一棵树的枝头汇聚成一个球形的物体又该多么令人绞尽脑汁啊！这样说可能过于自负和苛责，但是与苹果如何形成的问题相比，牛顿思考的重力问题"几乎不值一提"。

牛顿漠视这个问题的一个原因，可能归咎于 17 世纪的一种主流观点：虽然所有事物，包括生命体的机械力学现象都可以用物理法则解释，然而生命体独特的内在活动（比如上面提到的苹果生长）则是由生命力所驱使的，生命力超出了科学的范畴，是任何无神论数学公式都无法解释的超自然现象。

时过境迁，如今生物学、遗传学、生物化学和分子生物学领域的发现早已颠覆了活力论的统治地位。现在已经没有科学家会质疑有什么生命现象是科学范式解决不了的，而关于科学的哪一个分支可以给出有关生命最好解释的问题仍饱受关注。除了来自薛定谔等科学家的微弱呼吁之外，绝大多数的生物学家依然觉得经典的科学法则已经足够用于解释生命现象，生物小分子不过是在牛顿力学法则的球杆敲击下，如同台球一般运动罢了。即使作为薛定谔的精神继承人之一，理查德·费曼还是用类似"氧原子是在阳光的照射下与碳原子分离的"来形容光合作用（也就是这章开篇引用的那段话），让人感觉阳光就像一根高尔夫球杆，从二氧化碳的球座上一记重杆抢飞了氧原子。

分子生物学和量子力学一直以来各自独立发展，生物学家极少参加物理学会议，物理学家也不怎么关注生物学，双方井水不犯河水。不过在2007 年 4 月，两者发生了一次交汇。当时麻省理工学院的一些数学家和物理学家正在举行例行的文献交流会（组内的成员轮流汇报他们在科学刊物上看到的有趣文献），这些科学家大多致力于一个被称为量子信息学的艰涩领域。那一次的交流会上，到场的展示小组呈现了一篇刊登在《纽约时报》上的文章，文章指出，植物就是某种意义上的量子计算机（第 7 章中会有对这种非凡的机器进一步讨论）。整个房间里的人都爆发出了哄笑。其中一名组员塞思·劳埃德（Seth Lloyd）回忆他第一次听到这个"量子笑话"的时候说："我们觉得这真是荒谬至极……心情就像：'老天爷啊，这真是我这辈子听过的最荒唐的事了！'"

量子计算机的计算能力和效率比当今绝大多数计算机要高得多（原因在于传统计算机的运算依赖每个比特 0 或者 1 的电子逻辑，而量子计算机则可以同时处理 0 和 1 两个逻辑，这种并行运算允许量子计算机一次性进行所有可能的运算）。麻省理工学院的科学家之所以不相信那篇文章，是因为全世界最顶尖、经费最充足的研究团队在过去数十年间一直试图设计出量子计算机的架构而未果。而《纽约时报》的文章却声称区区一棵路边草就能够执行量子计算的核心法则。如果那篇文章是正确的，就意味着科学家苦思冥想造不出来的量子计算机，居然就在他们每天中午吃的沙拉里！难怪麻省理工学院的科学家会觉得那篇文章难以置信。

而就在那场文献交流会场里的科学家笑得上气不接下气的时候，离他们所在房间的不远处，一个光子正以每秒 30 万千米的速度撞向那棵血统高贵的苹果树。

双缝实验，切中量子力学的内涵

那个光子和那棵苹果树，以及它们与量子世界的关系我们先暂且放一放，在此之前，我们要先介绍一个经典的实验。与这个实验所揭示的量子世界奇异性质相比，其本身显得简洁明了。在本书的剩余部分，我们总是要会用许多篇幅来解释新的概念，比如"量子叠加"。但是在这一章，没有什么比著名的双缝实验（two-slit experiment）更能切中量子力学的内涵了。

双缝实验对量子世界内涵的揭示直观而明确，那就是在微观的量子世界里，我们对宏观世界的所有认知都不再适用。粒子能够像波一样在空间里传播，而波在某些情况下也能够表现出单个粒子的运动方式。你对这种所谓的波粒二象性应该已经不陌生了：在引言里，波粒二象性对太阳向外辐射能量不可或缺；在第 2 章里，我们见识了电子和质子依靠波动性穿越酶促反应中的能量壁垒。而在本章中，你还会发现波粒二象性可能使得生物圈中最重要的生化反应——光合作用成为现实。空气、水和阳光经过光合作用变成了植物和某些微生物，继而食物链和整个生物圈才得以存在。但是现在谈论这些还是操之过急，我们首先要把注意力放在那个简洁而影响深远的实验上，这个实验让我们不得不接受"在量子世界中，一个粒子可以同时出现在空间不同位置"这个怪异的事实。理查德·费曼盛赞这一事实为"量子力学核心原则的体现"。

下文叙述的现象和解释对你来说也许不可思议，相比科学的解释，你可能更愿意相信这是某种魔术，甚至某些缺乏想象力的科学家白日做梦、随便捏造的理论。但是你还是不得不接受，因为虽然双缝实验的现象用常识难以理解，却是被科学家重复过千百次的事实。

下面我会分三个阶段来介绍这个实验：第一和第二阶段的实验权当是背景介绍和热身，而后你会看到令人困惑的第三阶段。

| 第一阶段 |

首先，将一束单频光（由同一种颜色，也就是同一波长的光组成）照射在一块有两道狭窄缝隙的光屏上，其中一小部分光穿过两条缝隙并照射到后面的第二块光屏上（见图 3-1）。通过仔细地调节每条缝隙的宽度、两条缝隙的间隔以及前后两块光屏之间的距离，我们可以在后方的光屏上得到一系列明暗相间的条带，我们称之为干涉条纹（inference pattern）。

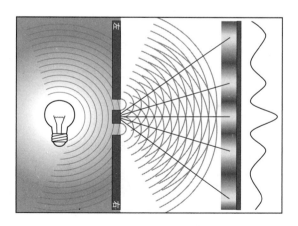

将一束单色光（由特定波长的光组成）照射于第一块光屏上，在光屏的另一侧，每一条缝隙都相当于一个新的光源，由于光是一种波，可以从缝隙中"挤出"（衍射）并向外以同心圆的方式传播。来自两个光源的波在传播途径上相互重叠引起干涉，并最终在第二块光屏上产生明暗相间的条纹。

图 3-1　第一阶段双缝实验

　　干涉条纹是波特有的性质，很容易在波的传递中观察到。比如把一块鹅卵石投入一方平静的池塘，就可以看到它激起一圈又一圈的波纹。而如果把两块鹅卵石同时投进池塘里，除了每块鹅卵石各自激起的波纹之外，在两股不同来源的波纹相交处就可以看到干涉现象（见图 3–2）。如果在某个位置来自一股波纹的峰与来自另一股波纹的谷相遇，由于相互抵消，这些位置上不形成波纹：这称为相消干涉（destructive interference）。相反，当来自两股波的峰或者谷相遇，它们就相互增强：这称为相长干涉（constructive interference）。这种波与波之间相互抵消或者增强的现象发生在所有波的传递过程中。事实上，正是在 200 多年前英国物理学家托马斯·扬（Thomas Young）通过一个早期版本的双缝实验展示的干涉条纹，让他和同时代的其他科学家们相信光的本质是一种波。

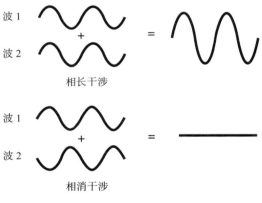

波 1
波 2
相长干涉

波 1
波 2
相消干涉

图 3–2　相长干涉与相消干涉

　　双缝实验中出现的干涉现象是由于光波具有穿过双缝传播的独特方式，这种方式被称为衍射（diffraction）。通过衍射，光波穿过两条缝隙以向外传播，如同池塘里的涟漪，来源不同的两股光波在到达第二块光屏之前也会发生交错和融合。

　　在第二块光屏的某些位置上，由于这些位置到两条缝隙的距离要么相等，要么相差整数个波长，所以来自两条缝隙的光波以相同的相位到达，这意味着在这些位置上波峰与波峰或者波谷与波谷相遇，波峰与波峰叠加成更高的波峰，而波谷与波谷则融合为更低的波谷，这就是相长干涉。波与波的融合形成了强度更高的光波，在光屏上表现为明亮的光带。而在另一些位置上，来自两条缝隙的光以相反的相位相遇，波峰与波谷相互抵消，在光屏上表现为黑色的暗带，也就是相消干涉。除了这些位置之外，光屏其余点上相遇的两道波介于完全的"同相"（in phase）和"反相"（out of phase）之间，所以第二块光屏上出现的并非边界清晰的明暗条带，而是由明到暗的平滑渐变，以最高亮度和最低亮度作为间隔的标志，这就是我们所说的干涉条纹。

平滑的强度渐变是任何波的干涉现象的核心特征。这种现象在日常生活中并不少见，比如声波。音乐家为乐器调音正是利用了声波干涉的原理。如果两个声音的频率十分接近但是又不完全相同，那么它们到达耳朵，有时同相而有时反相。声波相位交替导致的效应是音量周期性的强弱起伏，音乐家称这种规律的起伏为"差拍振动"[①]。调音时平滑的声音渐变正是由于两股声波之间的干涉。不过，"差拍振动"完全是一个传统概念，和量子力学没有任何关系。音乐家领先量子力学一步，早早就洞悉了波的干涉现象。

双缝实验的一个关键要素是必须使用单色光（也就是单一波长的光）。相比之下，白色光（比如由普通灯泡发出的光）则是由许多不同波长（包含了彩虹中所有颜色）的光组成的，如果用这样的光进行双缝实验，虽然对其中每一种波长的光而言，在后方的光屏上依旧发生着波峰与波峰，波

---

① "差拍振动"（beat）在这里是指两股声波合音音量的周期性波动——一种声波脉冲——由两个频率相近但是不完全相同的声波产生。注意与通常音乐中所说的"节拍"（beat）区分。

121

谷与波谷之间的干涉过程，但是由于多色光形成的图像太过庞杂和凌乱，我们将观察不到明显的条带现象。就好比，要在一片平静的池塘里看清两块石头荡起的涟漪不算难事，而要在一口瀑布下错综复杂的波涛里找出它们激起的干涉水纹就几乎不可能了。

| 第二阶段 |

紧接着，在第二阶段的双缝实验中，我们不是用光，而换用子弹射击光屏。两者的区别在于，固体粒子不能像波那样弥散传播。因此，每颗子弹只能从两条缝隙中的一条穿过。通过向后方的光屏射击足够多的子弹，我们可以在光屏上看到与两条缝隙相对应的两列弹孔（见图 3–3）。显而易见，粒子和波不能相提并论。每一颗子弹都是区别于其他子弹的独立存在，它们之间没有相互联系，所以也就没有干涉现象。

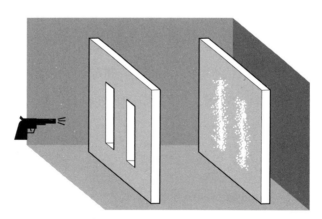

与在使用单色光中看到的波动性行为不同，向缝隙射击子弹得到的图形反映了子弹的粒子性。任何要到达第二块光屏的子弹都必须从两条缝隙的其中一条穿过（当然，这里我们假设任何不穿过缝隙的子弹都能被厚实的光屏挡住）。结果是，在后方的光屏上可以观察到对应两条缝隙分布的两列弹孔，而没有出现数列条带的干涉图形。

图 3–3　第二阶段双缝实验

| 第三阶段 |

那么，我们现在要进入最后阶段的实验了：来看看我们的量子"戏法"。用原子取代子弹，我们再重复一次双缝实验。一个可以发射原子束的机器将原子射向光屏 [①]，同时光屏上的两条缝隙已经调整到了恰当的宽度。为了检测原子的碰撞，后方的第二块光屏表面包裹了光致发光材料，每个原子的撞击都可以激发一个明亮的光点。

用宏观世界的眼光来看，原子不过是尺寸更小的子弹而已，应当符合宏观世界的经验。我们在实验一开始只打开左侧的缝隙，缝隙后方的光屏上出现了一道明亮的、由光点组成的条带。虽然在条带的周围有一些零星弥散的光点，不过与其说是原子主动射向了那里，不如说可能是原子在穿过缝隙时与缝隙边缘碰撞而发生了反弹。接下来，我们打开右边的缝隙并继续发射原子，来看看会出现什么情景。

如果从没有听说过量子力学而让你来预测光屏上光点的分布，那么你很有可能认为原子的分布方式与子弹的相同：那就是，每条缝隙的后方都会出现一道由光点组成的明亮条带，每条光带的中间是最明亮的，随着原子撞击频率的减少，条带两侧的亮度递减以至逐渐消失。你还会认为后方光屏上两条缝隙之间中线对应的位置是最暗的，因为来自两条缝隙的原子都很难到达那里。

然而事实并不是这样的。我们在实验中清晰地观察到了明暗相间的干涉条纹，就像在单色光的实验中一样。出人意料的是，光屏中最明亮的部分位于两条缝隙的中央：正是我们预测中认为很多原子不可能到达的地方

---

① 实验中的缝隙必须非常狭窄，两条缝隙之间的间距必须极小。在 20 世纪 90 年代进行的实验使用了一块薄薄的金箔作为光屏，金箔上的两条缝隙宽约 1 微米（1/1 000 毫米）。

（见图 3-4）。不仅如此，在打开第二条缝隙后，只要我们愿意，通过调节两条缝隙之间以及两块光屏之间的距离，我们可以让原先明亮的部分（当只打开一侧缝隙时原子可以到达的位置）变暗（如今没有原子到达这些位置）。按照常识，打开另一条缝隙应当只是允许更多的原子通过，又怎么会改变原子的运行轨迹呢？

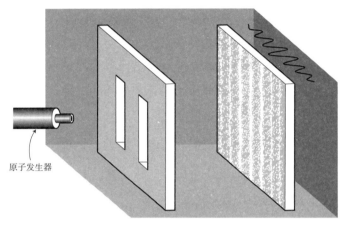

原子发生器

用原子发生器发射的原子取代子弹（当然缝隙的宽度和间隔也会有相应的调整），我们看到代表波动性的干涉图形再次出现。虽然由于粒子性，单个原子只能撞击光屏的某一个位置，但是当众多原子聚集分布时，却表现为如同光波的条带。干涉条纹只能来自两条缝隙中发生的衍射，如果同时穿过两条缝隙的不是原子，那会是什么？

图 3-4　第三阶段双缝实验

我们首先看能不能用简单的常识而不求助于量子力学的理论来解释这种现象。我们假设，虽然每个原子本身是位置确定的粒子——毕竟每个原子只能撞击光屏的某一个位置——但是数量庞大的原子互相之间发生了碰撞和干扰，最终让它们在光屏上呈现的图形发生了变化，表现为干涉的图像。这就像虽然我们知道水波是由水分子组成的，但是单个水分子并不会表现出水波的性质。成千上万的水分子协调运动才产生了水波，而每一个水分子本身则不尽然。所以有没有可能像游泳池里的造浪机一样，原子发生器直接喷射出了一股原子波？

为了测试这种理论的可能性，我们需要再进行一次原子的双缝实验，但是每次只发射一个原子。我们用原子发射器发射一个原子，等待光屏上某个位置出现一个亮点，然后再发射一个，以此类推。一开始实验的现象符合我们的常识。每一个原子从原子发生器射出后，就像子弹一样穿过缝隙、撞击光屏的某一点而激发一个亮点。但是从原子发生器到第二块光屏，原子的运动真的跟子弹一样吗？如果说实验一开始看不出量子力学有什么奇特之处，当撞击到光屏上的原子越来越多时，相应被激发的光点逐渐积累，光屏上又出现了明暗相间的干涉图形。原子是一个一个单独通过缝隙的，所以排除了原子与原子之间发生碰撞或者干扰的可能性，这说明原子发生器并没有像造浪机一样射出原子波。同时我们也无法回答一个已经提到过的问题，只打开一侧的缝隙时，第二块光屏上的那道条带却在我们打开第二条缝隙的时候消失了，尽管额外的一条缝隙在我们看来只是增加了原子撞击后方光屏的途径而已，但是原子在原本位置上的撞击还是消失了。看起来就像是从一侧缝隙穿过的原子似乎知道另一侧的缝隙有没有打开，并据此改变了自己的运动轨迹！

我们梳理一下实验的过程，从光屏上被激发的亮点可以推论，每个原子在离开发生器和到达第二块光屏时都是非常微小的单个固体粒子，在这之间，原子经过双缝的时候发生了某种神秘的变化，使得它像弥散的波一样同时穿过两条缝隙并继续扩散，而来自两条缝隙的成分在向前传播过程中发生了干涉。如若不然，还有什么原因能够让一个原子意识到同一时间另一条缝隙的开闭状态呢？

如果这是某种魔术，我们来看看能不能在缝隙后方对经过的原子守株待兔。借助探测器，我们就能够对穿过缝隙的原子进行检测。比如，在左侧的缝隙安装一个探测器，每当有原子通过左侧缝隙撞向后方光屏的时候，它就能给出一个信号（比如"哔哔"的声音）[①]。同样的道理，我们也可以在右侧的缝隙再安装一个探测器。接下来，如果有原子通过左侧或者右侧的缝隙，那我们就能听到来自相应一侧的探测器信号；而如果原子真的能够以某种方式在通过双缝时摈弃它如同子弹一般的粒子性，同时穿过两个缝隙，那么两侧的探测器应当会同时响起。

如今我们知道，当只发射一个原子并在后方光屏上激发一个光点的时候，左边或者右边的探测器就会给出信号，但是从来不会出现两个探测器同时被激发的情况。这似乎足以证明，虽然原子束发生了干涉现象，但是每个原子的确是从左右缝隙中的一条，而不是同时从两条中穿过。但是先不要急于下结论，随着原子的发射和光屏上光点的积累，我们发现光屏上出现的图形不再是干涉图像。后方光屏上显示的仅仅是两道明亮的条带，原子的运动方向就如我们在使用子弹的实验中看到的那样，被严格"限制"在两条缝隙之后。是不是如果有"旁观者"的存在，原子就会在面对双缝的时候失去波动性？就像在这个实验中，它们的表现与传统的固体粒子无异。

也许探测器就是问题所在，是探测器干扰了原子穿过缝隙时奇异而又脆弱的运动方式。我们可以通过移除一个探测器的方式来验证，比如移走右侧的探测器。即便少了一台探测器，我们依旧可以获得和两台探测器时一样的信息：在发射原子后，如果探测器发出信号并且光屏上出现亮点，那么原子就是经过了左侧的缝隙；而如果发射的原子仅仅在光屏上激发了亮点却没有触发探测器，那么原子就是通过右侧的缝隙到达光屏的。这样我们依然可以知道原子经过了哪一侧的缝隙，但是我们仅仅"干扰"了其

[①] 我们假设探测器是100%有效的，当原子通过它所监视的缝隙时必定能够触发警报，还有探测器本身不会干扰原子前进的路径。当然，在实际操作中我们必然会对原子产生影响。有关观察对原子影响的关系我们会在下文具体讨论。

中一侧的原子。如果探测器的确是造成原子运动改变的原因，那么我们将看到触发探测器的原子表现为粒子性，而没有触发探测器的原子（也就是穿过右侧缝隙的原子）表现为波动性。要是果真如此，我们也许能在光屏上看到子弹样图形（从左侧缝隙穿过的原子）和干涉样图形（从右侧缝隙穿过的原子）的混合图像。

但是这样的图像并没有出现。即便撤走了一边的探测器，我们还是看不到原先的干涉图形，光屏上只能看到每条缝隙后面的子弹样图形。看起来仅仅一个用于检测原子的探测器存在，就足以打乱两条缝隙内原子的波动性运动，哪怕这个探测器与另一条缝隙间还有一定的距离！

当然，也可能是左侧的探测器对原子的运动产生了物理阻挡，就像湍急溪流中的一块大石头改变了水流一样，因此我们尝试关闭探测器。探测器依旧在原位，如果它阻挡了原子的运动，那它还会有阻挡的影响。然而，当探测器还在原来的位置，只是关闭了之后，干涉条纹居然重新在光屏上出现了！所有的原子又再次表现出波的性质。为什么左边的探测器在工作的时候原子表现为粒子性，而一旦关闭，原子就表现为波动性呢？为什么通过右侧缝隙的原子会知道左侧的探测器到底是打开的还是关闭的呢？

最后阶段的实验终于需要我们把常识放在一边了。对于像原子、电子和质子这样微小的物体，我们必须借助波粒二象性来理解它们的行为：如果我们不清楚它们会从哪条缝隙中穿过，它们的运动将符合波的性质，而当我们对它们的运动进行观察，它们的运动则符合粒子的性质。你可能还记得我们在引言中介绍过的阿兰·阿斯拜克特也遇到了观测的问题，他和他的研究团队在研究量子纠缠态时用一块偏振镜分离质子，偏振镜强迫质子选择一个确定的运动方向，这种观测破坏了质子的量子波动性，阿斯拜克特也因此没有证实纠缠态的存在。与之类似，双缝实验中对原子的测量，迫使它们不得不选择从左侧或者右侧的缝隙中穿过。

　　量子力学的确可以为我们提供对这些现象的合理解释，但是它仅仅解释了我们的所见——三个阶段双缝实验的结果——却不能告诉我们在没有观察时到底发生了什么。但是考虑到我们所能做的一切都建立在观察和测量之上，想要不观察而单凭量子力学就推导出整个过程显然力不从心。因为谁也无法评估一种"解释不知道实验过程为何"的理论是否合理，而一旦我们对实验过程进行观测却又改变了本来的结果。

| 量子力学的解释 |

　　量子力学对双缝实验的解释是，在一个给定的时间点，每一个原子在空间内所在的位置都必须由一系列概率来描述。这些概率正是我们在第 1 章里介绍的波动方程。当时我们打的比方是，一场盗窃的风波席卷全城，这些参数代表每一个区内发生入室抢劫的概率。类似地，波函数代表在某一个时间点，双缝实验中一个原子位于装置内空间任意一点的概率。但是我们强调过，入室抢劫发生的位置实际上是确定的，"犯罪发生的概率"仅仅在我们不知道它确切的事发位置时才有意义，而相比之下，双缝实验中的波函数是用来描述原子在空间中确切位置的参数，在我们对原子的位置进行测量之前，任意时刻原子的的确确同时存在于空间的任何位置，区别在于，概率参数低的位置上我们检测到原子的可能性也相应较小。

　　所以，对于原子在装置内的运动，相比单个粒子从发生器穿过缝隙打向光屏这种设想，从发生器到光屏之间连续分布的波函数才是更恰当的想法。在缝隙处，原子的波函数一分为二，两条缝隙各自获得一个原子通过的波函数。需要注意的是，我们在这里的描述都仅仅是抽象的数学变化而已。然而一旦我们进行观测就会改变实验结果，所以要追问原子在穿过缝隙时到底发生了什么是没有意义的。要想弄清我们不观测的时候到底发生了什么，就像要弄清楚家里冰箱的灯在冰箱门打开前是不是亮着的一样：你永远无法知道，因为在偷看的一刹那，你已经改变了整个系统。

那么问题也来了：以波函数存在的原子什么时候又"变回"粒子了呢？答案是：当我们试图检测它位置的时候。当我们采取任何针对原子位置信息的检测手段时，原子的波函数塌缩为一个唯一的可能性。虽然在入室抢劫的例子里，罪犯的行踪在警察抓住他之后，也从一系列的可能性塌缩为一个确定的点，但是在罪犯的例子里，受到侦察结果影响的仅仅是我们手中有关罪犯下落的信息。不论我们知道与否，某一时刻罪犯都只出现在空间上确定的某一个位置。然而原子不同，如果不进行检测，一个原子实际上真的无处不在。

所以，量子力学中波函数所描述的是，假设我们在某时某处进行检测，我们能够在该点检测到原子的概率。波函数大的位置，意味着检测到原子的概率高。但是在参数小的位置，比如由于发生相消干涉，在相应位置上检测到原子的概率也就相应的低。

现在让我们来想象用波函数的形式跟随一个从发生器射出的原子。这个原子像波一样朝双缝弥散，在缝隙处，它以相同的振幅进入两条缝隙中的一条。如果我们在其中一条缝隙后安装探测器，那么可以预见两个概率相同的事件：我们有 50% 的概率在左侧的缝隙检测到原子，另有 50% 的概率在右侧缝隙检测到原子。不过有一个关键的细节，如果我们不试图在第一块光屏之前检测原子，那么在穿过缝隙之前波函数不会发生塌缩。在量子力学中，我们会说此时这个原子处于量子叠加态：单个原子同时出现在空间里的两个位置上，换句话说，左侧和右侧的缝隙同时获得了一个波函数。

从左侧和右侧的缝隙中穿过的两个波函数继续向外弥散出数学意义上的涟漪，涟漪相遇之处，有的发生相长，振幅变大，有的发生相消，振幅减小。这与光波或者其他所有真正的波在双缝装置中的传播方式类似，只不过波函数是一个抽象的函数。但是不要忘记的是，无论这个波函数现在看起来多么复杂，它都只是在描述单个原子在空间里的运动。

第二块光屏实际上充当了对原子位置信息进行检测的作用，而波函数让我们能够计算原子在光屏上不同位置出现的概率。光屏上明亮的部分代表着来自两条缝隙的波函数相互增强的位置，而暗的部分则对应波函数发生相互抵消的位置。波函数相互抵消意味着原子出现在该位置上的可能性为零。

不要忘记波函数相长和相消的过程——也就是量子干涉——哪怕在只发射一个原子的时候也会发生。回忆一下打开一条缝隙时，第二块光屏上某些原子可以到达的位置，却在第二条缝隙打开后没有了光亮，而每个原子都是单独发射的。一种合理的解释可能是，当两条缝隙都打开时，每个从发生器射出的原子都可以拟合一个波函数，经过双缝干涉，光屏上某些位置发生的相消干涉抵消了原子在此出现的可能性，而由于单缝实验中没有干涉现象，所以原子本可以到达这些位置。

所有的量子实体，无论是最基本的粒子，还是由它们组成的原子、分子，都像波一样具有能够与自身发生干涉的相干性特征。在这种量子状态下，它们可以表现出许多怪异的量子行为，比如同时出现在两个不同的位置、同时向两个方向旋转、洞穿不可逾越的障碍物以及与远处的另一个粒子发生隔空的量子纠缠。

既然如此，对本质上是由量子粒子构成的你和我而言，为什么我们没有拥有同时出现在两个不同地方的能力呢？这对一些日理万机的人来说将有如神助。这个问题从某个角度来说非常简单：物体的体积越大，复杂程度越高，它们的波动性就越弱。且不说人类身体的体积和质量大小，哪怕是任何可以被肉眼识别的物体，都会因为量子波长太短而失去讨论其波动性的意义。更深一步，你可以想象身体的每一个粒子都受到周围其他粒子的观察和测量，所以每个粒子脆弱的量子属性马上受到了破坏。

那么，到底什么才是"测量"呢？我们在引言里对这个问题已经有了简单的涉及，但是现在我们必须展开更详细的讨论，因为这是回答另一个中心问题的关键：量子生物学到底有多么"量子"？

脆弱的量子相干性

量子力学从数学理论上丰富了我们对微观世界的理解，但是它并不直观。但是对于电子绕核运动而言，算数等式的数学描述不等同于测量中实际的观察所见。因此，量子力学的奠基者们提出了一些特殊的量子力学法则，作为数学公式额外的补充。这些额外的法则被称为"量子假设"（quantum postulate）。量子假设帮助我们把量子力学的数学描述具象化，比如我们能够用某一时刻原子所处的位置和具有的能量对它进行描述。

我们的观测可以让本来无所不在的原子定位于特定的一点，到目前为止，没有人知道这种转变是如何发生的。大多数物理学家也一直对此抱着实用主义的态度，认为这就是理所当然"发生"了。之所以没有人深究这个问题，是因为我们的观测极易把怪异的量子世界与直观的宏观世界相混淆。检测微观对象的设备，比如上文中的电子探测器，本身却只能是宏观物体。但是量子力学的创立者们没有能够说明测量究竟是如何、何时以及为什么影响了量子世界。

从 20 世纪 80 年代到 90 年代，物理学家们开始意识到，观测让孤立的量子系统发生了变化。比如在单个原子参与的双缝实验中，具有量子特性的原子能够同时穿过两条缝隙形成干涉条纹。出于测量的目的，科学家在一侧缝隙旁安装原子检测器（我们选择了左侧），结果却发现对原子进行观测（注意，甚至是没有通过探测器的原子也相当于受到了检测，因为没有通过左侧的探测器意味着原子穿过了右侧的缝隙）导致原子的波函数与检测器上数万亿的原子发生了相互作用。在这种复杂的相互作用下，原子脆弱的量子相干性在周围嘈杂的分子噪音里迅速消失。这个过程就是我们在第 1 章中提到的退相干。

但是退相干并不都需要专业的探测器才会发生。每一个经典的宏观物体内都会发生退相干——虽然构成宏观物体的原子和分子都具有量子性质，但是这些粒子时刻发生的热振动以及周围其他粒子的撞击，使它们失去了相干性和波动性。所以，如果观测的本质是粒子之间发生的碰撞和干扰，那么对微观世界观测引起的退相干，其原因则是每个粒子周围所有的其他粒子，也就是它所处的环境，时刻对它进行观测而让它表现得像一个经典粒子。事实上，退相干是物理学中发生速度最快、最普遍的过程。正是因为这种普遍性让它长久以来一直游离在人们的视线之外。直到现在，物理学家们才开始尝试研究和控制这种现象。

回到我们那个向水里投石头的比喻，如果我们把几块石头投入一个平静的池塘，要看清它们涟漪之间的交叠应该不算太难。但是如果把这些石头投进尼亚加拉大瀑布，它们激起的任何干涉波纹都将瞬间被瀑布混乱的波涛掩盖。量子系统周围喧嚣混乱的粒子运动正如同波涛汹涌的尼亚加拉大瀑布，瞬间就能抹除粒子的相干性。事实上，物质内的粒子不断受到来自外界（其他原子、分子或者光子）的推搡和碰撞。绝大多数情况下，粒子所处的环境都过于聒噪，用尼亚加拉瀑布来比喻一点都不为过。

说到这里，我们要补充介绍一个将在本书中经常出现的术语。在上文中，我们介绍了原子能够同时位于多个位置，可以具有波动性以及能够拥有多种状态合一的叠加态。我们有一个简单的术语来描述以上所有原子的量子特征：量子相干性。所以，当我们说"相干性"现象的时候，指的是各种量子力学现象，比如波动性现象，同时具有多种状态的叠加态等；相对的，相干性丧失，量子现象变为经典现象的物理过程则被称为"退相干"。

LIFE ON THE EDGE

量子相干性和退相干
coherence, decoherence
各种量子力学现象，比如波动性现象，同时具有多种状态的叠加态、精心排列的量子系统等被称为"量子相干性"；相对的，相干性丧失，量子现象变为经典现象的物理过程则被称为"退相干"。

在通常情况下，量子相干性维持的时间极短。如果要保留脆弱的量子相干性，必须将量子系统从环境中孤立出来（减少粒子间的碰撞）并且把体系降到极低的温度（减缓粒子的振动）。事实上，双缝实验中为了让原子能在光屏上打出干涉条纹，科学家抽走了设备中所有的空气，并且把温度降到了几乎绝对零度。只有通过这些额外的努力，原子才得以在撞击第二块光屏之前保持其自身的量子相干性。

量子相干性（避免波函数坍塌）的脆弱性因而成为开篇中那些来自麻省理工学院的科学家最头疼的问题。因为他们和全世界许多同行一样，试图建造一台能够工作的量子计算机。物理学家们绞尽脑汁，挥金如土，不惜一切代价，也没能够想出办法维持量子计算机的量子相干性。这样想来，《纽约时报》因为声称"一片燥热、潮湿并且分子运动极度混乱的叶片内居然存在量子相干性"，而被那些科学家们视为歪理邪说也就情有可原了。

但是，在分子水平上，许多重要的生物学过程都能非常迅速（10^{-12} 秒之内）地在极小的分子距离之内发生。虽然量子相干性维持的时间也很短，但是几乎足以在这样的时间和空间跨度上产生效应，比如量子隧穿。所以，问题的关键不在于彻底避免退相干，而是能否在足够长的时间里阻止退相干的发生，使生物学效应得以实现。

神奇的叶绿素

抬头盯着天空看一秒钟，就会有一条长达 30 万公里的光柱射入你的眼睛。就在那一秒里，地球上的植物和光合微生物将这 30 万公里的光柱吸收并转化为大约 16 000 吨有机物质，这些有机物质转化成了树、草、海藻、蒲公英、巨型红杉和苹果。在本章的这一部分，我们要一起探索非生命物质如何在光柱被吸收的那一秒内，被转化为这个星球上的生物有机质。我们要举的例子是之前讲的那棵苹果树，看它是如何把新英格兰的空气变成枝头的苹果的。

为了近距离观察这个过程，我们又要借助在第 2 章中探索酶时用过的纳米潜艇了。登上船舱，按下缩小按钮，潜艇直冲树冠而去。当你降落在枝头的一片叶子上，潜艇越缩越小，叶子在脚下越来越大。叶片的边缘渐渐消失在你视野的尽头，脚下原本表面光滑的叶片渐渐变成了凹凸不平的地砖路：每块四方形的绿色地砖中间都有一个浅绿色圆斑，在圆斑中央有一个贯穿叶片的圆孔。那些绿色的地砖是叶片的表皮细胞，而圆斑则是叶片的气孔。气孔的作用是从叶子的表面吸收空气和水（两者都是光合作用的原料）。要想进入叶片，你只需要驾驶着潜艇到离你最近的气孔上方，向下调低船头。一旦你顺利潜入那个只有 1 微米粗的孔道，叶片碧绿明亮的内部世界就展现在了你的眼前。

不用走出多远，熄火悬停，你会发现叶子内部的空间出人意料地宽敞和静谧，脚下是一列列巨石阵般的绿色细胞，头顶是一根根厚实的圆柱形管道。这些管道是叶子的血管，它们从根系向叶子运送水分（木质部的导管）或者将叶片新合成的糖运向植物的其他部位（韧皮部的筛管）。

随着你越缩越小，巨石般的细胞表面扩展得越来越大，直到变得像一个足球场那么大。在这个尺寸下——你大约只有 10 纳米高了，也就是 1/1 000 微米——但是这块足球场表面的"草皮"可不像厚的黄麻地毯，而是由纵横凌乱的众多条索堆砌而成。这些条索状物铺就的结构就是细胞壁，它是植物细胞的外骨骼。幸运的是，你的纳米潜艇可是有备而来的，它携带的装置可以在这层条索状的墙壁上劈砍出一条道路来，直通下方的一层蜡质底衬。这层疏水的结构是细胞与外界环境之间最后的屏障：细胞膜。如果仔细观察会发现，细胞膜其实并不光滑，它的表面分布着许多孔道，孔道内是充满水的液态环境。这些细胞膜上的通道被称为孔蛋白，它们是细胞的水泵系统，负责营养物质的泵入与废物的排出。这些孔蛋白就是你进入细胞的契机，你只要守在一个孔蛋白之外等待它开放，就可以顺着水流进入细胞湿润的内部世界。

一旦穿过孔蛋白通道，你马上就会发现，细胞的内部与细胞外相比简直是天壤之别。进入细胞前那种井井有条、宽敞明亮的景象荡然无存，取而代之的是细胞内部拥挤甚至混乱的场面。不仅如此，细胞内看起来还是个相当繁忙的地方！细胞内充斥着黏稠的细胞质；在细胞内的不少地方，细胞质更像是凝胶而不是液体。凝胶里悬浮着成百上千的不规则球状物体，它们在细胞内部穿梭不息。这些球状物就是我们在第 2 章中提到过的酶，它们负责参与细胞内各种各样的代谢过程，比如分解营养物质以及合成碳水化合物、DNA、蛋白质和脂肪等生物分子。这些酶中有许多都被锚定在细胞内的绳索网络上（这些绳索就是细胞骨架），细胞骨架与索道非常类似。借助"索道"，细胞不断把无数的货物运向细胞内不同的部位。某些索道的起点是一些绿色囊泡，细胞骨架的绳索牢牢地锚定在其上。这些绿色的囊泡就是植物细胞进行光合作用的叶绿体。

驾驶着潜艇穿过黏稠的细胞质，悬停在离你最近的叶绿体上方。从这个角度俯瞰叶绿体，它看起来就像一个巨大的绿色气球。叶绿体和封闭的植物细胞一样，最外有一层膜包被。透过这层膜，可以看到叶绿体里一堆堆硬币一样的堆叠物若隐若现。

这些堆叠物被称为类囊体（thylakoids），类囊体内充满了叶绿素分子，这些色素分子正是植物叶片为什么是绿色的原因。类囊体就是光合作用的发动机，驱动这台发动机的燃料是光子。发动的引擎把碳原子（来自空气中的二氧化碳）连接在一起，合成的糖类物质则流进了苹果里。为了更详细地了解光合作用的过程，你可以对准船头，从叶绿体膜上的小孔穿入，驶向最上方的类囊体。到达目的地之后，你可以关掉引擎，让潜艇悬浮在这座光合作用的发电站上方。

地球上几乎每一个生物有机分子都是来自你脚下的这种光合作用工厂。从你现在绝佳的观景位置望去，无数台球般的分子在你周围激烈地震荡碰撞。和我们在第 2 章中探讨酶的催化机制时相似，虽然叶绿体中分子的碰撞十分激烈且混乱，但也不是无章可循。类囊体的膜表面镶嵌着绿色的崎岖岛屿，所有岛屿都被五角形的分子覆盖，这些分子有一条天线一样的尾巴。这些拖着尾巴的捕光分子被称为载色体（chromophores），其中最为人熟知的一种就是叶绿素。载色体执行了光合作用第一步，也是最重要的一步反应：捕捉光子。

作为这个星球上可能第二重要的分子（仅次于 DNA），叶绿素的结构值得进一步细看（见图 3–5）。

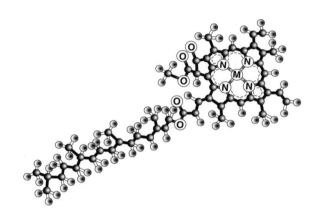

图 3–5 叶绿素分子

这是一个二维的叶绿素分子模型,五边形的分子主体主要由碳原子（黑色小球）和氮原子（N）围绕中间的镁原子（M）构成，分子长长的尾则主要由碳原子、氧原子（O）和氢原子（白色小球）构成。镁原子最外层的电子与原子的剩余部分只是疏松地结合在一起，通过吸收光子的太阳能，这个电子可以被激发进入周围的碳原子笼，留下一个空轨道。原先的镁原子现在带上了正电。这个空的轨道，可以被抽象地看成一个独立的整体：一个带正电的空穴（hole）。如此一来，原本电中性的镁原子在吸收光子后分成了两个部分：带正电的空穴以及带负电的激发态电子。这样的两极系统被称为激子（exciton，见图 3–6），激子内同时具有正极和负极，就像一块储存有能量的小电池。

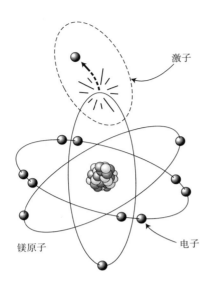

激子

一个激子由从原子轨道
上逃逸的电子以及其留下的
空穴构成。

镁原子　　　　　　　　电子

图 3-6　激子

　　激子是不稳定的。电子和空穴之间依靠静电力相互吸引。如果电子和空穴在静电的吸引作用下发生结合，那么激子最初吸收光子所获得的能量将以热能的形式散失。因此，如果植物要利用捕获到的太阳能，它们必须把激子的能量通过电荷分离 ① 的方式迅速转移到一种被称为反应中心（reaction centre）的分子生产单元。与第 2 章我们讨论过的酶催化反应不同，电荷分离中发生的能量转移不可避免地需要把激发的电子从原子中剥离出来，然后转移到临近的其他分子上。光合作用是自然界最重要的生化反应，它的合成反应需要更稳定的化学电池来驱动，这种电池就是NADPH（一种与 NADH 看起来很像的分子，后文将详细介绍）。

　　但是以分子的水平（纳米级别）来衡量，从激活的叶绿素分子到反应中心的距离实在太远了，电子必须沿着密集排列的叶绿素，从一个分子传递到下一个分子，直到抵达反应中心。紧邻激子的叶绿素分子通过激活自

_____

① 电荷分离（charge separation），指原子或分子中的电子脱离。——译者注

身的镁原子从激子处获得能量，再以相同的方式向周围其他的叶绿素分子进行传递。

那么问题在于，叶绿体中的能量究竟会如何选择传递的路线呢？如果能量选错了方向，在叶绿素的森林里随机地从一个分子跳到相邻的另一个分子上，那么在到达反应中心之前，光子的能量就会在漫长的传递中消耗殆尽。能量应该选择哪条路呢？要在能量彻底衰竭之前到达目的地，留给激子的时间并不充裕。

直到现在，主流的观点依然认为光合作用中能量采用了随机游走（random walk）的检索方式来寻找反应中心，也就是最不得已的穷举法，完全随机地从一个叶绿素分子传递到另一个。随机游走有时候也被称为"醉汉游走"（drunken walk），顾名思义，这种游走方式就像一个离开酒吧的醉汉，稀里糊涂，晃晃悠悠，凭着运气找到了回自己家的路。可想而知，这种方式并不是一种有效寻找目的地的方式：如果这个醉汉的家在离酒吧非常远的地方，那么他很可能第二天会在镇上另一头的灌木丛里醒过来。遵循随机游走的物体离开出发地的距离与运动时间的平方根正相关。也就是说，如果一个醉汉用 1 分钟前进了 1 米，那在 4 分钟的时候他就离开了目的地 2 米，以此类推，9 分钟的时候离开了 3 米。由于随机游走的效率低下，所以自然界的动物和微生物在寻找食物或者捕食时极少采用这种方式，只有在走投无路的时候才会求助于此。比如把一只蚂蚁放进一个陌生的环境，一旦它发现一种感兴趣的气味，就会停止随机游走转而追踪那种气味。

激子以及激子的能量既没有嗅觉也没有方位感，这也是为什么一直以来人们认定叶绿素分子之间能量的传递是通过随机游走这种方式的原因。但是我们先前提到过，光合作用的效率高得惊人，如此高的效率竟然是通过随机游走的方式达到的，实在无法让人信服。实际上，不论是自然还是人工反应，光合作用中能量从光子到反应中心的传递效率都算得上是最高的：因为传递效率几乎是 100%。在理想情况下，几乎所有叶绿素分子吸收的能量都可以到达反应中心。如果能量不是取道最短进行传递，大部分乃至全部能量都会在传递中消耗殆尽。光合作用的能量为何能比醉汉、蚂蚁或者我们最先进、最高效的技术系统更擅长寻找捷径，一直以来都是生物学领域的一大谜题。

光合作用中的量子计算机

在那场文献交流会上，让麻省理工学院的科学家们忍俊不禁的那篇论文出自一位移民美国的科学家——格雷厄姆·弗莱明（Graham Fleming）。费莱明 1949 年出生于英格兰北部的巴罗，他目前领导着加州大学伯克利分校的一个研究团队，这个团队应用的技术有一个很唬人的名称：二维傅里叶转化电子光谱学（Two–dimensional Fourier transform electronic spectroscopy, 简称 2D–FTES）。弗莱明的团队被认为是目前世界上该领域最好的研究团队。2D–FTES 通过高度集中的短时激光脉冲，探查极其微小的分子系统的内部结构和动态。弗莱明团队大部分的工作不是在研究植物，而是在研究一种被称为 FMO 蛋白质的光合作用复合体。FMO 由一种被称为绿色硫细菌的光合微生物合成，这种细菌分布在类似黑海深处的富硫水体中。

量子节拍
quantum beat
量子具有波粒二象性，因此会体现出波的特性，像音乐中的声波存在差拍振动和双缝实验中的干涉条纹一样，量子会表现出特有的频率节拍，这种节拍被称为量子节拍。

LIFE ON
THE EDGE
量子实验室
The Coming of
Age of
Quantum Biology

为了检测叶绿素样本的内部结构,弗莱明的团队向光合作用复合体FMO连续发射三束脉冲激光。三束激光的照射时间都受到精确控制并迅速照射到样本上。样本吸收激光的能量后放出一段光信号,这些返回的光信号被探测器所捕获。

团队成员(也是论文的主要作者)格雷格·恩格尔(Greg Engel)废寝忘食地拼凑从信号中获得的数据,试图寻找有意义的结论,这些信号从50~600飞秒[①]不等。恩格尔发现,反射的光信号呈现出时长至少600飞秒的起伏震荡。这些震荡信号与双缝实验中的明暗干涉条纹,以及乐器调音时周期性起伏的差拍振动类似。这种"量子节拍"显示,激子在穿过叶绿素迷宫的过程中并不是循着某一条路,而是同时沿着多条可能的路径前进。能量沿着不同的线路传递就像弹奏两把音调略有差异的吉他:它们会产生震荡的差拍振动。

弗莱明他们看的量子节拍如图 3–7 所示。光合作用中激子多路径传播如图 3–8 所示。

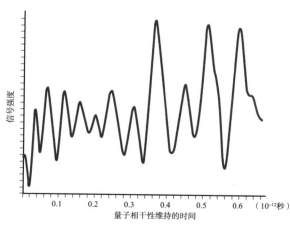

2007 年,格雷厄姆·弗莱明和他的同事在实验中看到的量子节拍。虽然图中的震荡曲线形状不规则,但是重点在曲线呈现出"震荡"这一特点本身。

纵轴:信号强度
横轴:量子相干性维持的时间 / (10⁻¹²秒) 0.1 0.2 0.3 0.4 0.5 0.6

图 3–7　量子节拍

① 1 飞秒 = 10^{-15} 秒。

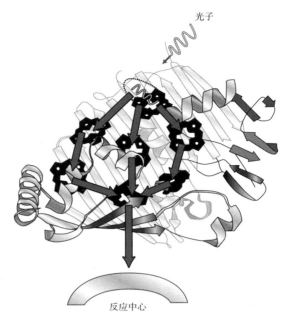

图 3-8　在 FMO 蛋白中激子同时沿着多条路径传播

　　但是不要忘记量子相干性非常脆弱并且难以保持。在阻止退相干上，微生物或者植物是不是真的可以打败麻省理工学院最聪明、最顶尖的研究人员？弗莱明在他的论文里给出了一个大胆的肯定回答，塞思·劳埃德在麻省理工学院的文献交流会上介绍的这个"量子笑话"惹怒了在场的人。因为加州大学伯克利分校的研究团队暗示，FMO 复合体在解决能量传递最短路线的问题上，扮演着量子计算机的作用。线路最短问题是非常有难度的最优化问题，几乎与数学中另一个类似的问题不相上下：推销员旅行问题。在一堆需要前往的目的地中设计出一条最佳路线，这个问题的解决只能依赖十分强大的计算机①。

―――――――――――

　　① 推销员旅行问题需要在经过大量计算的前提下找出一条最短的路径。这个问题在数学中被称为非确定性多项式问题（NP-hard）：这类问题是指，即便在理论上也不存在解决该问题的捷径，解决问题的唯一方法即用密集的计算，穷举所有的可能而后得出最优解。

虽然交流会上的科学家对这个观点持怀疑态度，他们还是决定让塞思·劳埃德负责复核这篇论文的真实性。然而出人意料的是，劳埃德经过严谨的复核后得出的结论：这项来自加州的研究是合理的。弗莱明小组在FMO复合体中发现的节拍的的确确是量子相干性的特征，据此劳埃德总结认为，叶绿素分子能够执行一种特殊的检索方式，这种方式被称为量子漫步（quantum walk）。

量子漫步相比于经典随机游走，其优势可以用一个我们举过的例子来说明。我们想象在那个酩酊大醉的人起身离开之后，酒吧发生了漏水。水从酒吧的门窗奔腾而出。与一次只能沿着一个方向走的醉汉不同，漏出的水可以同时向四面八方前进。由于水在街道上前进的速度与时间本身正相关，而不是与时间的平方根正相关。这意味着如果水流在第1秒前进了1米，那么2秒后它就前进2米，3秒后前进3米，依此类推。那个醉醺醺的行人马上就会发现有水从自己的身后没了过来，水流前进迅速的原因远远不止于此，与双缝实验中的量子叠加现象类似，水流能够同时向着所有可能的方向前进，其中某个方向上的水必然会早早在醉汉到家之前就到达他的房子。

和酒吧的水一样，弗莱明的论文从麻省理工学院的文献交流会溢出之后，马上引起了轩然大波。不过也有反应同样迅速的人立刻在评论中指出，弗莱明的实验是在77K（−196℃）的温度下，利用提取的FMO复合体进行的：这样的温度虽然能延缓退相干，但它对植物的光合作用，乃至对任何自然界的生命来说都太低了。那么低温下利用细菌成分获得的实验结果，可以在多大程度上反映"炎热"而"混乱"的植物细胞内部的情况呢？

新的实验证据很快就出现了，量子相干性不是低温FMO复合体中特有的现象。

2009 年，都柏林大学的伊恩·默瑟（Ian Mercer）在另一种细菌的光合作用系统（或者简称为光合作用系统）中检测到了量子节拍，他们实验中使用的光合系统名为光吸收复合体 II（Light Harvesting Complex II，简称 LHC2），它与植物的光合系统十分相似。不过更重要的是，他们的实验是在常温下完成的，也就是植物和微生物进行光合作用的温度。一年之后，安大略大学的格雷格·斯科尔斯（Greg Scholes）在一种被称为隐芽植物（cryptophytes）的海藻（与高等植物不同，海藻不具有根、茎、叶的结构）光合系统中证实了量子节拍的存在，隐芽植物虽然低等但是数量极其庞大，这让它们在吸收大气碳（也就是从大气中吸收二氧化碳）的数量上与高等植物旗鼓相当。差不多在同时，格雷格·恩格尔在格雷厄姆·弗莱明的实验室中证实，他们一直以来研究的 FMO 复合体也可以在更高、更适宜生命存活的温度下表现出量子节拍。到这里，你可能会觉得量子节拍会不会只出现在细菌、海藻这些低等植物中。然而事实是，弗莱明团队中的特莎·卡尔霍恩（Tessa Calhoun）和同事们在另一种植物的 LHC2 系统中检测到了量子节拍，而这次的样本是菠菜。所有高等植物体内都有 LHC2，这个星球上 50% 的叶绿素位于 LHC2 系统里。

在进一步讨论之前，我们需要简单地介绍一下激子中的太阳能是如何被利用的，也就是费曼所描述的，"氧原子是在阳光的照射下与碳原子分离的……留下的碳元素，加上水，就有了一棵参天大树"——或者有了一个苹果。

当足够的能量到达反应中心之后，将引起一对特殊的叶绿素分子（被称为 P680）向外释放电子。我们会在结语中对反应中心发生的化学反应进行更深入一些的讨论，其中将牵涉一些其他的量子过程。反应中心释放的电子来源于水（别忘记费曼的原话，水是光合作用的原料之一）。我们在

第 2 章中提到过，从别的物质中夺取电子的过程被称为氧化，燃烧就是一种剧烈的氧化反应。举例来说，当木头在空气中燃烧时，氧原子就夺取了碳原子内的电子。由于外层电子与碳原子只是疏松地结合，所以含碳物质容易燃烧。但是在水分子中的电子则与水分子紧密结合：**光合系统的独特之处就在于它是自然界中唯一可以把水当作"燃料"的过程**[①]。

到目前为止，我们的苹果生长得还算顺利：多亏了叶绿素激子传递的能量，我们现在有了丰富的自由电子供应。下一步，植物需要把这些电子送到需要它们起作用的地方。它们首先被植物特有的电子载体 NADPH 所捕获。我们在第 2 章中曾经简单地提到过一个类似的分子：NADH。营养物质（比如糖类）氧化获得的电子，由 NADH 捕获并传递给线粒体中的呼吸链。如果你还记得，NADH 携带的电子沿着线粒体内酶催化的呼吸链传递。线粒体利用电子流驱使质子穿过线粒体的内膜，最终质子反流的过程帮助细胞合成自身的能量载体——ATP。植物的叶绿体也通过非常类似的方式合成 ATP。NADPH 同样为一条酶催化的链式反应提供电子，电子流将质子泵到叶绿体膜外。最后质子的反流过程也被用于合成 ATP，由此产生的 ATP 被用于植物细胞内其他众多耗能的生理过程。

但是真正利用碳的过程，也就是从空气中的二氧化碳捕获碳原子，并利用它们合成糖类等储能有机物的步骤，却发生在类囊体之外、叶绿体的基质内。有机质的合成需要一种庞大的酶参与，这种酶被称为二磷酸核酮糖羧化酶（RuBisCO），它很可能是地球上含量最高的蛋白质，因为它的任务无比艰巨：合成世界上几乎所有的有机质。这种酶把从二氧化碳里获得的碳原子连接到一种名为二磷酸核酮糖（ribulose–1,5–bisphosphate）的

[①] 当我们说"把水当作燃料"时，并不是说水真的可以像煤炭一样燃烧，这里只是把燃烧和分子的氧化过程做一个不甚恰当的比喻。

五碳糖上而得到六碳糖。这个反应的完成还需要两种成分，即电子（由NADPH 提供）和能量供应者（ATP）。这两种成分都是光合作用中光反应①的产物。

二磷酸核酮糖羧化酶合成的六碳糖会马上分解成两个三碳糖，这些三碳糖经过不同方式的重组和连接，转化为一棵苹果树以及苹果里所有的生物化学分子。于是，新英格兰地区普通的空气和水在光与一点点量子现象的帮助下，脱胎成为一棵大树的血肉。

通过将植物的光合作用以及第 2 章介绍的细胞呼吸作用（燃烧我们摄入的食物）相比较，你会发现，在皮囊之下，动物和植物的差别并不是那么明显。动物与植物最根本的区别，在于它们通过何种方式获得构建生命的砖瓦。动物和植物都需要碳，植物可以利用空气中的碳，而动物则需要从有机物中获得，比如通过摄食植物。动物和植物也都需要电子来合成生物化学分子：动物通过"燃烧"有机质以获得电子，而植物则利用光"燃烧"水来获得电子。此外，两者都需要能量：动物通过高能电子在呼吸链中传递释放的势能获取能量；而植物则从太阳释放的光子中捕获能量。这所有的过程中基本粒子的运动都遵循量子规则。生命仿佛一位驾驭量子现象的绝顶高手。

在植物和微生物温暖、潮湿而混乱的系统中发现量子相干性震惊了不少量子物理学家，大量研究工作随即出现，旨在探索生物到底是如何保护和利用脆弱的量子相干性的。我们会在结语中进一步探讨这个问题，届时我们将介绍几个非常惊人的可能答案，对希望建造一台能在你的桌子上（而不是在冰箱里）工作的量子计算机的人来说——比如那些麻省理工学院的

①　光合作用依据是否需要光照分为光反应和暗反应两个步骤。光反应是在光的参与下分解水得到电子与ATP 的反应步骤。——译者注

量子理论学家——这些潜在的答案说不定也会有所启发。除此之外，这些研究工作也很可能推动新一代的人工光合作用技术。目前的太阳能电池并没有借鉴太多光合作用的原理，然而它已经在清洁能源的市场上极具竞争力，能够与太阳能板平分秋色。目前清洁能源的短板在能量传递中的巨大损耗（太阳能电池和太阳能板的最高能量效率大约为 70%，而光合作用中光子捕获的能量效率几乎为 100%）。通过仿生技术，利用量子相干性优化太阳能电池将有可能大大提高太阳能的利用效率，减少世界上的污染。

在本章的最后，让我们稍微花点时间总结一下我们对生命独特性的新认识。最初是格雷格·恩格尔在他的 FMO 复合体中观察到了量子节拍的现象，这暗示活细胞内的粒子运动可能具有波动性。对此如果不愿意深究，完全可以把这些现象看作精心设计的生化实验在实验室条件下的特殊结果，离开实验室就没有什么实际意义，然而后续的研究证实，这些现象在自然界的叶子、海藻和微生物中确实存在，它们在构建生物圈的过程中起着作用，甚至可能是十分重要的作用。

不管怎么说，量子世界对于我们来说还是相当陌生的。毕竟我们熟悉的这个世界与它的量子本质如此不同，有这种陌生感也就可以理解了。不过事实上，这个世界上主宰万物运动的法则只有一种，那就是量子法则。[①]我们所熟悉的统计学法则和牛顿法则，从根本上来说只不过是经过退相干的滤镜滤去了某些怪异现象的量子法则而已（这就是为什么量子现象对我们来说如此诡异）。只要你推敲一下就会发现，我们日常生活中习以为常的事实背后总能找到量子力学的蛛丝马迹。

---

① 在这里，我们不得不指出，迄今为止用量子力学还不能解释引力作用，因此（我们常用以理解引力的）广义相对论，似乎是不符合量子力学的。统一量子力学和广义相对论，构建一个量子引力理论仍然是物理学面临的最大挑战之一。

不仅如此，某些宏观物体也表现出惊人的量子现象，而这些物体多数和生命有关。第 2 章中我们就介绍了酶中的量子隧穿对细胞整体的重要作用；而在本章中我们又看到，在植物体或者微生物燥热却高度有序的机体内，脆弱的量子相干性以足够完成生理过程的存在时间，参与了光子的捕获。光子的捕获是这个星球上几乎所有有机质存在的基础。我们又一次看到的量子世界的事实契合了薛定谔提出的"来自有序的有序"；我们看到了约尔旦所谓的"放大效应"：发生在量子世界的事件的确影响到了宏观世界的过程。生命就像是连接量子和经典世界的桥梁，栖息于量子世界的边缘。

下一章我们会把注意力转向生态圈中另一个至关重要的过程。如果当初没有依靠鸟和昆虫，尤其是蜜蜂的授粉，苹果树（比如我们讲的那一棵）也就结不出苹果了。蜜蜂要传粉首先要找到苹果的花，许多人认为，蜜蜂之所以能够找到花也是受到了量子力学的驱使——它的嗅觉。

LIFE

ON

THE

EDGE

04

小丑鱼"闻出"回家之路

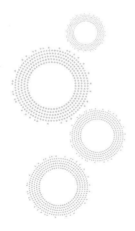

气味分子或溶解在唾液中，或飘散在空气中，被位于舌头或鼻腔顶部嗅觉上皮的感受器截获，嗅觉就此产生。"锁钥模型"认为，气味分子嵌入嗅觉感受器就如同钥匙插进了钥匙孔。气味与分子振动频率紧密相关，臭鸡蛋的味道是 78 太赫！对于振动频率相同而气味却大不相同的个别现象，"刷卡模型"给出了完美解释。量子力学中的非弹性电子隧穿，是嗅觉产生的关键。

LIFE ON THE EDGE
The Coming of Age of Quantum Biology

　　在靠近菲律宾佛得岛（Isla Verde）海岸的浅海中，一只剧毒的海葵锚靠在一丛珊瑚礁上。在海葵招摇的触须中，有一对橙白条纹相间的小鱼。这种鱼叫作公子小丑鱼（common clownfish），正式一点的名称叫海葵鱼（anemonefish），学名是眼斑双锯鱼或眼斑海葵鱼（Amphiprion ocellaris）。这对小鱼中的其中一条是雌鱼，它的一生比大多数脊索动物要有趣多，因为它曾经并不是雌性。像所有的小丑鱼一样，它出生时本是雄性，从属于这群小丑鱼中唯一的雌鱼。小丑鱼有严格的社会结构，一群小丑鱼通常栖息在一只海葵中，其中只有一条是雌鱼。当这条小鱼还是雄鱼时，经过与其他雄性激烈竞争，它最终占了上风，得到了与唯一的雌鱼交配的权利。后来，一条鳗鱼游过，吃掉了雌鱼。于是，在它体内休眠了数年的卵巢开始发育，它的睾丸随之停止工作。原来的雄鱼就这样变成了鱼群中的皇后，等待与下一条在竞争中胜出的雄鱼交配。

从印度洋到西太平洋，小丑鱼是珊瑚礁中常见的栖息者，它们以植物、藻类、浮游生物以及软体动物和小型甲壳动物为食。它们体型娇小，色彩艳丽，又没有脊突、锐鳍、倒刺或鳍刺，鳗鱼、鲨鱼等游曳于珊瑚的捕食者不能轻易捉到它们。当受到威胁时，小丑鱼主要的自卫手段是在宿主海葵的触须间快速游动，这些海葵的触须有毒，而小丑鱼的鳞片上覆盖了一层厚厚的黏液，可以保护自己免于中毒。作为回报，这些艳丽的租客会帮海葵驱逐不速之客，比如前来觅食的蝴蝶鱼。

小丑鱼真正变得家喻户晓其实要归功于动画电影《海底总动员》（*Finding Nemo*）。[①]影片中，有人将小丑鱼尼莫从大堡礁的家中一路劫持到了悉尼，它的父亲马林所面对的难题，就是找到自己的儿子。然而，在实际情景中，小丑鱼所面临的挑战是如何凭借自己找到回家的路。

每一只海葵都可以为一小群小丑鱼提供栖身之所。鱼群中有一雄一雌两条占主导地位的鱼，还有若干青壮年雄鱼为了成为雌鱼的配偶而激烈竞争。雌鱼一死，为首的雄鱼就会变性成为雌鱼。这项特殊的本领叫作雄性先熟雌雄同体，可能是生命为了适应在凶险的珊瑚礁中生存而发展出来的能力。在唯一具有繁殖能力的雌鱼死后，能让整个鱼群不离开宿主海葵就继续存活下去。不过，虽然一整群小丑鱼可以在一只海葵中寄居数年，这些鱼的幼苗却不得不先离开它们安全的家，随后再

---

① 不幸的是，大受欢迎反而让野生小丑鱼的生存受到了威胁。小丑鱼成了偷猎者热捧的对象。他们大肆捕捉小丑鱼以满足水族市场的需求。所以，如果你喜欢小丑鱼，请别把它养在家里，它属于真正的珊瑚礁！

踏上回乡之旅。

对大多数珊瑚鱼来说（小丑鱼是其中一种），月圆之夜便是产卵的信号。随着海上的满月开始亏缺，雌小丑鱼赶忙产下一团卵，到此为止，雌鱼的任务已经完成，只需等待为首的雄鱼为这些卵受精。至于保卫鱼卵、驱逐其他食肉类珊瑚鱼就都是雄小丑鱼的事了。雄小丑鱼一直守卫着鱼卵，大约一周后，鱼卵孵化为幼苗，数以百计的鱼苗便冲进洋流中。

小丑鱼幼苗只有几毫米长，几乎完全透明。在大约一周的时间里，它们随着深海洋流一路漂流，以动物性浮游生物为食。在珊瑚礁中浮潜过的人都知道，在洋流中漂流，海水将很快把你送出很远，因此，洋流可以将小丑鱼幼苗裹挟到距离它们出生的珊瑚礁数公里以外的地方。幼苗中的大多数成了其他动物的盘中餐，但也有一些活了下来。大约又过了一周，为数不多的幸运儿游到了海床上，并在一天之内变态发育为幼年期小丑鱼，也就是小一号的成年鱼。没有毒海葵的保护，游曳于海底的捕食者很容易抓到这些色彩艳丽的小丑鱼。它们要想活下来，必须尽快找到可以容身避难的珊瑚礁。

通常认为，珊瑚鱼幼苗在洋流中漂流，要找到一丛合适的珊瑚礁来栖身只能靠运气。但这种解释并不能完全说得通。因为大多数鱼苗都是游泳的好手，它们如果不知道要去哪儿，怎么会如此卖力地游？2006 年，著名的美国伍兹霍尔海洋生物实验室的研究员加布丽埃尔·格拉克（Gabriele Gerlach）为一些生活在澳大利亚大堡礁水域的鱼做了基因指纹鉴定。这些鱼生活在相距3～23公里的珊瑚礁中。她发现在同一丛珊瑚礁上栖息的鱼彼此之间的相似性要远远高于寄居在更远距离珊瑚礁中的鱼。因为所有的珊瑚鱼幼苗会分散在一片很大的区域中，所以，要想解释这一现象，只能认为大多数成年鱼会回到它们出生时的珊瑚礁。不管以什么方式，每一只珊瑚鱼幼苗身上一定留下了某种印记来帮助它们找到自己的出生地。

不过，鱼苗或幼年小丑鱼在漂出那么远之后要回家怎么会知道该往哪个方向游呢？海床上没有任何有用的视觉提示。因为没有参照点，所以四面八方看起来都一样：四周的沙子上点缀着卵石和巨砾，偶尔爬过一两只诸如螃蟹之类的节肢动物。相距甚远的珊瑚礁也不大可能会发出任何能传到数千米之外的听觉信号。洋流本身又是一个问题，由于洋流的流向在不同深度的水层中不尽相同，要判断水体是运动还是静止非常困难。同时，我们知道，磁感应能帮助知更鸟在冬季迁徙，但没有任何证据表明小丑鱼具有像知更鸟那样的磁感应罗盘。那小丑鱼究竟是如何找到还乡之路的呢？

异常灵敏的嗅觉

鱼的嗅觉非常灵敏。鲨鱼的大脑有 2/3 主管嗅觉，很多人都知道，鲨鱼能在 1 公里外闻到一滴血的味道。或许珊瑚鱼闻到了它们的还乡之路？

LIFE ON THE EDGE
量子实验室
The Coming of Age of Quantum Biology

为了检验这个理论，加布丽埃尔·格拉克在 2007 年设计了一个实验：双通道嗅觉选择水槽测试。她将一些珊瑚鱼幼苗置于两个水槽的下游，这两个水槽分别盛上不同的海水，其中之一的海水来自这些珊瑚鱼出生时的珊瑚礁，另一个水槽中的海水则来自远离它们出生地的珊瑚礁。之后，她统计了鱼苗对不同水槽中水的偏好：家还是远方？鱼苗无一例外地游向了流着它们出生地珊瑚礁海水的水槽。可能是凭借着海水不同的味道，它们清晰地区分出了来自出生地和陌生地的珊瑚礁海水。

澳大利亚昆士兰州詹姆斯库克大学的研究员迈克尔·阿维朗德（Michael Arvedlund）设计了一个相似的实验来证明小丑鱼可以闻出它们的宿主海葵，并将其与它们未曾寄居的海葵区别开来。更为惊人的是，同样来自詹姆斯库克大学的丹妮拉·迪克森（Daniella Dixson）发现，小丑鱼喜欢栖息在植被覆盖的小岛下方的珊瑚礁丛中，不太喜欢离岸的珊瑚礁，而它们能分辨出分别取自这两地的海水。这一切似乎表明，小丑鱼尼莫和其他寄居珊瑚礁的鱼类是一路“嗅”回家的。

动物依靠自身嗅觉进行导航的能力真是神奇！每年，全世界都有数以百万计的鲑鱼沿着海岸成群结队地聚集在河流的入海口，它们将逆流而上，迎着激流、瀑布和沙滩回到自己孵化出生的故乡。与小丑鱼的情形类似，之前大家一直认为，鲑鱼在选择适宜的河流时，赌的是运气。后来，加拿大人威尔伯特·克莱门斯（Wilbert A. Clemens）于 1939 年在弗雷泽河水系的一条支流中捕获并标记了 469 326 条幼年鲑鱼，然后将它们放生。数年间，他在同一支流中重新抓到了 10 958 条曾标记过的鲑鱼，而在这条河的其他支流中，一条标记过的鱼也没有抓到。在从海洋回乡的路上，没有一条鲑鱼曾迷失方向。

鲑鱼如何完成从深海远洋到出生地河流的导航，多年来一直是未解之谜。后来，威斯康星大学麦迪逊分校的亚瑟·哈斯勒（Arthur Hasler）教授发现，幼年鲑鱼通过追踪气味来完成回乡之旅，并于 1954 年做了实验来检验他的理论。离西雅图不远有条伊萨夸河，哈斯勒从该河一处岔口上游的两支分别捕获了数百条回乡路上的鲑鱼，然后将它们运到了这两条支流经岔口合流后的下游。在逆流游至岔口时，这些鱼无一例外全都选择了各自被捕时的那一支流。但是，如果他在放生前用脱脂棉将鱼的鼻孔堵上，这些鱼在游至岔口时就显得不知所措，在两条支流间踟蹰不前，无法决定向左还是向右。

陆地上的嗅觉或许显得更加神奇，因为大气比海洋要更加广袤，会让气味变得更稀薄。此外，由于天气变化，大气还会受到更强的干扰，所以，气味分子在空气中比在水中分散得更快。即使如此，嗅觉对大多数陆生动物来说也是生死攸关的。

动物不仅要靠嗅觉找到回家的路，还要靠嗅觉来捕捉猎物、躲避天敌、提供警报、标记领地、互相交流及引发生理变化。对人类来说，嗅觉的应用领域要小得多，不过人类经常利用其动物更为敏锐的嗅觉来探测信号与征兆。众所周知，狗的嗅觉就很敏锐。警犬的嗅觉上皮是人类的 40 倍，以其通过气味追踪个体的能力而闻名。我们都看过这样的电影，一只嗅觉灵敏的狗只需要快速嗅一下逃犯遗弃的衬衫，便能翻山越岭、穿林过河一路追踪嫌犯。故事可能是虚构的，但警犬的能力却完全货真价实。狗能够通过气味判断它追踪的人或动物走的是哪条路，还能捕捉到几天前留下的气味。

仔细想想警犬或是小丑鱼只需例行公事便能完成如此功绩，立刻觉得动物嗅觉的惊人能力真是令人叹服不已。先说警犬：其嗅觉经过调校，可以擅长探测有机物微粒——比如人或其他动物分泌的丁酸。警犬鼻子的灵敏度堪称一流。如果让一克丁酸在一间屋子里蒸发，人可以闻到这种有点甜又有点酸臭的味道。如果将同样一克丁酸稀释在整个城市的空气中，使其弥漫于高达 100 米的空中，一只警犬照样能闻出丁酸的味道。还有小丑鱼或鲑鱼，尽管浩瀚的大洋冲淡了气味，它们依然能在数千米外闻到家的味道。

注意，动物嗅觉的过人之处不光体现在灵敏度，其辨识能力同样高度发达。海关官员会用狗对严实的包裹和行李箱进行例行检查，探测许多气味特殊的物品，比如大麻和可卡因等毒品、C-4 炸弹中的化学物质等。狗还能区别出不同个体的气味，甚至区分出双胞胎。它们是怎么做到的呢？我们每个人分泌的丁酸难道不是一样的吗？丁酸当然是一样的，但除了丁酸以外，我们每个人分泌的其实是数百种有机分子的混合物，微妙而复杂，像我们的指纹一样，为我们的存在提供了独特的标志。就像我们能看出一个人穿了什么颜色的衬衫一样，狗能轻而易举地"看见"我们的气味指纹。就像我们能认出自己所住的街道或是认出自家前门的颜色一样，小丑鱼或鲑鱼一定也认出了家的味道。

其实，狗、鲑鱼或是小丑鱼还不算嗅觉界的至尊。熊的嗅觉要比警犬灵敏 7 倍以上，能在 20 公里外闻到一具动物尸体的气味。一只飞蛾能隔着 10 公里左右发现配偶。大鼠具有像听觉一样的立体式嗅觉，蛇可以用舌头闻到气味。对于要外出觅食、求偶交配、躲避天敌的动物来说，所有这些嗅觉技能可谓必不可少。无论在空气中还是水中，进化让它们对气味这种挥发性的线索异常敏感，让它们能感受到靠近的资源或危险。嗅觉对动物的生存太重要了，对于某些气味的行为反应甚至固化为一些物种的天性。在奥克尼岛田鼠实验中，田鼠会避开饵中含有白鼬分泌物的陷阱，而白鼬在该岛上早已绝迹了 5 000 多年！

据说人类的嗅觉比我们的"亲戚们"要差得多。几百万年前，当直立人（Home erectus）从地面直起身来，开始直立行走时，他们的鼻子也随之抬高，不再贴近地面，同时也远离了地表丰富的气味。自那以后，影像与声音，作为更加有利且高效的手段，成了人类获取信息的主要来源。所以，人的鼻部逐渐变短，鼻孔逐渐变小，从远古哺乳动物祖先那里继承的约 1 000 个负责编码嗅觉感受器的基因，也不断突变（稍后详细讨论）。可能有些遗憾，我们还失去了常见于其他动物的犁鼻嗅觉。该嗅觉来自犁鼻器（vomeronasal organ，简称 VNO），又称雅各布森器（Jacobson's organ），作用为探测与性相关的外分泌激素，也就是性信息素（sex pheromones）。[1]

不过，虽然我们缩小的基因库中只有约 300 个嗅觉感受器基因，且人类的解剖结构也发生了变化，但我们的嗅觉依然出奇地好。我们也许不能在数公里外就嗅到自己的配偶或是晚餐，但我们能闻出约一万种不同的气味。正如尼采所说，在检验有气味的化学物质时，鼻子甚至比"光谱仪的检测"更为灵敏。鉴赏气味的能力还为一些最伟大的诗篇带来了灵感（"无

---

[1] 信息素，是啮齿动物和其他一些哺乳类动物所分泌的一系列化学信息的总称。信息素携带了与生物体性别和生殖相关的生物信号，以此来影响其他个体的行为，而犁鼻器就是专门探测信息素的感知系统，位于鼻腔或口腔顶部，成对出现。——译者注

论叫什么名字，玫瑰闻起来一样香甜"①），也是人类幸福感与满足感的重要来源。

嗅觉在人类历史上同样扮演了异常活跃的角色。早期文献记载了人类对愉悦气味的崇拜和对难闻气味的憎恶。祭祀和冥想之地要经常用香水和香料来熏染。在希伯来《圣经》中，上帝指示摩西建造一处祭坛，并告诉他："你要取芬芳的香料，就是苏合香、凤凰螺鳃盖、白松香；这芬芳的香料和纯乳香，要一分对一分。你要将这个作（做）成香，就是按作香物者的作法所作成的香物，用盐调剂，洁净而圣洁。"古埃及人甚至供奉专门的香神——涅斐尔图姆（Nefertum）。涅斐尔图姆同时还是治愈之神，就像一位神秘的香熏治疗师。

健康往往与愉悦的气味同时出现，而疾病、衰败又常常伴随着难闻的气味，于是很多人相信，不同的气味可以带来健康或引发疾病，而不是健康或疾病带来了不同的气味。比如，伟大的罗马医生盖伦就告诫人们，恶臭的床单、床垫和毯子会加速污染人的体液。人们还认为，下水道、停尸房、化粪池和烂泥沼泽里那令人作呕的液体和瘴气是许多致死疾病的来源。与之相反，人们相信愉悦的气味可以抵御疾病，所以，在中世纪的欧洲，医生走进疫病患者的家门之前，会坚持要求患者家属点燃用熏香、没药、玫瑰、丁香及其他芳香草药制成的香料来熏蒸屋子。实际上，香水生意的兴起，最初是为了房屋消毒，而非增添个人魅力。

嗅觉的重要性可不仅局限于感受鼻孔所吸入的气味。值得注意的是，学界普遍认为，人类味觉的90%其实是闻出来的。当我们品尝食物时，位于我们舌头和上颚的味觉感受器会探测到溶解于唾液中的化学物质，但是，

---

① 典出莎士比亚《罗密欧与朱丽叶》，原文："A rose by any other name would smell as sweet." ——译者注

味觉感受器只有五种，只能感觉出酸、甜、苦、咸、鲜 ① 五种基本味道及其组合。而此时，食物和饮料的挥发性气味会从口咽后部进入鼻腔，激活数百种不同的嗅觉感受器。比起纯粹的味觉，这让我们有了更为神奇的能力，能够辨别出数千种不同的味道，得以品尝出红酒、美食、香料、草药或咖啡各不相同的美妙风味（以气味为主）。虽然我们失去了像其他哺乳动物一样的犁鼻器嗅觉，但庞大的香水产业证明，气味在人类的求偶与性爱行为中一直在起作用。弗洛伊德甚至认为，大多数人的性压抑与嗅觉升华有关。

那么，人类、狗、熊、蛇、飞蛾、鲨鱼、大鼠和小丑鱼究竟如何探测到了这些"来自物质实在"的信息呢？我们又是如何辨识出种类如此繁多的气味呢？

我们是如何闻出味道的

视觉或听觉通过来自物体的电磁波或声波间接获取信息，味觉和嗅觉则与之不同，它们通过直接接触物体（分子）接收信息，截获"来自物质实在"的信号。而且味觉与嗅觉似乎遵循相似的工作原理。气味分子要么溶解在唾液中，要么飘散在空气中，被位于舌头或是鼻腔顶部嗅觉上皮的感受器截获。气味传播依赖挥发性，这意味着大多数气味其实是很小的分子。

鼻子本身并不能闻到气味，只能把空气输送至鼻腔后部的嗅觉上皮（见

---

① 鲜，原文"umami"，借自日文，指"愉悦鲜美的风味"，对应中文的"鲜"。此处按照最新科学研究对味觉进行分类，与中文语境中酸、甜、苦、辣、咸的五味分法不同。——译者注

图 4–1）。人的嗅觉上皮大约只有 3 平方厘米，约为一张邮票的大小。不过，这块组织虽然很小，却布满了分泌黏液的腺体和数百万嗅觉神经元。嗅觉神经元之于嗅觉，就像视杆细胞与视锥细胞之于视觉。嗅觉神经元前端的形状有点像扫帚，末端分了很多叉，神经元细胞膜在此处折叠成许多毛发状的纤毛。这些纤毛就是扫帚头，伸出细胞层之外，捕获往来的气味分子。细胞的尾端就像扫帚柄，是嗅觉神经元的轴突，穿过鼻腔后部的一小块骨头进入大脑，与大脑中主管嗅觉的区域嗅球（olfactory bulb）相连。

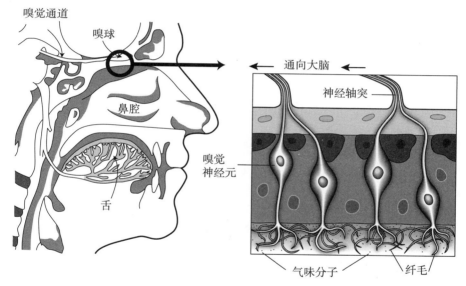

图 4-1　嗅觉系统的解剖结构

在阅读本章剩余的部分时，你最好能在面前摆个橙子。要是能把橙子切成几瓣，让橙子浓烈的香气释放出来，经过你的鼻子到达嗅觉上皮就更好了。你甚至可以把一块橙子送入口中，让它的气味经鼻腔后部的通道抵达嗅觉上皮。与所有自然界的气味一样，橙子的香味也很复杂，由数百种挥发性化合物组成。不过，其中香气最为浓郁的物质要数柠檬烯 ①，现在就

---

① 1- 甲基 -4-(1- 甲基乙烯基)- 环己烯。

让我们追踪它从分子变成香味的过程吧。

顾名思义，柠檬烯在橙子、柠檬等柑橘类水果中非常丰富，它在很大程度上决定了柑橘类水果香浓的气味和口味。柠檬烯属于萜烯类化合物（terpenes），是许多植物、花卉精油中的芳香成分，能释放出松树、玫瑰、葡萄和啤酒花等植物各具特色的芳香。所以，如果你喜欢，也可以把橙子换成一杯啤酒或红酒。柑橘类植物的许多部位都可以产生这种化学物质，甚至包括叶子，不过，含柠檬烯最多的部位要数果皮了，从中甚至可以压榨出近乎纯净的柠檬烯。

柠檬烯是一种挥发性液体，在常温下会逐渐蒸发。因此，你面前的这颗橙子会向周围的空气中释放出数以百万计的柠檬烯分子。这些分子大多数会在房间里飘散，还会从门窗逸散出去，但是一小部分会随着气流进入你的鼻子。你的下一次呼吸就会吸入几升含有柠檬烯分子的空气，这些空气会穿过你的鼻孔，经过你鼻腔中的上皮组织，而那里排列着约 1 000 万嗅觉神经元。

当含有柠檬烯分子的气流拂过嗅觉上皮的纤毛刷，一些柠檬烯分子被嗅觉神经元截获。仅仅一个柠檬烯分子便足以开启神经元细胞膜表面的微小通道，让带正电的钙离子从细胞外涌入细胞内。当截获的柠檬烯分子数达到约 35 个时，陆续流入细胞的离子形成了约为 1 微微安培 [①] 的微弱电流。这个级别的电流可以像开关一样向扫帚般的嗅觉神经元细胞的柄部，也就是轴突，发出一个被称为动作电位的电信号（详见第 7 章）。该信号一路传导至大脑中的嗅球。经过进一步的神经处理，你便体验到了"来自物质实在"的信息——橙子的芳香。

[①] 1 微微安培等于 10^{-12} 安培。

整个过程的关键步骤是嗅觉神经元捕获气味分子。那么，这个步骤的机理是什么呢？与眼睛中对光敏感的视锥细胞和视杆细胞引发视觉类似，过去认为，嗅觉是由某种位于体表的嗅觉感受器产生的。但是，直到20世纪70年代，人类对嗅觉感受器的性质和特征依然一无所知，直到一位科学家现身。

理查德·阿克塞尔（Richard Axel）于1948年出生于纽约市布鲁克林区，他是家中长子。为了躲避纳粹入侵，他的父母逃离波兰，移民到了美国。他的童年和邻居的小伙伴们并无两样：除了玩棍球（一种街头棒球，以井盖为球垒，以扫帚柄为球棒）或是在路上、院子里打打篮球外，就是帮自己的裁缝父亲跑腿打杂。11岁时，阿克塞尔有了第一份工作，当信差，负责给牙医递送假牙。12岁时，他的工作是给人铺地毯，13岁时，在一家当地的熟食店卖腌牛肉和五香熏牛肉。熟食店的主厨是俄国人，在切卷心菜时常常背诵莎士比亚的作品，这让小阿克塞尔第一次真正接触到了熟食店和棒球场以外的文化世界，激发了他对优秀文学作品深刻而持久的热爱。阿克塞尔的聪明才智被一位当地的高中教师发现。在这位老师的鼓励下，他成功地申请到了哥伦比亚大学的奖学金，攻读文学。

那时正是20世纪60年代，作为一年级新生，阿克塞尔徜徉在大学生活的智识漩涡中。后来，为了支持他那喜爱聚会宴游的生活方式，阿克塞尔找了一份在分子遗传学实验室清洗玻璃器皿的工作。他很快对这门新兴的科学着了迷，但洗洗涮涮的工作却做得一团糟，让人绝望。于是实验室解雇了这位玻璃器皿清洗员，重新雇他做研究助理。在文学与科学之间疲于奔命的他，最终决定攻读遗传学研究生课程，之后他又转专业去学医。就像当年不会洗试管烧杯一样，他学医学得一塌糊涂。他听诊听不出心脏杂音，眼底检查从来看不见视网膜，他曾手术时把眼镜掉进了患者已经剖开的腹中，更荒诞的是，有一次他竟把一位外科医生的手指缝在了患者身上。学校最终还是让他毕业了，不过前提条件是他承诺永远不在活的病人身上行医。于是，他回到哥伦比亚大学研究病理学，但一年之后，病理学系的主任坚持认为，他也不适合在死去的患者身上行医。

在意识到医学远非他能力所及之后，阿克塞尔最终还是勉强留在了哥伦比亚大学做研究。此后，他进步神速，甚至发明了一种向哺乳动物细胞中转移异体 DNA 的全新技术。该技术后来成为 20 世纪晚期遗传工程和生物技术革命的中流砥柱。哥伦比亚大学仅凭颁发技术许可，便获得了数亿美元的收入：比起当年学校投资给阿克塞尔的奖学金，回报可谓相当丰厚。

到了 20 世纪 80 年代，阿克塞尔开始思考，分子生物学是否能够帮助解决"人类的大脑究竟是如何工作的"这个谜中之谜。他将自己的研究方向从基因的行为转变为通过基因研究行为。他的长远目标是"剖析高级大脑中枢产生'知觉'的机理，比如大脑如何感知到丁香、咖啡或臭鼬的气味……"。他在神经科学领域初显身手是研究海蜗牛的产卵行为。差不多正是在这个时候，一名很有天赋的研究员琳达·巴克（Linda Buck）加入了他的实验室。巴克在达拉斯大学接受了成为免疫学家的系统训练，后来她又对方兴未艾的分子神经生物学领域产生了兴趣。于是，巴克来到了该领域研究的最前沿，加入了阿克塞尔的实验室。

阿克塞尔与巴克一起设计了一系列天才的实验来研究嗅觉的分子基础。他们解决的第一个问题就是找出受体分子。之前假设受体分子可能存在于嗅觉神经元表面，并能捕获和识别不同的气味分子。基于对其他感受器细胞的了解，他们猜测嗅觉受体是某类伸出细胞膜表面的蛋白质，可以在细胞膜外与路过的气味分子结合。但彼时还未曾有人分离出任何气味受体，因此，大家对这些受体的模样或工作原理没有一点头绪。阿克塞尔和巴克的小组不得不凭感觉继续下去，他们隐约觉得，这些遮遮掩掩的受体可能属于一类叫作 G 蛋白偶联受体的蛋白质家族，科学家已证实该类受体会参与探测其他类型的化学信号，比如荷尔蒙。

琳达·巴克成功地发现了编码该类受体一族全新的基因，而且该族基因只在嗅觉受体神经元中表达 [①]。她继续证明，这些基因确实编码了不易察觉的、能捕捉气味的受体。进一步的分析显示，大鼠基因组编码了约 1 000 个这类新发现的受体，互相之间有微妙的差别，而且每一种受体可能会单独感受一种气味。人类嗅觉受体基因的数量与大鼠类似，但有 2/3 退变成了假基因（pseudogenes），就像基因化石一样，这类基因累积了太多变异，不再表达。

但不管是有 300 个还是 1 000 个受体基因，比起人类能够识别的 1 万种不同的气味，都要少得多。很明显，气味受体与气味种类之间并非一一对应的关系。

嗅觉受体在收到信号后如何将其转化为对气味的感知，仍是未解之谜。此外，不同的细胞是如何分工来探测种类繁多的气味分子的，也不清楚。每个细胞的基因组都包含了全套的嗅觉受体基因，因此，每个受体都有探测所有气味的潜能。抑或这些受体间存在某种劳动分工？为了回答这些问题，阿克塞尔与巴克设计了一个更为绝妙的实验。

---

① 在该语境下，"表达"指一个基因是活跃的，因为该基因所含的信息会被转录进 RNA，之后经过蛋白质的合成机制，造出由该基因编码的蛋白质，比如某种酶或某种特定的嗅觉受体。

LIFE ON
THE EDGE
量子实验室
The Coming of
Age of
Quantum Biology

阿克塞尔改变了小鼠的基因，使所有表达了某种特定气味受体基因的嗅觉神经元都会被染成蓝色。如果所有细胞都变蓝，那就说明这些细胞都表达了这种受体。当该小组检查经过基因修饰的小鼠的嗅觉细胞时，答案变得明朗：每 1 000 个细胞中大约有 1 个变成了蓝色。嗅觉神经元似乎并不是多面手，而更像是专精一面的专家。

不久之后，琳达·巴克离开了哥伦比亚大学，在哈佛大学建立了自己的实验室。两个小组并驾齐驱，继续工作，解开了许多遗留的嗅觉秘密。他们很快设计了分离单个嗅觉神经元的方法，直接探究神经元对某种特殊气味分子的敏感度，比如橙子中的柠檬烯。他们发现，一种有气味的物质可以激活不只一种神经元，而一种神经元又会对几种不同的气味有反应。这些发现似乎解开了之前那错综复杂的谜题："为什么区区 300 种嗅觉感受器就可以分辨 1 万种不同的气味？"就像 26 个字母能以许多不同的方式组合，拼出一本书中的每一个单词一样，以不同的排列组合激活几百个嗅觉感受器，可以产生数以兆计的可能性，从而识别大量不同的气味。

理查德·阿克塞尔和琳达·巴克由于对"嗅觉受体和嗅觉系统组织"的开拓性发现，获得了 2004 年诺贝尔生理学或医学奖。

形状模型，一把钥匙开一把锁

现在一般认为，感知一种气味，比如闻到橙子、珊瑚礁、配偶、天敌或猎物的味道，其触发事件是单个气味分子与单个嗅觉感受器的结合。嗅觉神经元状如扫帚，嗅觉感受器就位于神经元上类似扫帚头那一端的表面。嗅觉感受器各司其职，比如有的感受器可以感知到柠檬烯，但每个感受器又是如何识别它所对应的那几类气味分子的呢？要知道，飘过嗅觉上皮的分子流如同汪洋大海，感受器为什么不会捕获并结合任意其他的分子呢？这是嗅觉的核心之谜！

对该现象的传统解释基于一种被称为"锁钥模型"的机理。该模型认为，气味分子嵌入嗅觉感受器就像钥匙插进了钥匙孔。比如，柠檬烯分子可以舒适地滑入专门与之对应的嗅觉感受器。然后，分子与感受器（或称受体）的结合以一种尚不清楚的方式，打开了受体上的"锁"，触发了 G 蛋白的释放。G 蛋白通常嵌挂在嗅觉受体的内表面，就像鱼雷嵌挂在船体里一样。一旦这种蛋白像鱼雷一样被发射进入细胞，它就会一路到达细胞膜，打开膜上的通道，放带电分子涌入细胞内。带电粒子流动引起的跨膜电流刺激神经元产生反应（详见第 8 章），并发出神经信号，由嗅觉上皮一路传递到大脑中枢。

锁钥模型认为，嗅觉受体与气味分子形状互补，恰好可以嵌合。就像让学步期儿童乐此不疲的形状拟合积木一样，一块削成特定形状的积木（比如圆形、正方形或三角形），只能嵌入木板上与之形状对应的凹洞中。我们可以把每个气味分子想成一块具有特殊形状的积木——比如，假设橙子味的分子（如柠檬烯）是圆形的，苹果的气味分子是方形的，香蕉的气味分子是三角形的。然后，我们可以把嗅觉受体想成一个气味"结合口袋"，该口袋被铸成了理想的形状，好让气味分子能够严丝合缝地嵌入。

当然，真正的分子很少有这样规则的形状，因此为了与这些形状千奇百怪的气味分子结合，受体蛋白的"结合口袋"也应该有复杂的结构。你可能还记得第 2 章的内容，就像结合底物分子的酶活化中心，大多数受体蛋白的结构可能高度复杂。确实，通常认为，气味分子与"结合口袋"的相互作用就像底物分子拴在了酶的活化中心上（见图 2–4），甚至像药物与酶的相互作用。事实上，一直有人认为，理解量子力学在气味分子与嗅觉受体的相互作用中所扮演的角色，将有助于更高效地设计药物。

无论在什么情况下，"形状理论"都清楚明白地预测，气味分子的形状与气味之间应该存在某种对应关系：形状类似的分子，闻起来也应该类似；形态迥异的分子，气味也应该迥然不同。

人类历史上最让人恐慌的气味莫过于第一次世界大战期间战壕中的芥子味和腐败的干草味。无形的气体拂过荒原，哪怕是一丝最微弱的芥子味（芥子气）或烂干草味（光气）都可能为士兵争取到几秒钟宝贵的时间，在致命的毒气充盈肺部之前，戴上防毒面具。化学家马尔科姆·戴森（Malcolm Dyson）曾在一次芥子气袭击中活了下来，或许正是认识到一个灵敏的鼻子对求生来说有多重要，他开始思考气味的本质。

战后，他陆续合成了许多工业化合物，并坚持用他的鼻子来嗅闻反应合成的产物。但让戴森大惑不解的是，分子的形状与气味之间显然没有任何明显的关系。比如，许多分子的形状大不相同，如图 4–2 中 a 和 d 两种化合物，闻起来却是一样的，都是麝香的味道。[①] 与之相反，结构极其相似的化合物（如图 4–2 中 e 和 f 两种化合物），闻起来却非常不同——f 闻起来像尿，而 e 闻之无味。

---

① 传统上，麝香取自一些天然来源，包括麝鹿的性腺、麝牛的面部腺体、松貂的粪便和蹄兔的尿液。但现在几乎所有香水中用的麝香都由工业合成。

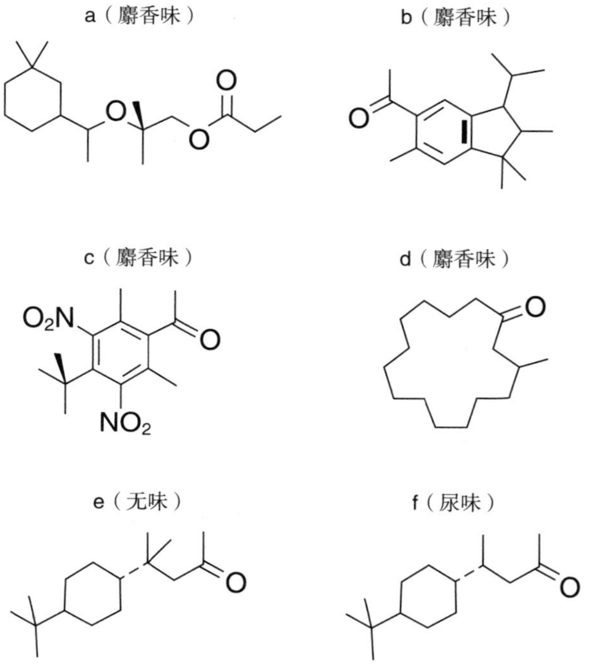

a（麝香味）　　　　　b（麝香味）

c（麝香味）　　　　　d（麝香味）

分子 a 与 d 形态相去甚远，气味却极其相似。分子 e 与 f 形状几乎相同，气味却不大相同。

e（无味）　　　　　f（尿味）

图 4-2　分子形状与气味的关系

　　分子形状与气味之间的关系远非直来直去的对应。这种关系一直是困惑香水、调味剂和芳香剂工业制造商的主要问题。香水厂商无法像设计香水瓶的形状一样设计香水，只能靠蛮力进行化学合成，再靠像戴森一样的化学家通过嗅闻测试来不断试错。但是，戴森注意到，具有相同气味的一组化学物质，其分子结构中往往含有相同的化学基团，比如，图 4-2 中具有麝香气味的几种化学物质都有以碳氧双键（C=O）连接的氧原子和碳原子。这些化学基团是许多大分子的组成部分，决定了这些分子的许多性质。戴森注意到，这些性质当然也包括分子的气味。另外一组气味相近的化学物质与上述分子不同，它们的分子结构中都含有硫氢基团（S–H），即一个氢原子连接着一个硫原子，并散发出典型的臭鸡蛋味儿。戴森进一步提出，鼻子所分辨的，不是整个分子的形状，而是一种物理性质，或者说分子中原子之间的化学键振动的频率。

戴森首次提出这些理论是在 20 世纪 20 年代晚期，当时没有人知道该如何检测分子振动。不过，在 20 世纪 20 年代早期的一次欧洲之旅中，印度物理学家钱德拉塞卡拉·拉曼（Chandrasekhara Venkata Raman）对"地中海那潋滟的乳蓝色波光"着了魔，并推测"该现象归因于水分子对光的散射"。

通常，当光碰到原子或分子时，会"弹性"地反射，也就是说，不会损失任何能量，就像一个硬橡胶球在刚性表面上反弹一样。拉曼认为，在某些特殊情况下，光会"非弹性"地散射，就像一个硬球撞在了木棒上，将自身的一些能量传递给了木棒与击球人（不妨想象兔八哥全力猛击了疾速飞来的棒球，结果它和球棒一起开始振动的情景）。在非弹性散射中，正如之前的类比，光子在撞上分子的化学键时，将一部分能量传递给了分子，使化学键振动；散射光因此比入射光具有更低的能量。光的能量减少，频率随之降低，其颜色也向光谱中偏蓝的一端移动，让拉曼感受到了"潋滟的乳蓝色波光"。

拉曼光谱法
Raman spectrum
用光来照射某化学样品，然后在拉曼光谱上记录入射光和出射光的颜色或频率(亦反映能量)变化，以此光谱标志特征来分析该物质的化学键。有些近似的物质光谱相同，但是气味不同。

化学家利用这项原理来研究分子结构。方法大概是用光来照射某化学样品，然后在拉曼光谱（Raman spectrum）上记录入射光和出射光的颜色或频率变化（反映能量），这就为该物质的化学键提供了某种标志。这项技术以其发明者命名，被称为拉曼光谱学或拉曼光谱法，并为拉曼赢得了诺贝尔物理学奖。戴森一听说拉曼的工作便意识到，该原理可能为鼻子探测气味分子振动提供某种机制。戴森提出，鼻子"可能是一个光谱仪"，能够检测不同化学键振动的特殊频率。他甚至指出了化合物在拉曼光谱上的常见频率与它们的气味之间的对应关系。比如，所有硫醇类化合物（含有位于分子末端的硫氢键）的频率峰值在拉曼光谱上集中分布在 2 567 ~ 2 580，而它们又都有臭鸡蛋的味道。

戴森的理论至少在对气味进行纯粹的分析时是有道理的，不过，没有人会觉得我们的鼻子会利用像拉曼光谱学之类的方法来为我们提供嗅觉。毕竟，要捕获并分析散射的光，就得有一个生物光谱仪，而且还得要一个光源。鼻子似乎并不像一台光谱仪，鼻腔中也没有光源。

戴森的理论还有一个更为严重的缺陷，它在不久之后突显出来。有人发现，鼻子可以轻易地区分出具有相同化学结构和拉曼光谱的分子，这些分子互为镜像，具有不同的气味。比如，柠檬烯是橙子香味的主要成分，是右旋分子。但是，有一种叫作苦艾萜（或松油精）的物质，分子结构与柠檬烯几乎完全相同，只不过它是柠檬烯的"左旋"镜像分子（见图4–3），两个分子底部着重标记的部分为碳碳键（C–C），分别指向纸面内（a）和纸面外（b）。苦艾萜与柠檬烯的所有化学键都相同，因而具有相同的拉曼光谱，但两者气味却大相径庭：苦艾萜闻起来像松节油。化学中称这类同时具有左旋和右旋结构的分子为手性分子①。

对映异构的手性分子往往具有不同的气味。手性化合物的另一个例子是葛缕酮。该化合物常见于小茴香和葛缕子的种子中，是葛缕子香的主要成分。其镜像分子闻起来却是绿薄荷的味道。一位光谱学家用光谱仪无法区分出这些化合物的差别，而用鼻子轻轻一嗅便可轻而易举地做出判断。

---

① 手性分子镜像对称但又不能完全重合。就像左手和右手，互为镜像，但实际上并不相同。

事实很清晰，嗅觉不能靠（至少是不能只靠）感知分子的振动来实现。

柠檬烯与苦艾萜互为镜像分子，但气味不同。两者的不同仅仅在于底部化学基团的朝向，柠檬烯中基团指向纸面内（化学键尖端向下）而苦艾萜中基团朝向纸面外（化学键尖端向上）。当然，苦艾萜分子可以翻转 180° 使底部的化学基团向柠檬烯一样朝向纸面内，但如果这样，其碳碳双键将换到左侧而不再位于右侧，与柠檬烯依然不同。这对分子就像一双手或手套的左和右。

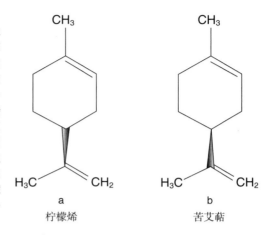

图 4-3　柠檬烯与苦艾萜分子

在 20 世纪后半叶的大多数时间里，这些貌似致命的缺陷让嗅觉振动理论与锁钥模型比起来相形见绌。不过，仍然有一些热衷于分子振动理论的学者尽力挽救该理论。加拿大化学家罗伯特·莱特（Robert H. Wright）便是其中之一。针对"左旋分子与右旋分子，化学键相同气味却不同"的问题，他给出了一个可能的解释。他指出，嗅觉受体本身可能具有手性（以左旋或右旋的形态存在），因此，它们与气味分子结合时也会按照左旋或右旋的对应关系，让振动感应器以不同的方式感知到化学键振动频率相同的分子。

以音乐表演来打个比方：吉米·亨德里克斯（Jimi Hendrix）惯用左手（代表嗅觉感受器），他在演奏吉他（具有手性的气味分子）时通常琴颈指向右侧；而埃里克·克莱普顿（Eric Clapton）惯用右手，他持吉他（代表镜像分子）演奏时，琴颈指向左侧。[①] 两位音乐家可以在各自的镜像吉

———————
　① 事实上，亨德里克斯一般只能上下颠倒地演奏一把为右利手设计的吉他，但他倒排了琴弦的顺序，使音符保持在相同的位置，就像他在弹一把为左利手设计的左手吉他一样。

他上演奏同一段旋律（产生相同的振动），但假设固定的麦克风（代表嗅觉感受器上感应振动的部分）只能放置在乐手的左侧，那么麦克风收到的音乐会有微妙的差别，因为，乐手演奏时，琴弦（化学键）相对于麦克风的位置不同。莱特提出，手性嗅觉感受器只有在化学键处于正确的位置时，才会探测化学键的振动频率。他还认为，这些感受器有左旋或右旋两种形态，就像吉他手有的惯用左手，有的惯用右手。然而，由于对生物振动感受器究竟如何工作还没有任何头绪，振动理论一直处于嗅觉研究的边缘地位。

然而，形状理论也有自己的问题。我们之前已经讨论过，形状理论很难解释为什么形态迥异的分子会有相同的气味，反之亦然。为了解决这些问题，戈登·谢泼德（Gordon Shepherd）与森惠作（Kensaku Mori）于1994年提出了新的理论，有时被称为"弱形"理论（weak shape）或嗅觉表位理论（odotope）。

嗅觉表位理论与传统形状理论的关键不同之处在于，谢泼德和森认为，嗅觉感受器需要识别的并非整个分子，而是分子中部分化学基团的形状。比如，就像我们之前指出的那样，图4-2中所有麝香味的化合物都包含一个碳氧双键。嗅觉表位理论提出，嗅觉受体识别的是这些亚结构的形状，而非整个分子。该理论在分析气味时显得更为合理，但与振动理论一样，在解释所含化学基团相同而排列不同的分子时，遇到了许多相同的问题。

因此，无论是嗅觉表位理论还是振动理论，都不能解释为什么在相同的分子框架上有相同化学基团的分子，仅仅是化学基团的排列顺序不同，就会有完全不同的气味。比如，香兰素（天然香草香精的主要成分）和异香兰素都含有一个六碳苯环，在苯环的不同位置上连接着三个完全相同的化学基团（见图4-4）。按照嗅觉表位理论，基团相同，气味也应该相同。但香兰素闻起来就是香草味儿，而异香兰素的气味却令人不悦，像是苯酚的味道（淡淡的药味儿）。

由相同基本化学基团组成的分子，比如此处的香兰素和异香兰素，仍可以有非常不同的气味。

香兰素   异香兰素

图4-4　香兰素和异香兰素分子

　　为了解决这些问题，支持形状理论的学者通常将嗅觉表位理论与某种整体手性形状识别机制进行结合。不过，这仍然无法解释一种同样常见的现象，即镜像分子也可能拥有相同的气味。[①]这类现象说明，识别某些镜像分子的是同一类受体，这就好比一只手可以戴进左手和右手的手套。如此一来，该理论似乎又不能完全说通了。

振动模型，臭鸡蛋的味道是78太赫

　　形状识别在直觉上很好理解：当我们的双手滑进分指手套，用钥匙

———————

① 比如，(4S, 4aS, 8aR)-(K)-土臭素和它的镜像分子(4R, 4aR, 8aS)-(C)-土臭素，闻起来都是一样的土味儿和霉味儿。

开锁，或是用扳子拧紧螺丝时，我们都在不自觉地利用形状互补性。此外，目前已知的酶、抗体、激素受体及其他生物大分子主要也是通过原子、分子的几何排列来相互作用。因此，嗅觉形状理论长期得到许多生物学家的鼎力支持也就不足为奇了。这些生物学家中甚至还包括因嗅觉感受器而获得诺贝尔奖的理查德·阿克塞尔和琳达·巴克。

虽然基于振动的信息传递至少在我们的两类感觉——视觉和听觉——中起到了根本性作用，但它对我们来说还是要陌生许多。此外，我们对人眼感知光波振动频率及人耳感知空气振动频率的物理原理已经有了相当深入的理解，但直到最近，才有人对鼻子感知分子振动频率的过程提出了可能的解释。

卢卡·图林（Luca Turin）1953 年出生于黎巴嫩，曾在伦敦大学学院学习生理学。毕业后，他搬到法国，在法国国家科学研究中心（工作。一次偶然的机会，在法国尼斯的老佛爷百货商场，图林经历了一次醍醐灌顶般的嗅觉体验。当时，在香水专柜的中间，陈列着日本资生堂公司的新款香水黑色数字（Nombre Noir）。图林描述道："这是一种介于玫瑰和紫罗兰之间的香味，但又没有两者的甜腻。味道朴素而神圣，接近雪茄盒里逸散的雪松香，同时，气味又不显干涩，似乎闪耀着水润清新的光芒，让香水的深色透着彩色玻璃窗的闪亮。"这次与日本清香的邂逅，让图林对气味的秘密着了迷。分子飘进鼻子之后，究竟是如何创造出如此令人魂牵梦萦的体验的呢？为了揭开谜底，图林开始了一生的探求。

与前辈戴森一样，图林相信分子振动频谱与气味的相关性不可能只是偶然的。戴森的论证让他相信，嗅觉感受器一定在以某种方式探测分子振动。但是，与戴森不同，图林提出了新的分子机制，尽管只是猜测性的解释，但也言之有理。该机制指出，生物分子能够通过电子的量子隧穿来探测化学键的振动。

你或许还记得引言中的介绍，量子隧穿是一种特殊的量子力学性质，指电子或质子等粒子同时具有概率波的性质，能够穿越以传统途径无法穿透的壁垒。在第 2 章中，我们已经知道，该效应在许多酶促反应中扮演着重要角色。图林在气味之谜中彷徨时，偶然读到了一篇论文，讲的是一种新的分析化学技术——非弹性电子隧穿谱（inelastic electron tunneling spectroscopy，简称 IETS）。非弹性电子隧穿谱仪器包含两块相距很近的金属板，中间隔有微小的间隙。如果在两板之间加上工作电压，电子会聚集在其中一板上，使其带负电，成为电子供体，同时受到另一块板的吸引力。另一块板会带正电，成为电子受体。按照古典理论，电子缺乏跃迁的能量来跨越两板之间的隔离间隙。但电子是量子粒子，如果间隔足够小，它们就可以完成从供体到受体的跨越。这个过程被称为弹性隧穿（elastic tunnelling），因为电子在此过程中并未获得或损失能量。

然而，弹性隧穿还有一个重要的条件：只有受体上的接收点有空缺，且该空缺的能量与供体恰好相同时，电子才能完成从供体到受体的隧穿。

非弹性隧穿
inelastic tunnelling
如果受体上最近的空缺处于较低的能量，那么电子必须失去一些能量，使自身能量与之吻合，才能完成跃迁。这个过程叫作非弹性隧穿。就像"锁钥模型"中的钥匙和锁的关系一样。

如果受体上最近的空缺处于较低的能量，那么电子必须失去一些能量，使自身能量与之吻合，才能完成跃迁。这个过程叫作非弹性隧穿。不过，失去的能量得有个去处，否则隧穿无法完成。如果将一种化合物置于两板之间，那么只要电子可以将其多余的能量转移给该化合物，电子就能隧穿。也就是说，只要间隙中的分子，其化学键恰好能以适宜的频率振动，与电子失去的能量相呼应，隧穿便可以发生。在以这种方式将多余的能量传递出去之后，这些"非弹性"隧穿电子会以稍低的能量抵达受体金属板；因此，通过分析供体金属板电子与受体金属板电子的能量差，非弹性量子隧穿谱便可以检测分子中化学键的性质。

现在，让我们再用音乐来打个比方。如果你曾玩过弦乐器，便会知道，你完全可以在不碰触某根弦的情况下，靠共振使其发出某个音。实际上，这个小技巧还可以用来给吉他调音。如果你在一根弦上折上一小片碎纸屑，然后在邻弦上拨响同一个音，你便可以完全不碰这根线，而将线上的碎纸屑振掉。这是因为，如果音一旦调准，拨动邻弦会带动空气振动，振动的空气又会将振动传递给没有拨过的弦，使之与拨过的弦一起共振。在非弹性电子隧穿谱中，只有两板之间的物质拥有频率适宜的化学键振动，供体电子才会从供体中弹出，完成隧穿。事实上，隧穿的电子通过拨动分子中的化学键失去了部分能量，完成了其跨越金属板的量子旅程。

图林提出，嗅觉感受器以类似的方式工作，不过嗅觉受体单枪匹马，以单一的分子替代了非弹性电子隧穿谱中的金属板和间隙。他预计，电子首先位于嗅觉受体分子上的供电子位点。与非弹性电子隧穿谱的情况类似，电子本来有可能会隧穿到同一分子中的受电子位点，但图林指出，两个位点之间的能量差阻止了隧穿发生。但是，如果嗅觉受体捕获一个气味分子，而该分子化学键的振动频率恰好合宜，那么电子就可以通过隧穿从供电子位点跳到受电子位点，同时将一部分特定数量的能量转移给气味分子，"拨动"气味分子中的化学键。图林认为，此时位于受电子位点的隧穿电子将释放嵌挂在嗅觉受体内表面的 G 蛋白，激活嗅觉神经元向大脑传递信号，从而让我们"体验"到橙子的香味。

为了支持自己的量子振动理论，图林积累了大量间接证据。比如，如前所述，含硫氢基团的化合物通常有强烈的臭鸡蛋味儿，而且它们都含有一条硫氢键，振动频率约为 76 太赫兹（每秒 76 万亿次振动）。图林用自己的理论明确预测：任何其他分子，无论形态如何，若含有以 76 太赫兹的频率振动的化学键，应该也会有臭鸡蛋的气味。然而非常不幸的是，几乎没有化合物的频谱会包含这个频段。

图林检索了大量光谱学文献，只为发现一种具有相同振动频率的分子。功夫不负有心人，他终于发现，硼烷类化合物中的硼氢键，其振动频率中值约为 78 太赫兹，与硫氢键 76 太赫兹的振动频率非常接近。但硼烷的气味如何呢？光谱学文献中没有记载，而且该化合物很不稳定，他也不能拿起来闻一闻。后来，他发现一篇早期的论文，文中称这类化合物闻起来会"令人厌恶"，而这个词也经常用来形容硫磺燃烧时的气味。后来证明，硼烷类化合物是目前已知唯一不含硫却和硫化氢一样有臭鸡蛋味儿的分子——比如癸硼烷，仅由硼原子和氢原子构成，分子式为 $B_{10}H_{14}$。

在数千种试闻过的化合物中，唯一与硫化氢具有相同气味的分子，具有与之相同的振动频率。该发现为嗅觉的振动理论提供了强有力的证据。要知道，为解开气味的分子之谜，香水师们已经试了几十年。图林成功地完成了其他化学家们没能完成的任务：单凭理论就预测出一种物质的气味——这相当于在分子层面只根据"香水瓶的形状"便预测出了香水的香味。图林的理论还提供了一种能够自圆其说的生物量子力学，在该理论下，生物大分子可以探测一个分子的振动。但是，"自圆其说"还远远不够。我们不禁要问，这个理论真的正确吗？

鼻子之争

振动理论取得了一些鼓舞人心的胜利，比如预测了癸硼烷的气味，但该理论也面临着一些与形状理论类似的困扰，比如镜像分子（如柠檬烯和苦艾萜）的气味迥然不同，但振动频谱却相同。于是，图林决定检验由他的理论得出的另一个预测。你可能还记得，在第2章中，为了利用动态同位素效应来检验酶促反应中的隧穿理论，我们用氘原子等更重的同位素取代了分子中最常见的氢原子。图林用了相似的方法。他选用的分子是苯乙酮，据称拥有"刺激性甜味……像是山楂香或是橙树开花时刺鼻的气味"。

图林购入一批非常昂贵的苯乙酮，该批苯乙酮分子中8个碳氢键上的氢原子全部都被换成了氘原子。更重的原子就像更重的琴弦，振动频率也就越低：正常的碳氢键以"高音"振动，频率约85～93太赫，但是如果用氘取代了其中的氢，碳氘键的频率将下降到约66太赫。因此，"氘化"物质与正常含氢物质具有非常不同的振动频谱。但是，它们闻起来是不是也不一样呢？图林锁上了实验室的门，小心翼翼地分别嗅闻了两种化合物。在闻过之后，图林认为两种化合物"闻起来不一样，氘化的苯乙酮甜味更弱，更像溶剂的味道"。在精心提纯两类化合物之后，他依然相信氢化和氘化两种形式的苯乙酮气味非常不同。图林宣称，他的理论已获得证实。

图林的研究引起了投资者的注意，他们向图林提供资金支持，成立了一家名叫 Flexitral 的新公司，致力于利用图林的量子振动理论生产新的芳香剂。作家钱德勒·伯尔（Chandler Burr）甚至专门写了一本书来介绍图林对嗅觉分子机制的探索，BBC还拍了一部纪录片来讲述图林的工作。

但许多人，特别是形状理论的拥趸，仍然远没有被说服。洛克菲勒大学的莱斯利·沃萨尔（Leslie Vosshall）和安德烈亚斯·凯勒（Andreas Keller）用普通和氘化的苯乙酮重复了图林的嗅闻实验，但测试时，他们没有利用图林那极端灵敏的鼻子，而是询问24名普通的被试是否能区分出两种化合物。实验结果非常明确：两者闻起来并无差别。他们的论文与一篇社论同时发表在2004年的《自然神经科学》（*Nature Neuroscience*）上。该社论称，气味的振动理论"并未获得科学界的信任"。

不过，正如许多医学研究人员会告诉你的那样，人体实验的讨厌之处在于会受到各种复杂情况的影响，比如被试人员的期望或被试在实验前的经历。为了避免这些问题，希腊亚历山大·弗莱明（Alexander Fleming）研究所的一个研究小组，由埃夫西米奥斯·斯库拉基斯牵头，吸纳了一些来自麻省理工学院的研究人员，其中还包括卢卡·图林，决定转用表现更好的物种：实验室培养的果蝇。前文曾介绍过加布丽埃尔·格拉克的珊瑚礁鱼水槽选择实验，该小组设计的实验，正是该实验的果蝇翻版，他们称之为果蝇"T型迷宫"实验。

LIFE ON
THE EDGE
量子实验室
The Coming of
Age of
Quantum Biology

果蝇由主干部进入T型迷宫，向前飞至T型的横竖连接部时，不得不做出决定：向左还是向右？T型迷宫的左右两臂都会泵入一些有气味的空气，因此，研究者通过计数飞往各个方向的果蝇数量，就能判断果蝇是否能够区分出分别掺在左右两臂气流中的气味分子。

小组先检验了果蝇是否能够闻出苯乙酮的味道。答案是果蝇确实可以做到：在迷宫管道的右臂末端注入一点点苯乙酮，便足以让几乎全部的果蝇对这种水果芳香趋之若鹜。团队随后用氘取代了苯乙酮中的氢原子，不过这次，他们采用了循序渐进的做法，依次替代了苯乙酮中的3个、5个或全部8个氢原子，然后分别检验每种物质，并在迷宫另一臂(左臂)中用非氘化的苯乙酮做对照。实验结果非常喜人。当分子中只含有三个氘原子时，果蝇在迷宫的岔口处不再一味地偏爱向右转，而是随机的飞向左边或右边。但是，当研究人员将右臂中物质换为含五个或八个氘原子的苯乙酮时，果蝇毫不犹豫地飞向了左边，远离了氘化的气味。果蝇似乎可以闻出正常的苯乙酮和氘原子取代后的苯乙酮，而且喜欢前者而不喜欢后者。该小组又试验了其他两种化合物，发现果蝇可以轻松地识别出分别含有氢和氘的辛醇，但无法分辨对应两种形态的苯甲醛。为了证明果蝇是通过嗅觉来闻出重氢键(即氘键)的，研究人员还测试了缺乏有效嗅觉感受器的变异种果蝇。与预期相同，这些嗅觉缺失[①]的变种完全不能区分含有氢的和氘化了的气味分子。

利用巴甫洛夫理论的经典条件发射，研究人员甚至成功地训练果蝇将特定形态的化学物质与惩罚联系了起来：如果飞向含碳氘键的化合物，便轻微电击果蝇的脚。该小组借此进行了更加令人叹服的实验来证明振动理论。首先，他们训练果蝇避开含碳氘键的化合物，该键的典型振动频率约为66太赫。之后，他们想，果蝇的这种避害行为是否会推广到其他类别迥异、但恰好拥有相同振动频率的化合物呢？答案是肯定的。该团队发现，经过训练可以避开碳氘键化合物的果蝇，同样也会避开腈类化合物。尽管化学性质非常不同，腈类化合物中碳氮键的振动频率与碳氘键基本相同。

---

① 嗅觉缺失，指无法感知到气味。有极少数病例是遗传所致，人类嗅觉缺失通常是由于鼻腔上皮受到了创伤。

该研究有力地说明，至少在果蝇中，振动参与了嗅觉作用。他们的论文于2011 年发表在赫赫有名的科学期刊《美国国家科学院院刊》上。

次年，斯库拉基斯和图林趁热打铁，与伦敦大学学院的研究人员展开合作，将研究回归到了那个最棘手的问题：人类是否也能通过感知振动来产生嗅觉。该小组并没有仅仅依赖图林那极度灵敏的鼻子，而是招募了 11名被试来参与嗅闻实验。他们首先证实了沃萨尔和凯勒的实验结果：被试无法嗅出苯乙酮中的碳氘键。但该小组认为，苯乙酮中仅有 8 个碳氢键，即使氘原子取代全部 8 个氢原子，信号依然太弱，普通人的鼻子根本闻不出差别。因此,他们决定研究结构更复杂的麝香味分子（图 4–2 中的分子）。这些分子中最多含有 28 个氢原子，每个都可以被氘原子取代。这一次，与之前的苯乙酮实验形成了鲜明的对比，全部 11 名被试都可以轻易地分辨出普通麝香和完全氘化的麝香。经过许多波折，或许人类真的能通过感知不同的振动频率来嗅出不同的分子。

刷卡模型，嗅觉的量子计算

量子振动理论所面临的批评之一是，其理论基础有些含糊不清。现在，来自伦敦大学学院的物理学家组成一个团队，正在解决这个问题。他们于2007 年完成了支持隧穿理论的"务实"[①]量子计算，并得出结论："如果嗅觉受体具有这样的一般性质，那么计算结果既符合物理学原理，也符合观察到的嗅觉特征。"作为团队成员之一，珍妮·布鲁克斯（Jenny Brookes）甚至进一步提出了解决镜像分子问题的方案。而此前，柠檬烯和苦艾萜（见

[①] 原文"hard-nosed"，意为"钝鼻子"，是双关语：一指量子计算并不依赖鼻子来嗅，二指物理学家们在进行计算时非常讲究实际。——译者注

图 4-3）这类镜像分子，由于振动频率相同而气味却大不相同，让科学家们很伤脑筋。

首先提出这个理论的，其实是珍妮·布鲁克斯的导师，后来成为大教授的马歇尔·斯托纳姆（Marshall Stoneham），人们有时也称该理论为"刷卡模型"。斯托纳姆是他们那代英国物理学家中的领军人物之一，兴趣甚广，从核安全到量子计算，再到生物学，以及同样契合本章主题的音乐，他都有所涉及，他还吹奏法国圆号。他们师徒二人的理论是用量子力学对罗伯特·莱特的想法进行详尽的阐释，而莱特认为，嗅觉感受器的形状和气味分子化学键的振动都参与了嗅觉作用。他们提出，嗅觉感受器的"结合口袋"就像一个刷卡机。刷卡机在读取卡上的磁条时，会在刷卡机中产生一股电流。但并不是所有的东西都能伸进读卡器，你必须保证卡的形状和厚度正好，磁条也处在正确的位置，然后再刷卡和检查读卡器是否能读卡。

布鲁克斯和她的同事们认为，嗅觉感受器的工作方式与之类似。他们的小组假设，气味分子一定是先进入了一个左旋或右旋的手性"结合口袋"，就像信用卡插进了读卡器。然后，化学键相同但形状不同的分子，比如同一类化合物的左旋分子和右旋分子，会由不同的化学感受器接收。只有在气味分子进入与之形状互补的感受器，才有可能激活振动引导的电子隧穿，从而使受体神经元兴奋。由于左旋分子只能使左旋受体兴奋，它的气味闻起来便与只能使右旋受体兴奋的右旋分子不同。

让我们再用音乐打最后一次比方，如果吉他是气味分子，等待弹拨的吉他弦是化学键，那么嗅觉感受器便有"埃里克·克莱普顿"和"吉米·亨德里克斯"两种形态。两种感受器都能弹出相同的分子音符，但是右旋或左旋的分子必须对应进入右旋或左旋的感受器，就像为右利手设计的吉他只能由惯用右手的吉他手来弹奏一样。所以，虽然柠檬烯和苦艾萜以相同的频率振动，但它们必须分别由左旋或右旋的嗅觉感受器来接收。不同的感受器连接的是不同的脑区，因此会产生不同的嗅觉。这种将形状与量子振动识别相结合的理论，最终为嗅觉提供了一个能解释几乎所有实验数据的模型。

当然，该模型能解释实验数据并不能说明嗅觉作用就一定有量子基础。这些实验数据可以为所有将形状和振动结合在一起的嗅觉理论提供有力证据，而目前还没有实验直接检验量子隧穿是否参与了嗅觉作用。不过，至少到目前为止，电子的非弹性量子隧穿是已知的唯一一个能合理解释"蛋白质如何感知气味分子振动"的机制。

要解开嗅觉之谜，我们还缺一块至关重要的拼图——嗅觉感受器的结构。掌握嗅觉感受器的结构可以帮助我们更容易地找出许多关键问题的答案，比如"结合口袋"在结合每个气味分子时，其"剪裁"到底有多"合身"；为了完成非弹性量子隧穿，受体分子上是否有位置合理的供电子和受电子位点等。然而，尽管一些全世界顶级的结构生物学研究小组奋战多年，依然没有人能成功分离出嗅觉感受器分子，并使科学家们可以像研究酶（见第2章）或光合色素蛋白（见第3章叶绿素分子）中的量子力学机制一样研究它们。自然状态下的嗅觉感受器镶嵌在神经元细胞膜上，就像海面上漂浮的水母。将受体蛋白取出细胞膜，就像将水母抓出大海：它们将无法保持自己原有的形态。而目前还没有办法在蛋白质仍嵌于细胞膜中时就测出其结构。

因此，虽然还有不少争议，但要解释"为什么果蝇和人类能靠嗅觉分辨出正常和氘化的化合物"，唯一合理的理论正是基于量子力学的非弹性电子隧穿。最新的实验表明，除了果蝇和人类，其他昆虫和鱼类也能嗅出化合物中氢和氘的不同。在种类如此丰富的生物中都发现了量子嗅觉，可以说其分布着实广泛。电子能在空间中的某一点消失,并瞬时出现在另一点——人类、果蝇、小丑鱼和许多其他动物,可能正是利用了量子隧穿的这个性质,所以才能截获"来自物质实在"的信息,找到食物、配偶甚至还乡之路。

LIFE

ON

THE

EDGE

05

帝王蝶与知更鸟的磁感应

加拿大和墨西哥之间的帝王蝶以及北欧和北非之间的知更鸟，它们的迁徙究竟是依靠什么导航的呢？研究发现，触角中的隐花色素校准了体内的生物钟，让帝王蝶在从加拿大飞往墨西哥的路上不会迷路。知更鸟的地磁感受器是一种磁倾角罗盘，能通过化学反应感受微弱的地磁。自旋单态和三重态之间微妙的平衡性，让鸟类可以利用地磁实现导航。

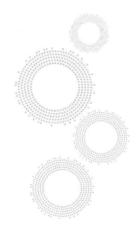

LIFE ON THE EDGE
The Coming of Age of Quantum Biology

1912 年，弗雷德·厄克特（Fred Urquhart）出生在加拿大多伦多市。厄克特孩提时的学校在一片长满香蒲的沼泽地旁边。厄克特在学校里花了很长的时间观察昆虫，尤其是那些在芦苇地里数不清的蝴蝶。每当初夏来临，就会有成千上万的帝王蝶涌入这片沼泽地，栖息在沼泽地丰富的马利筋属植物上，这些北美独有的黑脉金翅蝴蝶会在这里度过整个夏天，这也是儿时的厄克特一年中最喜欢的时间。秋天来临，那些闪耀而美丽的帝王蝶振翅而去，留下迷惑不解的厄克特：这些蝴蝶到底去哪儿了？

正如圣保罗那句名言：成年人会渐渐失去童心。然而这句话却并不适用于厄克特，年龄渐长的他依旧对蝴蝶去哪里过冬这个疑问充满着好奇。他在多伦多大学学习了动物学课程并且最终成为这个领域的一名学者，几经周折，他还是回到了儿时思考的那个问题。此时的他已经和诺拉·帕特森（Norah Patterson）结为连理。帕特森是他的同事，同时也是一名蝴蝶爱好者。

厄克特和帕特森夫妇计划借助传统的动物标记手段来解开帝王蝶的消失之谜。然而这没有他们预想的容易。要想在蝴蝶精致的膜翅上贴上记号，可不像在知更鸟的腿上系上标记，或者在鲸鱼的鳍上钉上样标那么简单和顺利。这对夫妻搭档尝试了用黏性的标记物或者用胶水在蝴蝶翅膀上粘贴记号的办法，结果要么是记号十分容易脱落，要么是粘附的记号给蝴蝶的活动造成了影响。标记的问题直到 1940 年才得以解决：他们找到了一种类似新买玻璃器皿上难以刮除的那种标签。有了这件神器，夫妻俩就开始动手标记和释放成百上千的蝴蝶了，他们放归的每只蝴蝶上都有一个醒目的数字和一段勉强能看清的说明，大意是如果发现了这只蝴蝶，希望寻获者可以将标记"送还给多伦多大学动物学系"。

美洲有数以百万计的帝王蝶，但是厄克特夫妇只有两个人。所以厄克特夫妇俩开始招募志愿者，时至 20 世纪 50 年代，他们已经建成了一个拥有数千名蝴蝶爱好者的行动网络，成员们轮流承担标记、释放、捕捉和记录蝴蝶的任务，他们经手的蝴蝶数量以数十万计。随着地图上有关蝴蝶释放和捕捉位置信息的不断更新，厄克特夫妇渐渐发现了一些蛛丝马迹。从地图上看，捕获位置显示帝王蝶从多伦多出发之后，似乎沿着一条自东北向西南的对角线穿越美国，在经过美国西南部的得州之后，就不知所踪了。虽然厄克特夫妇经过无数次的实地考察，但还是不能确定帝王蝶迁徙的最终位置到底位于美国南部的哪个地方。

　　时过境迁，厄克特夫妇决定把他们的视线移向更南的地方。1972 年，饱受挫折的帕特森在一份寄给墨西哥报纸的信中介绍了他们的工作，并希望有志愿者能够在当地帮助他们标记蝴蝶并报告帝王蝶的目击案例。1973 年 2 月，厄克特夫妇收到墨西哥城一位居民的来信，寄信人名叫肯尼思·C.布鲁格（Kenneth C. Brugger），他在信中表示愿意帮助夫妇俩。肯尼思应下了厄克特夫妇的请求，他在夜幕降临的时候带上了他的狗——科拉（Kola），开着野营车前往墨西哥乡村地区，试图寻找帝王蝶的踪迹。一年之后的 1974 年 4 月，肯尼思向厄克特夫妇汇报，说他在墨西哥中部的马德雷山脉地区目击到数量巨大的蝴蝶群。紧接着在那一年年末，肯尼思又报告说在山区某处沿途发现了大量破碎的蝴蝶尸体。厄克特夫妇回信说他们认为这些是蝴蝶群在迁徙途中经过此地遭到鸟类捕食的证据。

　　1975 年 1 月 9 日晚上，肯尼思致电厄克特夫妇，语气中难掩兴奋地告诉他们，他好像"找到帝王蝶的栖息地了！……无数的帝王蝶，它们就在山上一片空地旁的常绿树林里"。肯尼思是从一队墨西哥伐木工那里得到的小道消息，当时这队工人正赶着他们载满行李的驴子在山里赶路，他们声称当时有一大群红色的蝴蝶飞过。

　　1976 年 1 月，在国家地理学会的支持下，厄克特夫妇抵达墨西哥并筹划了一次远征，以期能够解开帝王蝶冬季栖息地的谜底。到达的第二天，他们就驱车前往一个村庄，在那里又整装向他们认为的"蝴蝶之山"进发，这座山的垂直距离高达 3 000 米。如此高度的艰苦攀登对于年迈的夫妻俩来说绝非易事（厄克特当时已经64 岁），他们对此行是否能够顺利到达山顶都心里没底。然而，多伦多夏日阳光里漫天飞舞、色彩斑斓的蝴蝶留下的美好记忆以及不服老的壮志雄心让他们最终登上了山顶。但是，他们马上发现山顶除了稀稀拉拉分布的一些杜松和冬青树之外，并没有他们要找的蝴蝶。筋疲力尽、心灰意冷的厄克特夫妇只能无奈地往山下走。就在他们经过墨西哥中部一片长满冷杉的开阔地带时，踏破铁鞋的二人终于意外发现了他们已经追寻了大半辈子的东西——"数不清的蝴蝶！到处都是！它们缀满了树枝，包裹了树干，数量庞大的蝴蝶铺满了大地，在冬日里安静地处于半休眠的状态"。就在他们驻足欣赏这一幕惊人的景象时，一根树枝断裂掉了下来，厄克特在被树枝砸死的蝴蝶残骸中留意到了一块熟悉的白色标签，标签上写着一行勉强能看清的说明："送还给多伦多大学动物学系。"那只蝴蝶是由一位名叫吉姆·吉尔伯特（Jim Gilbert）的志愿者标记的，吉尔伯特住在明尼苏达州的查斯卡，那儿离墨西哥的山区有 3 000 多公里！

帝王蝶的迁徙之谜

帝王蝶的旅程是目前世界公认的最壮观的动物迁徙。每年的 9 月到 11 月，数以百万计的帝王蝶从加拿大东南部，向西南开始它们长达数千公里的征程。它们的迁徙之路途经沙漠、大草原、田野和山林，再穿过得克萨斯伊格尔帕斯（Eagle Pass）与德尔里奥（Del Rio）之间宽达 80 公里的冷水河谷，到达墨西哥。墨西哥中部山区其中几座高山的山顶成为它们最终落脚的栖息地。接下来，在墨西哥凉爽的山区度过冬天之后，帝王蝶在春天又开始它们北归的旅途，回到它们夏天的栖息地。最不可思议的是，没有一只帝王蝶的寿命可以长到完成如此远距离的迁徙，它们会在迁徙中沿途繁殖，所以在夏天回到多伦多的帝王蝶实际上已经不是前一年由此出发的那一批蝴蝶，而是那一代蝴蝶的子孙。

这些小小的昆虫如何能够如此精确地循着父辈们的脚步，找到千里之外的目的地呢？这个曾经一度困扰人们的大自然之谜直到最近才开始出现一些解决的端倪。与许多其他迁徙动物一样，蝴蝶利用多种感官进行导航，例如视觉、嗅觉以及太阳罗盘。动物和植物体内的生化过程具有接近 24 小时的生物节律，这种与白天黑夜循环相对应的节律被称为生物钟。蝴蝶在白天的迁徙中可以根据生物钟并参照太阳的位置来修正前进的方向。

生物钟对我们而言并不陌生，它是我们晨起夜寐的动力，长途航班中被打乱的生物钟也是让我们深受时差之苦的根源。过去的几十年中与生物钟工作原理有关的惊人发现层出不穷。这其中最著名的一个实验中，被试们被孤立地置于一个 24 小时光照的房间内，被试在对外界的情况一无所知的情况下，却依然表现出近乎 24 小时的活动和休息节律。我们身体的时钟，也就是生物钟，似乎受到我们的身体，而不是外界环境的控制。这种"内在的时钟"、我们身体的"起搏器"或者"节律感受器"——无论你叫它什么——被认为位于大脑的下丘脑腺体内。不过，虽然被试在一直保持明亮的房间内表现出以 24 小时为周期的作息节律，但是他们在一天中活动与休息的时间还是渐渐与实验室外的人脱节。不过，如果被试回到自然光中，他们体内的时钟会迅速拨回到正常的昼夜节律，这个过程被称为"诱导"（entrainment）。

帝王蝶的太阳罗盘通过比较太阳高度和一天中的时间——两者反映了帝王蝶所处的维度和经度——来辨别方向。倘若帝王蝶真的能够在迁徙中通过太阳高度的位置修正方向上的误差，那么它们必定和我们一样，能够感知昼夜光照的变化。那么，帝王蝶感受节律的器官到底位于哪里呢？

厄克特夫妇发现蝴蝶并不是一种很好的实验对象。而我们在第4章迷宫嗅觉实验里介绍过的果蝇，则是一种理想得多的实验昆虫：果蝇繁殖迅速又极易发生变异。另外，果蝇也和我们一样，能根据外界的明暗交替调整自身的生物节律。

1998年，遗传学家发现了一种果蝇变异种，它们的节律不会受到外界光照的影响。变异发生在一个编码某种眼内蛋白的基因上，这种蛋白被称为隐花色素。在我们第3章介绍的光合作用复合体中，叶绿素分子周围围绕着固定色素的骨架蛋白，隐花色素由中心能够吸收蓝光的色素分子FAD（flavin adenine dimucleotide，黄素腺嘌呤二核苷酸），以及FAD周围起固定作用的骨架蛋白组成。隐花色素与光合系统的工作原理类似，色素吸收光子后激发分子内的电子，引起兴奋信号后向大脑传递，使体内的时钟与外界的昼夜明暗同步。1998年发现的果蝇变种缺乏这种蛋白质，所以它们体内的时钟不再根据外界环境的变化而调整：它们失去了感知节律的能力。

类似的隐花色素陆续在包括人类以及其他动物的眼中发现，甚至在植物和光合微生物中也存在，植物和微生物体内的隐花色素可能是为了帮助这些生物感知一天中最适合光合作用的时间。隐花色素和它们感受光照的作用也许能够追溯到数十亿年前，当时原始的细胞依靠这些色素选择一天中最适合活动的时间。

隐花色素的确存在于帝王蝶的触角中。一开始这让人摸不着头脑：一种眼内色素为什么会出现在触角里？不过话说回来，昆虫的触角包含的感官本来就多得惊人，触角具有嗅觉和听觉，能够感受气压甚至重力。那么会不会触角真的是昆虫的节律感受器？出于探究的目的，有科学家把一些蝴蝶的触角涂成了黑色，让触角无法接受光照刺激。他们发现，触角被涂成黑色的蝴蝶无法再根据昼夜调整它们的太阳罗盘：它们失去了感受昼夜节律的能力。这样看来，蝴蝶的节律感受器的确就在它们的触角里。更神奇的是，即便从昆虫身体上分离下来，蝴蝶触角内的节律感受器依旧可以被光诱导。

隐花色素真的就是帝王蝶具有光诱导性的原因吗？不巧的是，蝴蝶的基因并不像果蝇那样容易突变。2008 年，马萨诸塞大学的史蒂文·里珀特（Steven Reppert）和他的同事用一种非常巧妙的方式解决了这个问题。研究小组用帝王蝶正常的基因取代了果蝇突变种的隐花色素缺陷基因，这个方法让突变的果蝇恢复了光诱导性。如果说帝王蝶的隐花色素基因使果蝇调节生物钟的能力得到了恢复，那么同样的色素在帝王蝶体内很可能起到了类似的作用。如果真是这样，那么意味着正是隐花色素校准了体内至关重要的生物钟，让帝王蝶在多伦多飞往墨西哥的路上不会迷路。

说到这里，这一切好像跟量子力学没有什么关系。但是，在动物长途迁徙中有另一种辨别方向的方式，我们称之为"磁感应"。顾名思义，磁感应就是感知地球磁场的能力。我们在引言里看到过，包括果蝇和蝴蝶在内的许多动物都拥有磁感应，这已经不算是奇闻了。尤其对知更鸟的相关研究已经成为量子生物学研究的经典案例。早在 2008 年，知更鸟的地磁觉就被证实与光有关（我们会在后文中继续讨论这部分内容），但是光受体的本质到底是什么却让人捉摸不透。史蒂文·里珀特对在果蝇中帮助其感知光照和诱导生物节律的隐花色素是否也参与了磁感应的建立备感好奇。

里珀特进行了一项类似于加布丽埃尔·格拉克水槽选择的实验，在水槽选择实验里格拉克强迫动物只依靠感官信息在两条路径中做出选择、获取食物，由此揭示了小丑鱼用嗅觉进行导航的事实（见第 4 章）。

研究人员发现，果蝇可以通过训练建立起糖块奖励与磁场之间的联系。当果蝇在迷宫里选择是向有磁场还是没有磁场的一侧拐弯时（迷宫实验中没有放置食物，所以没有嗅觉信息），它们会选择有磁场的一侧。这说明果蝇能够感受到磁场。那么对磁场的感知需要隐花色素吗？研究人员发现，由于隐花色素基因缺陷而天生缺乏这种色素的果蝇，会均等地选择有磁场和没有磁场的分路：隐花色素的确在感知磁场中有某种作用。

里珀特的研究小组在 2010 年发表的论文中还验证了，果蝇在使用帝王蝶的正常基因替换掉原本突变的隐花色素基因后磁场觉得到了恢复。这意味着，帝王蝶也很可能依靠隐花色素感受地球的磁场。果不其然，该小组在 2014 年发表的另一篇论文里，证实了帝王蝶就像引言里的知更鸟一样，在它们从五大湖地区前往墨西哥山区的途中的确依靠一种依赖光的指南针进行导航。而正如之前猜测的，这种导航能力与帝王蝶的触角有关。

一种感光色素怎么会与看不见的磁场有联系呢？为了回答这个问题，我们必须回到我们的老朋友——知更鸟。

知更鸟的指南针

早在引言里我们就指出，地球其实是一块巨大的磁铁，磁场从地球内核一直延伸到地球上空数千公里的高空。这个无形的磁场气泡，也就是"磁气圈"（magnetosphere），是地球上所有生命的保护伞。如果没有这层地磁圈的保护，那么太阳风（太阳释放的高能粒子流）早就把地球的大气层撕得支离破碎了。不过与一般的条形磁铁不同的是，由于地球的磁场来自其内部流动的熔岩核心，所以它总是处于动态的变化中。地球磁场确切的起源至今仍然扑朔迷离，众说纷纭。其中比较主流的理论是自激发电机学说（geo–dynamo effect），这个学说认为，地核内进行环流运动的液态金属产生了电流，继而形成了磁场。

这样说来，地球上的生命都欠地磁场一个人情。不过地磁场对生命的恩惠远不止于此：科学家们早在一个多世纪以前就已经发现，地球上的生物进化出了许多新奇的方式来利用地磁场。就像人类的航海家从数千年前就开始利用地球的磁场乘风破浪一样（发明了指南针），在过去的数百万年中，地球上包括哺乳动物、鸟类（比如我们熟悉的知更鸟）和昆虫在内的许多其他生物——无论陆生还是水生——都进化出了利用地磁场进行导航的能力。

支持生物可以感知磁场的最早证据来自一位俄罗斯动物学家，他叫亚历山大·冯·米登多夫（Aleksandr von Middendorf, 1815—1894）。米登多夫通过记录多种候鸟迁徙的路线，在地图上根据每种候鸟到达的地点以及相应的时间绘制出一系列曲线，他称这些曲线为"迁徙线"（isepiptes）。迁徙线大致指示出了候鸟迁徙的方向，从中他发现不同候鸟在迁徙中有一种朝着北极、"一路北上的汇合趋势"。在 19 世纪 50 年代发表的研究结果中，米登多夫指出，候鸟是利用地球的磁场进行定位的，他把鸟类比作"天空航海家"，利用地磁场的候鸟在征程中"不畏风雨，不惧夜雾"。

19世纪同时代很多其他的动物学家对米登多夫则将信将疑。具有讽刺意味的是，许多科学家宁愿接受更为荒唐的伪科学观点，甚至认为动物迁徙是超自然现象，也不愿意相信生物可以感知地球的磁场。在那一条长长的怀疑论者名单上，不乏19世纪晚期一些著名的科学家，比如美国心理学与精神病学家约瑟夫·贾斯特罗（Joseph Jastrow）。1886年6月，贾斯特罗在《科学》杂志上发表了一封来信，题目为《地磁觉的存在性》。信中介绍说，他为了研究磁场对人体是否有影响而进行了一系列实验，然而最后结果是他不得不承认，没有找到任何证明人类能够感受磁场的证据。

之后很长的一段时间里都没有人能提供新的证据，直到时间进入20世纪，一位名叫亨利·耶格利（Henry Yeagley）的美国物理学家出现。时值第二次世界大战，耶格利的研究工作受雇于美国通信兵团。战争期间，美国军方对鸟类的导航能力十分感兴趣，一方面是因为当时信鸽仍然被广泛用于传递信件，而另一方面，航空工程师也希望能从鸽子优异的导航能力中有所借鉴。然而，鸟类到底如何能够找到它们的归巢却一直是未解之谜。

耶格利提出了一个假设，他认为信鸽能够同时感知地球的自转和地磁场，从而在大脑里构建一幅"导航网络图"，这张图中包含了信鸽所在位置的经度和纬度信息。耶格利还为此进行了实验，他把小块的磁铁分别绑在10只鸽子的翅膀上，并把同样质量的铜片绑在另外10只鸽子的翅膀上——铜片没有磁性。最终的实验结果显示，翅膀上缠绕铜条的10只鸽子中有8只找到了回家的路，而绑有磁铁的

10只鸽子中却只有1只回到了巢中。耶格利由此总结道，鸟类能够感知磁场并利用其进行导航，而这种辨别方向的能力在实验中被捆绑在翅膀上的磁铁所干扰。

虽然耶格利的研究在发表之初被认为过于牵强而鲜有支持者，不过受他的工作启发，有一些研究者开始隐约地意识到许多其他种类的动物也天生具有感知地磁场的能力，这种能力赋予它们精确的方位感。比如，海龟可以从距离数千公里外的觅食地回到它们出生的地方产卵，然而沿途中没有任何明显的视觉地标供它们识别，而有研究者在它们头部绑上一块强力的磁铁后发现，它们变得找不着北。1997年，新西兰奥克兰大学的一个研究团队在《自然》上发表论文，称他们在虹鳟鱼的鼻腔内发现了磁感应细胞。如果磁感应细胞的存在被证实，那么虹鳟鱼将是迄今为止已知的第一种可以在地球磁场中"闻出"方向的动物！不仅如此，微生物能够利用地磁场在浑浊的水中找到出路，甚至连不能移动的植物似乎也保留着感应磁场的能力。

时至今日，动物拥有感知地球磁场的能力已经毋庸置疑。需要回答的问题是这种能力从何而来，尤其在考虑到地球的磁场实际上极度微弱的事实后更难解释。正常情况下，很难想象如此微弱的磁场能对生物体内的生化过程产生任何影响。对此，时下主流的观点有两种：第一种观点认为，生物体内的磁感受器类似于经典的指南针；而第二种观点则认为，生物体的磁感觉其本质是某种化学反应。在不同的物种体内，这两种理论都有一定的合理性。

磁性矿石晶体的发现为第一种观点提供了证据，也就是生物体的地磁觉在原理上与传统指南针相同。自然界天然的磁石是铁的氧化物，这种磁性矿物在许多能够感知磁场的动物和微生物体内都有踪迹可觅。比如，生活在海底泥泞沉积物中的细菌能够依靠磁感觉辨别方向，它们的细胞内充满了子弹状的磁石晶体。

到 20 世纪 70 年代后期，人们相继在许多被认为能够依靠地磁场进行迁徙的动物体内发现了磁石的存在。其中最轰动的是在作为鸟类王牌领航员的信鸽体内检测到了磁石晶体，它们位于信鸽上喙中的神经元内，这不禁让人联想，这些神经元能够利用磁石晶体接收的磁场信息并将相应的神经信号传递给大脑。后续的研究显示，如果在信鸽的上喙绑上磁铁，它们就会失去感知地磁场的能力并且变得毫无方向感。显然磁铁干扰了信鸽的地磁觉，而那些含有磁石晶体的神经元细胞恰好位于信鸽的上喙。看起来动物的磁感觉之谜似乎已经解开了。

然而，2012 年《自然》刊登的一篇用核磁共振成像扫描仪对鸽子上喙3D 细节进行研究的文章让一切又回到了原点。这篇文章总结认为，那些富含磁石的细胞与磁感应没有任何关系，实际上它们不过是富含铁的巨噬细胞（巨噬细胞主要参与对抗病原的免疫过程）。就目前而言，没有证据显示它们还会参与任何感知觉过程。

现在是时候把时钟倒回了，一直回到一位我们在引言中介绍过的德国人，他就是著名的鸟类学家沃尔夫冈·维尔奇科。1958 年，维尔奇科在法兰克福一个研究小组工作期间开始对鸟类的导航能力产生兴趣，该研究小组的负责人是弗里茨·默克尔（Fritz Merkel）。默克尔也是当时少数几个进行动物磁感觉研究的科学家之一。默克尔的另一个学生汉斯·弗洛姆（Hans Fromme）刚刚证实了鸟类在没有指示物的封闭房间内也能够辨别方向，这意味着它们的导航能力并不是建立在视觉信息上。弗洛姆提出了两种可能的导航方式：鸟类要么是接收到了来自星体的某种无线电信号，要么是感知到了地球的磁场。维尔奇科猜测是后者。

LIFE ON
THE EDGE
量子实验室
The Coming of
Age of
Quantum Biology

1963年秋天，维尔奇科开始着手用知更鸟进行实验。如果你还记得的话，知更鸟每年要在北欧和北非之间进行往返迁徙。维尔奇科在知更鸟迁徙的途中捕获它们，然后把它们置于一个屏蔽磁场的房间内。接着他使用一种叫作亥姆霍兹线圈(Helmholtz Coil)的设备对鸟类施加一个微弱而稳定的磁场，这种人工磁场的强度和方向可以随意调节。他发现，在人工磁场的影响下，那些在春天或者秋天被捕获的鸟儿在房间里变得焦躁不安，总是聚集在房间的某一侧，而不论磁场如何改变，它们在人工磁场中的相对位置总是与它们在迁徙路上相对于地球磁场的位置一致。1965年，经过两年的艰苦努力，维尔奇科发表了他的研究成果并指出，鸟类是能够感知和分辨人造磁场方向的，由此维尔奇科推论，鸟类同样可以感受地球的磁场。

　　维尔奇科的研究为鸟类具有磁感应的理论争得了几分面子，同时也开启了对这个领域更深入的研究。然而如此微弱的地球磁场是如何能够对动物施加实质的影响的，或者换句话说，动物到底是如何感知到磁场的？当时的科学家对这个问题没有任何头绪，他们甚至还在苦苦寻找生物体内的磁感觉受体。虽然当时已经在许多物种中陆续发现了磁石晶体，经典指南针假说也开始流行，但是知更鸟的导航能力依旧是未解之谜——人们没有在这种鸟类的体内检测到磁矿石。此外，知更鸟奇特的导航能力还有一些明显区别于经典指南针的特征：尤其是在蒙住知更鸟的双眼之后，它们会丧失感知磁场的能力。这似乎意味着知更鸟需要通过眼睛来"看"地球磁场。

1972 年，维尔奇科夫妇（当时沃尔夫冈已经和他的妻子罗斯维塔进行合作研究了）发现知更鸟的指南针与其他所有已知的罗盘都不同。传统的指南针都有一根一端指向地磁北极、另一端指向地磁南极的磁针，但是还有一种不能区分南北极的特殊罗盘。我们在引言中介绍过这种罗盘，我们称之为磁倾角罗盘。这种罗盘会就近指向南北两极中的一极，所以它只能告诉你正在靠近或是远离某一磁极，但是无法告诉你到底是哪一极。磁倾角罗盘的工作原理是对地球磁场线与地球表面形成的夹角进行测量（见图5–1）。磁场与地表的倾斜角（这也是这种罗盘名字的来源）在两极接近垂直（指向地面），而在赤道附近则趋于平行。在赤道与两极之间，地球磁场线以小于 90° 的锐角穿入地面并指向最近的极点。任何可以测量这种倾斜角的设备都可以被作为磁倾角罗盘使用并提供相应的导航信息。

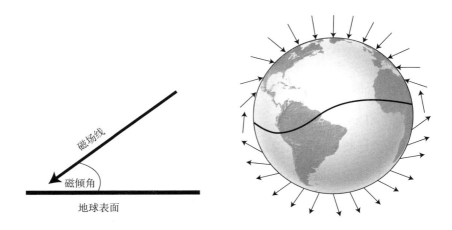

图 5–1　地球磁场线和磁倾角

据此，维尔奇科在 1972 年的实验中尝试"欺骗"知更鸟：首先，知更鸟依旧被放置在一个屏蔽了磁场的房间内。接下来进行关键的一步：维尔奇科将磁场旋转了 180°，完全逆转了原本磁场的方向。然而他们发现，逆转的磁场对鸟的行为没有影响：无论原先或者现在是哪一极，鸟在磁场逆转前后都只识别距离它们相对较近的那一极。所以，鸟类对磁场的感知方式与经典的指南针并不相同。1972 年发表的那篇文章证实，知更鸟的磁感受器是一种磁倾角罗盘，但是其具体的工作原理尚未可知。

随后在美国鸟类迁徙专家史蒂夫·埃姆伦（Steve Emlen）的邀请下，维尔奇科夫妇在 1974 年来到了康奈尔大学。埃姆伦的父亲同样是一名受人尊敬的鸟类学家，父子两在 20 世纪 60 年代合作发明了一种研究鸟类行为的特制容器，被称为埃姆伦漏斗（Emlen funnel）①。埃姆伦漏斗是一个倒置的锥体，在它的底部和倾斜的内壁上分别铺有印泥和吸墨纸（见图 5 - 2）。当漏斗中的鸟儿往内壁上扑腾时会在吸墨纸上留下脚印，根据脚印的分布就可以知道鸟儿试图逃跑的方向。

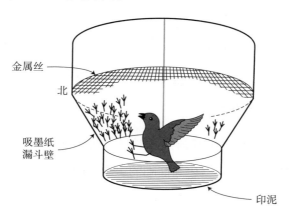

图 5-2　埃姆伦漏斗内部构造

维尔奇科在康奈尔大学研究的鸟类叫靛蓝彩鹀（Indigo bunting），这是一种北美鸣禽。与知更鸟类似，靛蓝彩鹀在迁徙中也会依靠体内的指南针

① 不要与埃姆伦·滕内尔（Emlen Tunnell）混淆，后者是美国 20 世纪 50 年代著名的橄榄球运动员。

辨别方向。维尔奇科夫妇和埃姆伦在对埃姆伦漏斗中鸟儿的行为进行了长达一整年的研究之后，于 1976 年发表了他们的研究成果，他们认为，靛蓝彩鹀和知更鸟一样，可以感知到地球磁场，这一点毋庸置疑。维尔奇科视他在康奈尔大学的第一篇论文为团队的突破性成就，正是那项研究无可置疑地证明了迁徙性鸟类天生具有感知磁场的能力，并吸引了许多世界知名鸟类学家的注意力。

当然，在 20 世纪 70 年代中期几乎所有人都对生物指南针如何工作毫无头绪。不过也不尽然，引言中我们曾提到过，就在维尔奇科夫妇和史蒂夫·埃姆伦发表他们论文的同一年，一名德国化学家克劳斯·舒尔滕提出了一种把光和磁感应联系到一起的化学机制。当时，舒尔滕刚刚在哈佛大学获得化学物理学博士学位没多久，回到欧洲的他在哥廷根马克斯·普朗克研究所的生物物理化学所谋得了一个职位。在研究所期间，他开始对光照下高速三重态反应中产生的电子萌生兴趣，他猜想高速三重态反应中的电子可能处于量子纠缠态。舒尔滕的推算结果表明，如果化学反应中真的存在量子纠缠态，那么反应速度理应受到外加磁场的影响，据此他提出了验证自己理论的实验方法。

舒尔滕在马克斯·普朗克研究所对自己的理论畅所欲言之时，他本人却成了众人眼里的疯子。舒尔滕面临的主要问题在于，他当时是一名理论物理学家，而不是化学家，所以他的工具不过是纸、笔和计算机；毕竟，他不是实验化学家，不能穿上实验服亲手操作可以验证他想法的实验。因此他成了众多尴尬的理论学家中的一员，心怀猜想却要苦苦等待"同情"自己的实验学家在百忙之中为他们排出实验的时间，来验证他们的理论，更不要说绝大多数情况下这些理论根本经不起实践的考验了。而舒尔滕甚至连同情都没有得到。对于舒尔滕提出的实验方案，他的化学家同事们都抱以悲观的态度。

舒尔滕很快发现，对他一切质疑声音的根源来自实验室负责人休伯特·施特克（Hubert Staerk）。鼓起勇气的舒尔滕最终决定到施特克的办公室与他当面对质。正是在那次谈话中，舒尔滕得知了大家对他的理论怀有成见的原因：施特克已经做过他提出的实验了，但是没有发现磁场对化学反应的影响。眼看自己的理论就要早早夭折，舒尔滕犹如五雷轰顶。正如进化生物学家托马斯·赫胥黎曾经说的："赏心悦目的理论啊……可惜被丑陋的事实扼杀了。"

在感谢施特克验证他的猜想之后，心灰意冷的舒尔滕正准备离开办公室。不过就在要跨出门之前，舒尔滕转回身询问自己能否看一看那些令人失望的数据。在浏览了施特克递给他的文件之后，舒尔滕顿时情绪高涨。他注意到了一件施特克忽略的东西：有一个不引人注目却又至关重要的数据与他的预测完全一致。舒尔滕回忆说："那个数据正是我希望看到的，所以我看到的时候无比欣喜。一场悲剧转而变成了喜剧。因为我知道实验的关键在哪里，而施特克并不知道。"

舒尔滕立刻着手开始写他的论文，并坚信他的文章会在学术界引起轰动——不过祸不单行，意外很快又再次降临。在一次会议上，舒尔滕和他的一个同行玛利亚－伊丽莎白·米歇尔－拜尔勒（Maria–Elisabeth Michel–Beyerle）一起喝茶，谈话间舒尔滕发现米歇尔－拜尔勒在慕尼黑工业大学完成了和自己完全相同的实验工作。这让舒尔滕陷入了一个道德困境。他可以选择开诚布公地分享他的发现，但是保不准米歇尔－拜尔勒回到学校之后就会赶工完成她自己的文章并抢在舒尔滕之前发表；舒尔滕也可以选择找个借口，立马起身赶回哥廷根完成论文，自己独占这个发现成果。不过如果他真的一声不吭就离开，事后再抢在发表文章，米歇尔－拜尔勒可能会指责他剽窃。舒尔滕回忆他当时的想法:"如果我再不告诉她我知道什么,以后她很可能会指责我抄袭了她的工作。"最终,舒尔滕对米歇尔-拜尔勒坦诚相见,告诉她自己也做了类似的工作。两名科学家都在会议结束之后才离开,之后各自完成了自己的论文(舒尔滕的文章只比米歇尔-拜尔勒的文章早发表了一点点),他们的文章都论述了奇异的量子纠缠态确实能够影响化学反应过程。

舒尔滕 1976 年发表的文章提出,量子纠缠态独特的性质能够用于解释马克斯·普朗克实验室研究的高速三重态反应。不仅如此,他开创性的论文中用到了施特克的实验数据,后者清楚地显示了磁场对化学反应产生的影响。一篇论文里同时有两个重大发现,对许多科学家来说应当心满意足了。但是,对还不到 30 岁的舒尔滕来说却不尽然:年轻气盛、雄心勃勃的他希望能更进一步。舒尔滕当时知道维尔奇科夫妇关于知更鸟迁徙的研究工作,同时他也知道还没人找到生物指南针可能的化学机制。舒尔滕意识到两者的联系就在他的研究工作里。于是,他在 1978 年发表了另一篇论文,指出鸟类的生物指南针有赖于自由基对的纠缠态。

当时,没有人把舒尔滕的主张当回事。他在马克斯·普朗克研究所的同事仅仅把这些研究当作"他是个疯子"的又一个佐证。作为舒尔滕文章最初送审的杂志——世界顶级科研期刊《科学》,它的编辑同样对舒尔滕的工作不以为然,编辑写道:"稍稍有点自知之明的科学家都会把这种猜想丢进废纸篓里。"舒尔滕描述他对此的反应:"我心想,这要么是个前无古人的理论,要么是个后无来者的笑话。我最后拿定主意,我的猜想是正确的!然后迅速在一个德国期刊上发表了我的研究成果。"但是,在这样的节骨眼上,大部分科学家在得知舒尔滕的工作之后还是把这种解释磁感应的方式归为伪科学和超自然。

在我们讨论舒尔滕以及维尔奇科夫夫妇的工作如何能够解释鸟类导航的问题前，我们需要回到神秘的量子力学世界，重新看看我们在引言中简单介绍过的量子纠缠态现象。你可能还记得，量子纠缠的性质太过奇异，连爱因斯坦都否认它的正确性。不过在讨论纠缠态之前，我们先介绍另一种量子世界的特殊性质——自旋。

量子自旋与幽灵般的超距作用

许多热门的量子力学科普书都会介绍量子自旋，同时强调亚原子世界有多么奇异。我们行书至此对自旋一直避而不谈，因为这可能是用通俗的日常话语最难界定的概念。但是由于后文的需要，这里我们不得不介绍这个概念了。

正如地球在围绕太阳公转的同时也围绕地轴自转一样，电子和其他亚原子粒子同样会进行自旋运动。不过，我们在引言中就有所提及，量子自旋可不像网球或者地球的自旋，它无法用我们日常生活中任何对物体运动的经验来比拟。两者的差异首先体现在，电子的自旋无法用速度衡量，自旋状态只有两种可能取值，即其取值是量子化的，就像能量本质上也是量子化的一样。电子只能——宽泛地说——按照顺时针或者逆时针的方向自旋，前者通常被称为"自旋向上状态"而后者通常被称为"自旋向下状态"。由于电子处于量子世界，所以在没有被观察的时候，电子

LIFE ON THE EDGE

电子自旋
spin
电子的自旋无法用速度衡量。电子处于量子世界，所以在没有被观察的时候，电子可以同时朝两个方向自旋。我们称电子这种自旋状态为自旋向上和自旋向下的态叠加。

可以同时朝这两个方向自旋。我们称电子这种自旋状态为自旋向上和自旋向下的叠加态。从某种程度上来说，这听起来比一个电子可以同时出现在两个不同的位置更诡异——一个电子怎么可能同时向着顺时针和逆时针两个方向做自旋运动呢？

量子自旋还有更让人匪夷所思的地方。比如正常情况下所说的旋转360°并不能让电子恢复到起始的状态，要回归原位，电子必须自旋720°。这听起来很奇怪，因为我们还是会习惯性地把电子想成一个小球，比如一个小了很多号的网球。但是网球终究是宏观世界里的事物，而电子则栖身于微观的量子世界，两者的法度规则截然不同。事实上，电子不仅不是一个小球，它甚至连体积都没有。所以，虽然我们用网球的自转来比拟量子自旋，但是实际上它无法用日常生活中的任何事物来描绘。

不过，也不要因此就认为量子自旋只是教科书里和深奥的物理课上抽象晦涩的数学概念而已。你的身体和这个宇宙中所有的电子都在进行这种特殊的自旋运动。事实是如果电子停止自旋，我们所知的这个世界（包括我们自身）都将不复存在，量子自旋支撑了最重要的科学理论——泡利不相容原理（Pauli Exclusion Principle），而泡利不相容原理是整个化学科学的基石。

泡利不相容原理的一条重要结论是，如果原子或者分子中配对的两个电子具有相同的能量（在第 2 章中曾介绍过，分子中化学键的本质是原子间共享的电子对），那么它们只能以相反的方向进行自旋。在这种情况下，我们可以认为两个电子的自旋相互抵消，由于两个电子只能表现为一种状态，所以我们称之为自旋单态状态（spin singlet state）。单态是原子和多数分子中配对电子自旋的正常状态，但是当具有相同能量的两个电子没有配对时，两者可以朝相同的方向自旋，这种状态被称为自旋三重态状态（spin triplet state），也就是舒尔滕所研究的反应态。

不知道你有没有听说过一种十分可疑的理论，认为双胞胎不管相距多远都可以感知对方的情绪。这种理论的支持者认为，对这种现象的解释存在于主流科学还没有涉及的心理层面。还有人声称，宠物狗能够感知回家路上的主人，也是出于同样的看法。我们必须在这里澄清，虽然有人试图赋予这种现象量子力学的解释，但是这两个例子还是缺乏足够的科学证据。这种"远程同步感应"（上文理论的通俗叫法）在我们日常生活中并不存在，却是量子领域的关键特征。它的专业术语是非定域性（nonlocality），有时也叫量子纠缠，指发生在"此处"的事件对"彼处"产生了瞬间的影响，而无论"彼处"有多远。

我们以一对骰子为例。要计算掷出两个相同数字的概率并不难。先掷其中一个骰子得到一个数，然而要用第二个骰子掷出同一个数的概率为 1/6。比如，每个骰子掷出四的概率为 1/6，那么两个骰子同时掷出四的概率则是 1/36（1/6 × 1/6=1/36）。由于一共有 6 种掷出相同数字的结果，所以掷得任意一对相同数字的概率是 1/6。我们不难算出，如果连续投掷一对骰子 10 次，得到 10 对相同数字（每对可以不同，比如有一对是四，有一对是一，等等）的概率：只要将 10 个 1/6 相乘，也就是大约 $1/(6 \times 10^7)$！这意味着从统计学上来说，如果生活在英国的每一个人都成对地掷 10 次骰子，那么大约只有一个人可以得到 10 组成对的数字。

现在想象，如果你有一对骰子，一起投掷时它们总是能够掷出相同的数。但是每一个骰子掷出的数字是随机的，掷出的数字也没有什么规律可循，然而两个骰子每次停止滚动时朝上的数字却总是一样的。显然，你会怀疑这两个骰子里有某种复杂的内部机理控制着它们的运动，比如预先编译过相同的程序，让它们以相同的次序掷出数字。为了验证这种可能性，你可以单独投掷一次其中一个骰子，然后再继续同时投掷两个骰子。如果骰子内有预先编写的数列程序，此时它们将不再同步，每次也不会再稳定出现一对相同的数字。尽管如此，你发现骰子还是每次都掷出相同的数字。

不过，所谓道高一尺，魔高一丈，这仍然可能是骰子之间通过某种方式远程交换信号、重新同步数列次序的结果。虽然这种方式看起来很复杂，但是至少在理论上还是有实现的可能性。推翻这种可能性的关键来自爱因斯坦的相对论，其中关于光速的论述认为，没有信号媒介的传播速度可以快于光。这让测试两个骰子之间是否有信号交换成为可能：你需要做的仅仅是保证两个骰子之间的距离足够远，使得每次投掷的时间间隙不足以让它们进行信号交换和同步。于是我们再假设你用上面同样的方法先打乱两个骰子的同步性，然后在地球上投掷其中一个骰子，而在火星上同时投掷另一个。即使以地球和火星之间的最短距离计算，光也需要四分钟时间从一个星球到达另一个，所以任何其他形式的同步信号都会遇到四分钟左右的延迟。要充分利用这段延迟，你只要保证两颗骰子投掷的间隙小于四分钟就可以了。这样做基本避免了骰子之间任何可能的同步信号。如果它们继续掷出相同的数字，那么两个骰子之间必然有某种密切的联系，这种联系甚至击败了爱因斯坦提出的速度极限。

虽然上述的实验并没有在星际之间实践过，但是地球上对处于量子纠缠态的粒子进行过类似的实验，结果是，相距甚远的粒子在交换信息的能力上表现得与上文中的骰子一样天赋异禀：无论相距多远，它们都能相互影响。这种奇异的特征仿佛超越了爱因斯坦的宇宙速度限制，因为不论两个粒子相距多远，它们对彼此的影响都是瞬间完成的。用于形容这种现象的术语——"量子纠缠"——是由薛定谔提出的，他和爱因斯坦都对被爱因斯坦本人称为"幽灵般的超距作用"的说法不以为意。即使他们两人对此都抱有怀疑，但是量子纠缠已经得到很多实验的证实，也是量子力学最基本的特征。量子纠缠在许多物理学和化学实践中都有应用——我们甚至将看到它在生物学中的作用。

为了理解量子纠缠与生物学的关系，我们需要把两种现象进行结合：第一种现象是两个分离粒子之间存在的瞬间相互作用——量子纠缠。第二种现象是一个量子粒子能够同时具有两种甚至多种状态的性质——量子叠加态。比如，一个电子可以同时向两个方向自旋，我们称电子处于"自旋向上"和"自旋向下"的自旋叠加态。现在把这两者合并到一个例子里：设想一个原子中有两个相互纠缠的电子，而每个电子都具有两种自旋的状态。虽然每个电子因为量子纠缠而时刻影响着另一个电子，也同样时刻受到另一个电子的影响，但是每个电子都没有确定的自旋方向。如果你还记得在正常情况下，原子里的配对电子总是处于单态的话，那么这意味着配对电子必须时刻按照相反的方向自旋：其中一个电子自旋向上，另一个电子必须自旋向下。也就是说，虽然每个电子都同时具有自旋向上和自旋向下的叠加态，但是在独特的量子力学规则支配下，它们都必须时刻朝相反的方向自旋。

现在假设我们把一对具有纠缠态的电子分离，使它们不再位于同一个原子中。如果我们选择一个电子要测量它的自旋方向，那么由于退相干，在进行测量的一瞬间它会被迫从两个方向中选择一个进行自旋。不过不要忘记，在测量之前两个电子都在同时向着两个方向自旋。对电子的测量会迫使它们呈现相反的状态：如果被测量的那个电子自旋向上，那么另一个电子则自旋向下。所以，虽然另一个电子没有被测量，但是它也从同时进行自旋向上和自旋向下的叠加态变成了只进行自旋向下的单一状态。第二个电子的自旋状态在一瞬间就被相距甚远的第一个电子所改变，我们做的仅仅是对第一个电子进行了测量，而它们之间甚至连接触都没有发生。事实上两个电子之间的距离根本不重要——哪怕第二个电子在宇宙的另一头，上述的现象也照样发生：不管相距多远，对纠缠态的其中一个粒子进行测量会瞬间让另一个粒子的量子叠加态发生塌缩。

我们可以打一个比方来帮助你理解（但是帮助有限）。想象一下有一双手套，两只手套分别被密封在相距数公里的两个盒子里。现在你手里有两个盒子中的一个，显然，在你打开盒子之前你并不知道盒子里的手套是左手那只还是右手那只。而当你打开盒子后发现里面是右手那只手套时，你立刻就知道无论另一个未打开的盒子在离你多远的地方，里面放的手套都一定是左手那只。值得注意的是，在这个例子中改变的仅仅是你的认知。不管你选择打开还是不打开手头的盒子，另一只盒子里的手套都一定是左手那只。

而上文中的量子纠缠则不同。在进行测量之前，两个电子都没有确定的自旋方向。正是因为对纠缠粒子对中任意一个粒子测量，才让两个电子的自旋从兼具自旋向上和自旋向下的叠加态塌缩为自旋向上或自旋向下的其中一种；手套的例子里前后改变的只是你对既定事实的认知。而对一个电子的测量不仅强迫它在自旋向上和自旋向下之间做出"选择"，这种"选择"还导致与其配对的另一个电子表现为互补的状态，这个过程瞬间完成且和两者的距离无关。

还有一点需要补充的细节。我们已经介绍过，如果两个配对的电子朝相反的方向自旋，则被称为自旋单态；如果朝相同的方向自旋，则被称为自旋三重态。当单态中的一个电子从所在原子跳跃到邻近的另一个原子时，它的自旋方向可以发生改变，此时由于它与原先配对的电子自旋方向相同，两个电子处于自旋三重态。尽管现在两个电子位于不同的原子内，但是它们依旧根据量子力学的规则维持着脆弱而精巧的量子纠缠态。

然而简单明了从来不是量子力学世界的特点。仅仅因为跳跃出原子的电子能够改变自旋的方向，并不意味着它的自旋方向就一定会改变。对于电子对中的每个电子，其自旋依旧同时朝两个方向进行；而对于电子对来说，此时它既是自旋单态又是自旋三重态：换句话说，在同一时刻两个电子既向着同一个方向自旋，又向着不同的方向自旋！

好了，经过预热你应该已经稍稍入门，当然也可能更疑惑了。现在是时候介绍量子生物学里最奇异但是也最著名的猜想了。

自由基和方向感

在本章的开头我们曾经提出过一个问题：知更鸟在迁徙中依靠地磁场辨别前进的方向时，极度微弱的地球磁场究竟要如何才能对化学反应产生足够的影响，从而为动物提供有关方向的知觉？牛津大学的彼得·霍尔（Peter Hore）有一个精妙的比喻，它说明了这种极端的敏感性是可能的：

> 假设我们有一块1千克重的花岗岩砖块，试问一只苍蝇能不能把它推倒呢？按照常识，答案肯定是否定的。但是如果我在砖块的一条棱下垫上一些东西，把它悬空架起来，显然砖块难以自我平衡，而会根据自己的重量和形状分布出现向右或者向左倾斜的趋势。现在我们想象有一只苍蝇飞过来停在了摇摇欲坠的砖块上。尽管它的重量微不足道，但是停留在右侧的苍蝇足以让砖块倒向右侧而不是左侧。

这个比喻的意图，在于说明当微小的能量作用于极其精细的平衡系统时，同样可以达到决定结果的关键作用。所以，如果反映磁感觉的是生物体内的某个化学反应，那么它必须处于一种微妙的平衡状态，就像那块摇摇欲坠的花岗岩砖块一样，这样就可以把微小的效应——哪怕微小如地磁场——放大到足够大。

我们回过头来看克劳斯·舒尔滕的高速三重态反应。你应该还记得，原子之间的连接是通过共享电子对形成的化学键。这种电子对通常都具有量子纠缠并且总是自旋单态，也就是说，电子对中两个电子的自旋方向总是相反的。不过更重要的是，即便原子间的化学键断裂，原先成对的两个电子依旧能够保持纠缠态。舒尔滕研究的高速三重态反应中，化学键断裂后，两个带有未成对电子、相互分离的部分被称为自由基，自由基里的未成对电子有改变自旋方向的可能。于是，这让相互纠缠的电子对——即便现在它们位于分离的原子中——具备自旋单态和自旋三重态的叠加态。

自由基
free radicals
舒尔滕研究的高速三重态反应中，化学键断裂后，两个带有未成对电子、相互分离的部分被称为自由基。

这种量子叠加态一个显著的特征是，两种状态并不是以均等的概率存在的：检测电子对时，处于单态或是三重态的概率并不相同。此外，这两种状态存在的概率极易受到外加磁场的影响。事实上，外加磁场与分离电子对所形成的角度会严重影响检测结果，决定电子对究竟是自旋单态还是三重态。

自由基对一般非常不稳定，所以它们的电子会很快重新发生组合形成化学反应产物。反应最终产物的化学性质取决于单态 - 三重态平衡，而磁场对这种平衡有强烈的影响。如果这不好理解，我们可以把自由基参与的反应中间状态想成是那块勉强平衡的砖块。反应中间态的平衡如此微妙，以至于十分微弱的磁场——比如地球磁场，就好比那只苍蝇——还不到100 微特斯拉就足以影响投掷一枚硬币的结果。硬币的一面是单态，另一面是三重态，投掷这枚量子硬币的结果决定了化学反应的产物。舒尔滕最终得出结论，这就是磁场能够影响化学反应的原理，并希望以此来解释鸟类利用磁场导航的能力。

但是舒尔滕对鸟类体内发生自由基对反应的位置毫无头绪——而看起来最说得通的位置应该是鸟类的大脑。按照舒尔滕的理论，磁场对生物体产生的效应必须首先依赖于自由基的存在（就像花岗岩砖块需要首先被垫高一样）。1978 年，舒尔滕在哈佛大学展示了他团队的工作：在哥廷根大学的实验里他们用激光脉冲量产生纠缠态自由基对。

在他的听众里有一位名叫达德利·赫施巴克（Dudley Herschbach）的著名科学家，他也是日后的诺贝尔化学奖得主。在讲座接近尾声的时候，赫施巴克善意地刁难舒尔滕："不过，舒尔滕啊，鸟的身体里哪有激光呢？"面对如此著名教授的刁难而想要做出合理的回答，舒尔滕面临的压力可想而知。如果激活自由基对确实需要光的参与，这个过程可能发生在鸟类的眼睛里，舒尔滕冷静地回答道。

在舒尔滕发表有关自由基对论文的前一年，也就是 1977 年，牛津大学一位名叫迈克·利斯克（Mike Leask）的物理学家在《自然》上发表过一篇文章，在文中利斯克推测感知磁场的能力也许的确与眼睛中的光感受器有关。他甚至大胆推测是眼内的一种色素视紫红质在起作用。当时恰好沃尔夫冈·维尔奇科读到了利斯克的论文，虽然利斯克没有实验证据证明光在鸟类的磁感应中起了重要作用，维尔奇科还是被利斯克的观点深深吸引了。于是维尔奇科随即着手准备验证利斯克的猜想。

LIFE ON
THE EDGE
量子实验室
The Coming of
Age of
Quantum Biology

当时,维尔奇科正在对信鸽进行实验,他希望证明信鸽会在离巢的路上记录磁场的信息,以便不会在归巢的路上迷失。他发现如果在运送信鸽的途中把信鸽暴露在一个外加磁场中,多数被释放的信鸽将找不到回家的路。受到利斯克的理论启发,他决定再进行一次类似的实验。只是这一次不是将信鸽暴露在外加磁场内,而是把它们关在一个密不透光的盒子里,维尔奇科把盒子放在车顶上,亲自开着自己的大众巴士运走了这批信鸽。这一次,被放出的信鸽再次出现了归巢困难的现象。这说明信鸽在离巢途中记录位置信息的过程,的确需要光参与。

维尔奇科夫妇和克劳斯·舒尔滕最终于 1986 年在法国阿尔卑斯山区举行的一次会议上见了面。当时他们都已经相信,知更鸟的磁感应依赖于射入眼睛的光,但是就像关注这个领域的其他所有科学家一样,维尔奇科夫妇和舒尔滕还没有完全认可自由基对理论的正确性。直到 1998 年,科学家在果蝇的眼睛里发现了隐花色素,这种物质最终被证实与光诱导的生物节律有关。重点在于,隐花色素是一类在光的激发下能够产生自由基的蛋白分子。这一点被舒尔滕和合作者牢牢抓住,他们认为隐花色素就是鸟类化学指南针的光受体分子。舒尔滕等人的成果在 2000 年发表,现在已经成为量子生物学领域经典的论文之一。论文的主要作者是我们在引言就认识的一位老朋友——索斯藤·里茨。里茨的研究完成于跟随克劳斯·舒尔滕攻读博士期间。里茨现在供职于加州大学欧文分校的物理学系,被认为是当今地磁觉领域的顶级学者之一。

2000 年发表的那篇论文之所以举足轻重有两个原因。首先,它提出了隐花色素是化学指南针机制可能的分子;其次,它以精美的细节描述了鸟类在地球磁场定位的过程中对射入眼睛的光的反应（虽然多数只是推测）。

磁感应产生的第一步是，位于隐花色素分子中心的光敏色素分子（FAD）首先吸收一个蓝光光子。我们已经在本章开篇时简单介绍过这种分子，它在吸收光子的能量后激发自身分子内某个原子的电子，电子激发留下一个空的轨道。空出的电子轨道会接收来自 FAD 分子内某个色氨酸残基纠缠态电子对的其中一个电子。分离电子对中的两个电子依旧保持纠缠态，而它们所组成的电子对则同时具有自旋单态和自旋三重态。自旋叠加态的电子对正是克劳斯·舒尔滕研究中对磁场极度敏感的化学反应体系。这里再次强调，自旋单态和三重态之间微妙的平衡性对地球磁场的强度和角度十分敏感，所以鸟类飞行的方向决定了这类化学反应最终产物的成分和构成。而后，化学反应产物的差异以一种至今都不甚明了的方式向鸟类的大脑传递信号（就像推翻那块砖头一样），告诉它距离最近的磁极位于哪个方向。

里茨和舒尔滕提出的自由基对理论的确非常令人赏心悦目，但是这真的就是事实吗？ 2000 年时甚至没有证据可以证明隐花色素在光照下能够产生自由基。这个问题直到 2007 年才由亨里克·莫里特森（Henrik Mouritsen）在德国奥尔登堡大学的研究小组解决，他们成功地从园莺（garden warbler）的视网膜中分离出了隐花色素分子，并证明它们的确能够在蓝光下产生长时间存在的自由基对。

我们无法得知鸟类"看到"的磁场究竟是什么样的，但是作为与视蛋白和视紫红质一样的眼内色素，隐花色素很可能也参与到色觉的形成中。倘若当真是这样，那么天空在鸟儿的眼中看来，还可能会多一片描绘着地球磁场的别样色彩（就像有的昆虫可以看到紫外线一样）。

当索斯藤·里茨在 2000 年发表他的论文时，还没有人知道隐花色素在磁感应中扮演的角色；而如今，多亏了史蒂文·里珀特及其同事们的研究工作，我们已经知道，果蝇和帝王蝶感知外界磁场的能力也与隐花色素有关。2004 年，研究人员在知更鸟眼内发现了三种不同的隐花色素分子；之后在 2013 年，维尔奇科夫妇（虽然沃尔夫冈已经退休了，他们还是一如既往的活跃）的论文论述了他们在鸡①身上提取到的一种隐花色素，这种隐花色素的吸收波长与其他在磁感应中有重要作用的隐花色素相同。

但是感知磁场的过程真的完全依赖于量子力学吗？ 2004 年，索斯藤·里茨与维尔奇科夫妇携手，寻找经典指南针与利用自由基的化学指南针之间的区别。指南针理所当然会受到一切具有磁性的物体的干扰：把一个指南针靠近一块磁铁，它的指针就会从指向地球的北极变为指向磁铁的北极。标准的条形磁铁可以产生所谓的稳定磁场，这意味着它周围的磁场不会随时间而改变。尽管如此，我们依然可以用一块条形磁铁模拟出震荡的磁场——比如通过旋转条形磁铁的方式——这就让事情变得有趣起来了。经典指南针会受到震荡磁场的影响，不过前提是磁场的震荡足够缓慢，让指南针磁针的摇摆跟得上磁场的变化。如果磁场的震荡非常剧烈，比如说让条形磁铁每秒旋转 100 周，那么指南针的磁针将会无法跟随磁场摆动，磁场变化对指针的总体影响相当于零。因此经典指南针会受到低频震荡磁场的影响，而不是高频震荡磁场的影响。

然而化学指南针对磁场震荡的反应则完全不同。你肯定还记得，化学指南针有赖于自由基对自旋单态和自旋三重态的叠加态。两种自旋状态下系统的能量不同，而能量与频率有关。考虑到系统所具有的能量，因此两种状态下系统的频率应该在百万级别。一种经典的思路是（虽然严格来说这种想法并不准确），想象纠缠态的电子对每秒在单态和三重态之间发生

---

① 鸡当然是不迁徙的，即便野生的鸡也不会，但是它们似乎保留了磁感应。

数百万次的切换。在这种情况下，目标电子对可以和震荡的磁场以共振的方式发生互动，但是这只能发生在磁场的震荡频率与自由基对相同时：用我们第 3 章中调音的比喻，就是只有当两者合拍（in tune）时才可以。单态与三重态之间重要的平衡关系会因为共振系统输入的能量而发生改变，这种平衡及其变化就是化学指南针效应的机制——地球的磁场还没来得及施加影响，化学反应的砖块就已经倾覆了。因此，相比于经典的磁石指南针，自由基对指南针会受到高速震荡磁场而非低速震荡磁场的影响。

鉴于经典指南针和化学指南针显而易见的差异，里茨－维尔奇科小组着手准备了以知更鸟为对象的实验，以验证自己对鸟类体内存在化学指南针的预测：知更鸟体内的指南针到底会对低频还是高频的震荡磁场比较敏感呢？里茨－维尔奇科小组一直等到秋天才开始实验，那时正是知更鸟迫不及待进行南迁的季节，迁徙欲望强烈的知更鸟被放进埃姆伦漏斗里。研究小组的成员向漏斗内的知更鸟从不同方向施加频率各异的震荡磁场，研究人员希望看到哪一种震荡磁场可以干扰知更鸟辨别方向的能力。

实验结果令人咋舌：频率为 1.3 兆赫兹（也就是 1 秒震荡 130 万次）的磁场，强度仅仅是地球磁场的数千分之一，却能够干扰鸟儿导航的能力。调高或者调低频率都会降低磁场干扰的效应。这个频率的磁场似乎在与鸟类体内某种振动频率极高的成分发生共振：显然这不可能是经典指南针，倒有可能是具有自旋叠加态和纠缠态的自由基对。这个引人注目的结论同时也能说明，纠缠态的粒子对在退相干发生前必须存在至少 1 微秒的纠缠态会让高频变化的震荡磁场失去干扰的意义。

然而最近这项研究结果的意义受到了质疑。奥尔登堡大学的亨里克·莫里特森小组指出，各种电子设备产生的人为电磁噪音可以轻易穿过没有防护的木制鸟笼，影响它们的定向能力。在用铝片防护屏屏蔽掉大约 99% 的城市电磁噪声后，鸟类的定向能力马上就能恢复。他们的实验结果说明，影响鸟类定向能力的射频电磁场可能并不是局限在某一段特定的波长内。

关于鸟类的指南针还有许多未解之谜：比如，为什么知更鸟对振荡磁场具有如此高的敏感性，或者自由基如何能够维持足够久的纠缠态以完成生理过程等。2011 年，牛津大学的弗拉特科·韦德拉（Vlatko Vedral）实验室提出了关于自由基对指南针的量子理论计算，计算结果认为，自由基的叠加态和纠缠态可以维持至少数十微秒，远远超过了许多人造分子体系所能实现的时间跨度，这也极有可能为知更鸟提供关于方向的信息。

这些杰出的研究激发了人们对磁感应的浓厚兴趣，现在人们已经在多种鸟类、龙虾、魟、鲨鱼、长须鲸、海豚、蜜蜂甚至微生物中都发现了磁感应的存在。在多数情况下，人们对这种知觉的原理知之甚少，但是目前主流的隐花色素介导磁感应理论已经在众多物种中被发现，从我们提到的知更鸟到鸡和果蝇，以及许多我们没有提及的其他生物，甚至包括植物。2009 年，捷克的一个研究团队发表了他们的研究成果，证实美洲大蠊也具有磁感应，而且与知更鸟类似，会受到高频震荡磁场的干扰。2011 年的一项后续研究表明，大蠊的定向能力也需要隐花色素参与。

一种能力以及其机制在自然界如此广泛的分布意味着这种能力是从生物共同的祖先遗传而来的。但是鸡、知更鸟、果蝇、植物和大蠊的共同祖先生活在十分遥远的古代：大约 5 亿年以前。因此量子指南针很可能由来已久，它为称霸白垩纪的爬行动物，为二叠纪称霸海洋的鱼类，为寒武纪布满地球每个角落的古老节肢动物，甚至为作为细胞生命祖先的前寒武纪微生物提供过所需的定向信息。爱因斯坦也无法解释的那种幽灵般的超距作用，却一直在历史上绝大多数的时候，帮助地球上的生命寻找着它们前进的目的地。

LIFE

ON

EDGE

06

量子基因

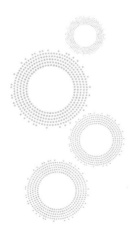

DNA复制的错误率往往小于十亿分之一，极高的复制精度，得以让生命一代一代传下去。但是，如果遗传密码的复制过程一直完美无缺，生命便不可能进化，也不能应对种种挑战。复制过程的少许错误，能让子代更好地适应环境并繁盛起来。基因非常小，一定会受到量子规则的影响。但量子力学是否在基因突变中扮演了重要而直接的角色，还是一个待解之谜。

遗失的世界

说到地球上最冷的地方，答案可能和你想的不太一样，不是南极点或北极点，而是东南极冰盖中部的某个地方，距南极点约 1 300 公里。在那里，冬季气温通常会骤降至零下几十摄氏度。地球上有记录的最低气温是 –82.9℃ [①]，就是 1983 年 7 月 21 日在那里测量到的，也为那里赢得了"南半球寒极点"的称号。在如此低的温度下，钢铁都可以被冻碎，柴油冻得用锯才能割开。极寒的天气冻结了空气中的每一丝水分，刺骨的强风无休止地吹刮着这片冰封的荒原。这一切让东南极冰盖成了地球上最不宜居的地方。

其实，这里的环境并非从古至今一直如此恶劣。现在的南极洲大陆，曾是超大陆冈瓦纳大陆的一部分，位于赤道附近。这里曾经植被茂盛、水草丰美，覆盖着种子蕨、银杏、苏铁等植物，大陆上有着各类恐龙和食草类爬行动物，比如形似犀牛的水龙兽等。大约 8 000 万年前，超大陆开始分裂，其中一部分向南漂流，最终在南极点安顿下来成了南极洲。之后，大

[①] 地球上实测最低自然温度应为 –89.2℃，于 1983 年 7 月 21 日测于南极洲东方站。此处应为作者笔误。——译者注

约 6 500 万年前，一颗巨大的小行星撞击了地球，使得所有恐龙和大型爬行动物灭绝，但为温血的哺乳动物留下了生存空间，使之成为地球的主宰。尽管距撞击地点非常遥远，南极洲的动植物群也受到了影响，发生了彻底的改变：落叶植物取代了蕨类和苏铁；林间栖息着现已灭绝的有袋类动物、爬行动物和包括巨型企鹅在内的鸟类；盛产多刺鱼类和节肢类动物的急流和深湖蜿蜒散布在河谷中。

但是随着大气中温室气体水平下降，南极洲的气温也随之降低。循环的洋流也使气温进一步下降。约 3 400 万年前，南极的地表水，包括河流和内陆湖，开始在冬季结冰。之后，到了约 1 500 万年前，冬天冻上的地表水在夏天没能融化，坚实的冰层将河水与湖水封在了冰顶之下。随着地球持续降温，大片的冰川逐渐覆盖了南极洲大陆，使所有的陆生哺乳动物、爬行类和两栖类动物灭绝。几千米厚的巨大冰盖将土地、湖泊与河流埋在了下面。南极洲大陆从此深埋在冰盖之下。

据称，直到 19 世纪，美国的海豹猎人约翰·戴维斯（John Davis）船长才第一个登上南极洲大陆；直到 20 世纪，随着几个国家竞相在南极洲建立科考站以确立自己在南极的领土要求，才拉开了人类在南极永久定居的序幕。和平站（Mirny）是苏联的第一个南极考察站，于 1956 年 2 月 13 日建成，靠近南极海岸线。两年后，一支探险队从那里启程，远征南极内陆，希望能在南磁极点建设基地。考察队一路历经坎坷，经受了暴风雪、软雪、极寒（–55℃）、缺氧等极端条件的考验，终于在南半球夏天的 12 月 16 日到达南磁极点建立了东方站（Vostok）。

自那以后，常驻该研究基地的科考队伍几乎从未间断，人数维持在 12 ～ 25 人。科学家和工程师们在这里从事地磁与气象观测相关的研究工作。考察站的主要目标之一是在冰层上钻孔，以获得冰冻的气候历史记录。

在 20 世纪 70 年代，工程师们成功钻取了一组深达 952 米的冰核，探到了在上一次冰川时期形成的冰层，距今有数万年的历史。到了 20 世纪 80 年代，新的钻井设备到达东方站，研究人员得以探测冰下 2 202 米的深度。1996 年，钻孔深入到达冰下 3 623 米：这个深度超过 3 公里的冰洞，一路向下勘探到了 42 万年前形成的冰层。

但钻孔随后被叫停了，因为在孔底下方不远处探测到了奇怪的东西。其实，早在 20 年前的 1974 年，英国对该地区做地震调查时就在东方站底部发现了异常。当时发现，在冰面下约 4 000 米深处，有一片面积达 10 000 平方公里的广阔区域各项数据都异常。俄罗斯地理学家安德烈·彼得罗维奇·卡皮查（Andrey Petrovich Kapitsa）提出，雷达显示异常是因为冰下困着一大片湖，冰盖极强的压力及深处的地热使湖水获得足够的温度来维持液态。卡皮查的论断于 1996 年得到证实——对该地区的卫星测量发现，冰下有一个深达 500 米的湖泊（从该湖的液态表面至液态底部），面积与安大略湖相当。科考队将该湖命名为东湖（Lake Vostok）。

冰下埋着一片古老的湖泊——随着钻孔逐渐靠近这片独特的环境，东方站的钻孔行动具有了完全不同的意义。东湖封锁于地球表面之下，即使没有几百万年，也有几十万年了[1]，那是一个"遗失的世界"。

在湖水被冰封起来前，曾经活跃于湖中的动物、植物、藻类、微生物经历了什么？在绝对的黑暗与严寒中，是否有生物残存了下来？所有的生命都灭绝了吗？还是有些生命活了下来，甚至适应了冰川下几千米的生活？如果真是如此，这些顽强的生命必须应对极端的环境：刺骨的严寒、完全的黑暗，还有冰下湖由于厚重冰盖的重量而承受的 300 倍于地表湖水的高

---

[1] 现在位于冰川底部、冰下湖上面的冰层，已经形成超过 40 万年，但是，冰下湖被冻的历史可能要更为久远。目前还不清楚是现在的冰川取代了更早的冰川，还是冰下湖曾在几次冰川时期之间经历过解冻期。

压。不过，生命的多样性令人惊叹，确实有生命曾在其他类似的极端环境中艰难地求得一条生路，比如弥漫着硫黄味儿的灼热火山口、酸湖、还有海平面下几千米深的漆黑海沟。也许，东湖也能撑起一片属于嗜极生物 ①自己的生态系统。

近 8 亿公里之外的另一项发现让发现冰层深处的湖泊显得更加意义非凡。1980 年，"旅行者 2 号"航天探测器从太空传来木卫二的照片，图中的木卫二表面被冰雪覆盖，但有些令人费解的数据显示，冰面之下有一片液态的海洋。如果生命可以在南极冰川之下数千米的水体中存活几十万年，那么木卫二冰面下的海洋里也可能会有外星生命。在东湖中寻找生命变成了一场演习，为更加令人激动的地外生命搜寻做准备。

科学家的钻孔于 1996 年停止，底部停在距离湖面还有 100 米的地方，以防冰下湖的原始水体与浸满煤油的钻头接触，而钻头可能沾染了来自地表的植物、动物、微生物及其他化学物质等。然而，通过之前抽取的冰核，科学家们早已对东湖的水进行了研究。随着冰下湖水体中暖流的流动，冰顶之下的水体会周期性地冻结、融化。这个过程自湖水被完全冰封开始，便一直这样，因此，冰下湖顶部的冰层，其实不是冰川，而是冻结的湖水，被称为积冰（accretion ice）。积冰从冰下湖液态表面向上延伸，厚度足有数十米。之前的钻孔行动钻到的冰核，曾穿过了这个冰层。

2013 年，第一份详细研究东湖积冰冰核的文献公开发表。该报告的结论指出，冰封的湖中含有复杂的生物网络，包括单细胞细菌、真菌及原生生物，以及更为复杂的软体动物、蠕虫、海葵等动物，甚至还有节肢动物。科学家们还成功地找到了这些生物的新陈代谢类型，以及它们可能的栖息

---

① 嗜极生物（extremophiles），指生活在极端环境（从我们的角度）中的生物。

地和生态环境。

不可否认，东湖的生物体系极其令人着迷，但本章关注的焦点并不在此，而关注的是任何生态系统在被封锁数千年甚至数百万年后依然能存活下来的方法。其实，可以将东湖看作是地球的缩影。实际上，除了太阳辐射的光子外，地球与外部环境已经隔绝了 40 亿年，面对大规模火山喷发、小行星撞击和气候突变等一系列挑战，地球依然保留了丰富多样的生态系统。高度复杂的生命，在几千年甚至几百万年的漫长岁月中，多次经历环境的极端变化后，是如何生存下来并繁荣发展的呢？

在东湖生物学研究团队曾经研究过的一些材料中，可以发现一条线索：从冻结的冰下湖水中提取到的几微克化学物质。这几微克物质是地球上所有生物连续性及多样性的关键所在，它包含了已知宇宙中最不可思议的分子，我们把这种分子称为 DNA。

进行东湖 DNA 研究的团队来自美国博林格林州立大学。为了读取从湖水中回收的数百万东湖 DNA 分子碎片的序列，该团队使用了之前用来解码人类基因组的 DNA 测序技术。之后，他们将东湖 DNA 与含有各种生物基因序列的数据库进行了比对。该数据库中的基因序列采集自全球数千种生物的基因组。他们发现，许多来自东湖的序列与生活在冰上的细菌、真菌、节肢类动物或其他生物的基因相同或非常接近，特别是那些栖息在冰冷湖水中或是幽深黑暗的海沟中的生物——这些地方的环境可能与东湖的环境有点类似。由于冰下湖中的生物将自己的 DNA 标志留在了湖水中，使科学家们得以根据基因的相似性对冰下湖中生物的天性与习惯做出有根据的猜测。

但是别忘了，东湖中的生物已经封在冰下与世隔绝几十万年了。因此，

DNA 序列的相似性说明了东湖中生物与冰上生物具有共同的祖先。在湖水与栖居于其中的动植物被隔绝在冰下之前，它们的祖先一定曾生活在南极洲大陆的动植物群中。之后，这些有机体祖先的基因序列在冰上和冰下，各自独立地复制着，一代又一代。不过，即使经历了漫长的复制过程，相同基因的两个孪生版本依然几乎完全相同。不知道用什么办法，在过去的几十万年间，决定冰上和冰下生物形状、特征和功能的复杂遗传信息，一直忠实地传递着，几乎没有一丝的错误。

遗传信息准确地自我复制，从一代传向下一代——这项我们称为遗传的能力，对生命来说起着支配性的作用。从植物和微生物的光合色素到动物的嗅觉感受器，或是鸟类不可思议的磁感应罗盘——基因，以 DNA 的形式存在，编码了蛋白质和酶类，并通过新陈代谢，造就了每个活细胞中的每个生物分子，甚至每一个生物的每一种特征。确实，许多生物学家会认为，自我复制是生命的决定性特点。但是，活体生命不能直接自我复制，除非它们能首先复制出创造自己的指令。因此，正是遗传的过程，或者说遗传信息高精度的复制，让生命成为可能。你或许还记得第 1 章中的遗传之谜，也就是遗传信息极其准确地从一代传递到下一代的过程，让埃尔温·薛定谔相信，基因是符合量子力学的主体。但是，他的想法正确吗？我们需要用量子力学来解释遗传吗？现在，我们就来讨论这个问题。

遗传，高精度的复制

我们总是把生物精确复制自身基因组的能力视为理所当然的，但这项能力却是生命最非凡、最根本的特质。DNA 复制的错误率，也就是我们所说的变异，通常小于 $1/10^9$。为了让我们对这个高到令人震惊的精确度有些概念，我们可以想象一下本书中所包含的约几十万字、标点符号和空格。现在，假设图书馆中有约 1 000 本篇幅相近的书，你的任务是如实地抄写这些书中的每一个字、标点和空格。你觉得你会犯多少错误？这正是在印刷机发明之前，中世纪的抄写员们所做的工作。他们必须尽最大努力用手抄写文本。他们抄写的文本满是错误，这其实并不奇怪，我们从中世纪那些充满分歧的不同手抄本中可见一斑。当然，计算机能以非常高的准确度复制信息，但计算机完成任务靠的是基于固体硬件的现代电子数码技术。假设用"湿软黏糊的材料"制成一台复印机，你觉得如果用这台机器来读取和书写要复制的内容会犯多少错误呢？不过，如果"湿软黏糊的材料"是你体内的一个细胞，要复制的信息以 DNA 的形式编码，那么错误的数量就会少于一个字，也就是 $1/10^9$。

高精度的复制对生命至关重要，因为活体组织高度的复杂性要求指令的设置必须同样复杂，每一个错误都有可能是致命的。 我们细胞内的基因组由约 30 亿个"基因字母"组成，编码了约 1.5 万个基因。但是，就连最简单的、进行自我复制的微生物，其基因组也有数千个基因，由几百万"遗传字母"写成。虽然大多数生物每一代都能容错极少数的变异，但允许下一代中拥有超过一掌之数的变异将引起严重的问题，比如形成人类的遗传病，甚至诞下是无法存活的子代。此外，无论什么时候，只要我们体内的细胞进行复制，包括血细胞、皮肤细胞和其他细胞等，都必须同时复制细胞内的 DNA 并注入到子细胞中。这个过程如果出了差错，会引发癌症。[1]

为了理解为什么量子力学对遗传极为重要，我们必须先回到 1953 年的剑桥大学。1953 年 2 月 28 日，弗朗西斯·克里克冲进剑桥的鹰酒吧，兴奋地宣布他和詹姆斯·沃森发现了"生命的秘密"。当年晚些时候，他们联

---

① 癌症的形成是由于控制细胞生长的基因发生突变，引起不可控的细胞生长，并因此形成肿瘤。

合发表了具有历史意义的论文，在文中展示了一个结构并给出了一套简单的规则，为两个最根本的生命之谜提供了答案——生物信息是如何编码的，又是如何遗传的？

许多文献在描述遗传密码的发现时，习惯强调一个可以说是次重要的特点：DNA 具有双螺旋结构。这个发现确实引人注目，DNA 优美的结构实至名归，并由此变为科学界最具标志性的形象，出现在 T 恤衫、网页，甚至建筑设计中。但双螺旋结构本质上只是一个"脚手架"，DNA 真正的秘密在于脚手架上安装的物质。

第 1 章中我们曾简要介绍过，DNA 的双螺旋结构（见图 6-1）由糖－磷酸骨架支撑，上面携带着 DNA 真正的信息：核酸碱基链，包括鸟嘌呤（G）、胞嘧啶（C）、胸腺嘧啶（T）和腺嘌呤（A）。沃森和克里克发现，碱基的线性序列组成了某种密码，而他们认为，这正是遗传密码。

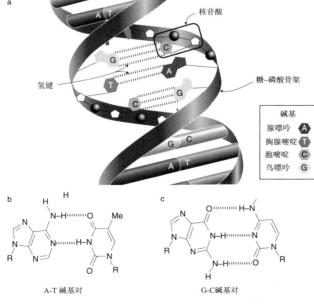

a 为沃森－克里克的双螺旋结构；b 为配对的基因字母 A 和 T 的特写；c 为配对的基因字母 G 和 C 的特写。连接两个碱基的氢键（共用质子）都以虚线表示。在标准的（经典的）沃森－克里克碱基配对模型中，所有碱基以正常的非互变异构体形式存在。

图 6-1　DNA 结构

在他们具有重要历史意义的论文最后，沃森和克里克表示，DNA 的结构也为第二大生命之谜提供了解答方案，他们写道："这并没有逃出我们的关注范围：我们提出的配对假说，同时为遗传物质的复制提供了一种可能的机制。"没有逃出他们关注范围的，是双螺旋结构的一个重要性质：螺旋双链其中一条链上的信息，或者说碱基序列，可以视为与另一条链上碱基序列对应互补的拷贝——一条链上的 A 总和另一条链上的 T 配对，同理，G 总是和 C 配对。对应链上碱基的特殊配对（A-T 对或 G-C 对）实际上是由一种弱化学键促成的，被称为氢键。像"胶水"一样将两个碱基分子结合在一起的氢键，本质上是两个分子间共用的氢原子。氢键对我们的故事很重要，稍后，我们会更详细地讨论它的性质。

配对 DNA 双链间的弱结合顺理成章地为基因复制提供了一种机理：双链解旋分开成为两条单链，每一条单链可以作为模板，分别在自身的基础上形成互补的新链，使最初的一条双链变为两条，完成复制。这正是细胞分裂时基因复制的过程。双螺旋结构的两条链及其携带的互补信息解旋分开后，一种被称为 DNA 聚合酶的酶类得以靠近分开的单链。随后，DNA 聚合酶与一条单链结合，并顺着该链的核苷酸链滑动，读取每个遗传字母，并以分毫不差的准确性，在对应的位置插入与之互补的碱基，使新链逐渐形成：只要遇到 A，DNA 聚合酶就在对应的位置插入一个 T，只要遇到 G，就插入一个 C，直到完全形成一条互补的单链。同样的过程也发生在刚刚分开的另一条单链上，使原先的一条双螺旋链，变成了两条：每个子细胞中各一条。

这个看起来简单的过程，构成了我们星球上所有生物繁衍增殖的基础。但是，薛定谔在 1944 年坚持认为，遗传过程高得惊人的精确度无法用经典物理定律来解释——他认为，基因太小了，基因的规则性不可能基于"来自无序的有序"原理。薛定谔提出，基因一定属于某种"非周期性晶体"（aperiodic crystal）。那么，基因真的是非周期性晶体吗？

晶体，比如盐粒，有其特殊的形态。氯化钠晶体（普通的盐）是立方体，而以冰的形式存在的水分子会组成六方体，并形成形态各异的雪花。晶体的形态是分子在晶体内部有序堆积的结果，因此，归根结底，决定晶体形状的还是量子规律，因为量子规律决定了分子的形状。然而，虽然标准晶体高度有序，但是无法编码信息。因为每一个重复的晶体单位都完全一样——有点像棋盘格子样式的壁纸，一条简单的规律便足以描述整个晶体。

薛定谔提出，基因属于他所谓的非周期性晶体：也就是说，这类晶体既具有和标准晶体类似的重复分子结构，但又经过某种调整，在重复单位之间有不同的区间或周期（因此称为"非周期"），或是重复单位本身具有不同的结构——更像是花纹复杂的挂毯而非壁纸。薛定谔认为，这些经过调整的重复结构编码了遗传信息，而且像晶体一样，它们的秩序也应该处于量子级别。注意，薛定谔提出这些主张时，比沃森和克里克的发现还要早十年：基因的结构，甚至基因的组成，多年之后才逐渐为人所知晓。

那么，薛定谔是对的吗？很显然，DNA 密码确实是由重复的结构——DNA 碱基——组成的。DNA 碱基非周期性地出现，每个重复单位中一定包含四种不同碱基中的一种。正如薛定谔的预言，基因确实是非周期性晶体。但是非周期性晶体并不一定在量子级别编码信息，比如，照片底版上不规则的颗粒是由银盐造成的，而非量子现象。为了检验薛定谔关于基因是量子主体的预测是否同样正确，我们需要更深入地观察 DNA 碱基的结构，特别是 A 与 T、C 与 G 之间互补的碱基配对。

携带遗传密码的 DNA 配对靠的是将互补的碱基结合在一起的化学键。

我们之前已经提到，这些键叫作氢键，是由两个原子共用一个质子（也就是氢原子核）形成的，两个原子分别属于在对应的两条单链上互补的碱基：正是这些氢键让碱基配对结合（如图 6-1 所示）。碱基 A 与碱基 T 配对，因为每一个 A 上的质子都恰好处于正确的位置，可以与 T 形成氢键。碱基 A 无法与碱基 C 配对，因为质子的位置不对，无法形成氢键。

以质子为媒介进行配对的核苷酸碱基就是在一代又一代生命之间复制和传递的遗传密码。而且，这可不是一次性的信息转移，不是用一次性密码本加密的信息，用后便要销毁。遗传密码的可读性必须要能够贯穿细胞的一生，以便指挥细胞完成蛋白质的生产过程，制造出生命的引擎——酶，并通过酶来编排细胞所有其他的活动。这个过程由一种叫作 RNA 聚合酶的酶来完成。像 DNA 聚合酶一样，RNA 聚合酶会读取沿着 DNA 链进行编码的质子的位置。就像一条信息要表达的意思或是一本书的谋篇布局是由书页上字的位置所决定的一样，**双螺旋结构中质子的位置决定了生命的"故事"**。

瑞典物理学家佩尔 – 奥洛夫·勒夫丁（Per–Olov Löwdin）第一个发现了这件在后世看来似乎很显然的事情：**质子的位置是由量子而不是经典物理定律所决定的。因此，使生命成为可能的遗传密码毋庸置疑是量子密码。**薛定谔是对的：基因由量子字母写成，遗传的精确性是量子定律而非经典定律作用的结果。就像晶体的结构归根结底是由量子定律所决定的一样，量子定律作用于我们从父亲、母亲那里继承来的单分子 DNA，从而决定了我们鼻子的形状、眼睛的颜色以及我们性格的方方面面。就像薛定谔预测的那样，从有机体整体的结构和行为，一直到沿着有机体 DNA 链排布的质子位置，这种"来自有序的有序"维持着生命的运转。正是这种秩序保证了遗传过程极高的精确度。然而，就算是"量子复制机"，偶尔也会犯错。

突变，美丽的错误

如果遗传密码的复制过程一直完美无缺，我们星球上的生命便不可能进化，也不能应对种种挑战。比如，几万年前，南极洲大陆气候温和，徜徉于湖水中的微生物很适应在相对更温暖、更明亮的环境中生活。当冰顶密封了它们的世界后，那些以 100% 的精确度复制自身基因组的微生物几乎一定会消亡。但许多微生物的复制过程出现了少许错误，生成了与自己有微小差别的变异子代。那些变异后能更好地适应更寒冷、更黑暗的环境的子代，逐渐繁盛起来。渐渐地，在积累了成千上万次不太完美的复制之后，被困微生物的后代就会变得很适应冰下湖中的生活了。

东湖中的生命通过基因突变（DNA 复制错误）适应环境的过程只是一个缩影。同样的过程已经在地球上发生了几十亿年。从巨型火山喷发到冰河时期，再到陨石撞击，在漫长的岁月里，地球经历了许多次大的灾变。如果不是通过复制过程中的错误不断适应变化，生命早已消亡。同样重要的是，**基因突变是遗传性变异的推手，而遗传性变异让最简单的微生物进化成了如今地球上色彩斑斓、物种极度丰富的生物界。如果时间充裕，微小的失真也会引起巨大的变化。**

除了提出量子力学是遗传精确性的原因外，薛定谔在其 1944 年出版的著作《生命是什么》中还提出了另外一个大胆的猜想。他推测，突变可能意味着基因内部存在某种形式的量子跃迁。这个猜想有道理吗？为了回答这个问题，我们需要先来探讨一个涉及进化论核心的争议。

人们通常认为，查尔斯·达尔文"发现"了"进化"，但至少在达尔文之前一个世纪，博物学家们就已经通过研究化石，熟知了生物会随着地质时期的变化而变化的事实。事实上，达尔文的祖父伊拉斯谟斯·达尔文（Erasmus Darwin）就提出过自己的进化论观点。不过，在前达尔文时代，最著名的进化学说可能要数拥有骑士头衔的法国贵族让－巴蒂斯特·拉马克（Jean–Baptiste Pierrre Antoine de Monet, Chevalier de Lamarck）提出的进化论了。

拉马克出生于 1744 年，起初受训成为一名天主教耶稣会牧师。但在他父亲死后，他继承了一笔足以买战马的钱，于是他买了一匹战马，奔赴战场，成了一名军人，在波米兰尼亚战争中对普鲁士作战。后来，他的军旅生涯因为受伤戛然而止，他回到巴黎成了一名银行职员，并利用空闲时间学习植物学和医学。他最终在皇家花园谋得一个植物学助理的职位，并一直干到他的雇主在后来的法国大革命中丢了性命。不过，拉马克在大革命后的法国继续成功发展，他在巴黎大学获得一份教职，并将自己的研究焦点从植物转到了无脊椎动物。

至少在盎格鲁－撒克逊传统的世界中，拉马克是最不受重视的伟大科学家。拉马克最先提出"生物学"（biology，来自希腊词根 bios，指生命）一词，且在达尔文之前半个世纪，就提出了自己的进化论，为生物的演变提供了一套至少能自圆其说的机制。拉马克指出，生物在其一生中，能够针对环境的变化来调整自己的身体。比如，习惯重体力劳动的农民往往比银行职员具有更强壮的身体。拉马克进一步指出，生物的子孙后代可以继承这些获得性的改变，并因此产生进化式改变。他曾举过一例，最著名也最受嘲讽：假想中的"羚羊"为了吃到树顶的叶子而伸长了自己的脖子。拉马克认为，"羚羊"的子代继承了"伸长的脖子"这一获得性的性状，它们的子孙会经历相同的过程，并最终进化为长颈鹿。

拉马克式的可遗传适应性改变理论在盎格鲁 – 撒克逊世界中受到普遍的讥讽，因为有大量的证据表明，动物在其一生中获得的性状，通常不会遗传给下一代。比如，皮肤白皙的北欧人，在移民到澳大利亚几百年后，如果经常在户外活动，普遍会晒黑，但如果他们的孩子没有暴露在阳光下，就会像他们的祖先一样白皙。很显然，充足的阳光会让皮肤晒黑，这一适应性改变并不会遗传。因此，在《物种起源》于 1859 年出版后，达尔文的自然选择理论 ① 让拉马克的进化理论黯然失色。

今天我们更强调达尔文的进化论——适者生存的观念深入人心，无情的自然从生物欠完美的后代中淘洗出最为适应的胜者。但自然选择只是进化理论的半壁江山。进化论要想成功，自然选择还需要一个产生变异的来源作为基础。这是一个让达尔文头疼的谜题，因为正如我们先前的发现，遗传的特点就是精确度出奇地高。这一点对于有性生殖的生物来说可能不那么明显，因为它们往往与自己的父母不同，但有性生殖只不过是在生产子代时重组了亲代已有的性状。

事实上，在 19 世纪早期，人们普遍相信，有性生殖中的性状混合，就像颜料的混合。如果你拿几百罐颜色不同的颜料，将半罐这种颜料与半罐那种颜料混合，然后将这个过程重复几千次，最后，你得到将是几百罐灰色的颜料：个体变种的融合将趋向群体的均值，然后不再变化。但是，达尔文所需要的变异，如果想要成为物种演变的来源，必须能够持续存在，并提供新的演变。

达尔文相信，进化通过对微小的可遗传变异进行自然选择而缓慢地

---

① 当然，也可以称为华莱士的自然选择理论，以伟大的英国博物学家和地理学家阿尔弗雷德·拉塞尔·华莱士（Alfred Russel Wallace）的名字命名。华莱士有一次在热带旅行时，得了疟疾，在得病期间提出了与达尔文差不多一致的理论。

推进：

> 自然选择的实现只能通过保护和积累极微小的可遗传改进，且每个改进应给生物带来益处使其受到保护；正如现代地质学已基本放弃了一次洪水冲击就能形成大型河谷的观点，如果自然选择的原理是真的，那么也应该摒弃如下的观念：自然界会源源不断地创造新的物种，或生物结构会突然发生巨大的改变。

但作为进化的原材料之源——"极微小的可遗传改进"——却仍是一个谜。19 世纪的生物学家熟知具有可遗传特征的"异种"或"变种"：比如，18 世纪晚期，新英格兰农场诞下一只腿特别短的绵羊，后来由这只羊繁衍出了一个短腿绵羊品种，被称为安康羊（Ancon sheep）。这些短腿羊因为无法翻越篱笆，因此更加便于管理。然而，达尔文认为，这些"变种"不可能是进化的动力，因为性状的变化太大，产下的生物通常很奇怪，若在野生条件下基本无法存活。要想使自己的理论能够自圆其说，达尔文必须找出能产生更小、更温和的可遗传改变的来源，以提供"极微小的可遗传改进"。在他的一生中，达尔文并没有真正解决这个问题。事实上，在《物种起源》的后几版中，他甚至诉诸一种拉马克式的进化理论来解释可遗传的微小变异。

其实，在达尔文活着的时候，来自捷克的修道士和植物育种师格雷戈尔·孟德尔已经部分解答了这个问题。我们在第 1 章中已经知晓孟德尔。他的豌豆实验证明，豌豆形状或颜色的小变化其实可以稳定遗传。这很重要，因为这说明性状并没有融合，而是从一代传向下一代。虽然如果性状是隐性而非显性的话，会出现隔代遗传。孟德尔认为，是各自独立的"可遗传因素"，也就是我们现在所说的基因，编码了生物性状，而且是生物变异的来源。因此，与其把有性繁殖看作是颜料的混合，不如想成是一罐罐各式各样、各种颜色的弹珠。繁衍下一代相当于将一罐弹珠中的一半与另一罐弹珠中的一半互换。注意，即使经过几千代，单个弹珠还是原来的颜色，就像性状在经过几百代甚至上千代的遗传后，可能依然保持不变。自然选择需要依靠变异，而基因借此提供了变异的稳定来源。

在孟德尔活着的时候，他的理论基本为人所忽视，在他去世后更是彻底被人们所遗忘。因此，就我们所知，达尔文并不知道孟德尔的"可遗传因素"理论，也不知道该理论可能会解答遗传融合之谜。囿于无法发现推动进化的可遗传变异的来源，到 19 世纪末期，对达尔文进化论的支持逐渐式微。但是，进入 20 世纪后，几位研究植物杂交的植物学家发现了变异在遗传过程中的规律，使孟德尔的理论重获生机。像所有认为自己有了新发现的负责任的科学家一样，他们在发表自己的研究结果之前，检索了已有的文献。然后，他们惊奇地发现，早在几十年前，孟德尔已经记录了他们发现的遗传定律。

重新发现孟德尔式的遗传因素（即现在所说的"基因"[①]），为解开达尔文的遗传融合之谜提供了可能的方案，但这并不能立刻解决问题。基因在遗传过程中似乎不会发生改动，也就是说，并不能为长期的演变提供新的可遗传变异的来源。自然选择能改变每一代基因弹珠的混合方式，但仅凭自然选择，并不能创造出新的弹珠。雨果·德弗里斯（Hugo de Vries）作为重新发现孟德尔遗传定律的植物学家之一，打破了僵局。他在种植马铃薯的田间散步时发现了一种全新的月见草品种——拉马克月见草（Oenothera Lamarckiana）。这个新的品种比普通的植株要高，花瓣呈卵圆形而非常见的心形。他认为这种花是"变种"，而且，更重要的是，他后来证明，变

[①] "遗传学"（genetics）这一术语，最初由威廉·贝特森（William Bateson）于 1905 年提出。他是英国遗传学家，也是孟德尔遗传学说的拥趸。四年后，丹麦植物学家威廉·约翰森（Wilhelm Johannsen）首先用"基因"（gene）一词来区分个体的外观或表现型（phenotype）及其基因或基因型（genotype）。

异的性状是可遗传的，可以传递给该株植物的后代。

在 20 世纪早期，遗传学家托马斯·亨特·摩根（Thomas Hunt Morgan）将德弗里斯对变异的研究引入了哥伦比亚大学，并用更易繁育的果蝇来做实验。为了创造变种，他和他的团队将果蝇分别暴露在强酸、X 光和有毒物质等环境中。最终，在 1909 年，一只白眼果蝇破蛹而出。他的团队随后证明，就像德弗里斯的异形月见草一样，白眼——这一变异的性状，也符合孟德尔的基因遗传规律。

达尔文自然选择与孟德尔遗传学的联姻最终形成了新的理论，被称为新达尔文合成论（neo–Darwinian synthesis）。该理论认为，基因突变是可遗传变异的最终来源，大多数情况下没有作用，有时甚至有害，但偶尔会创造出比亲代更适应生存的变种。之后，自然选择的过程会介入，从群体中剔除掉相对不适应的种系，让更适应环境的变种得以生存繁衍。最终，更适应的变种成为该种群的常态，**进化"通过保护和积累极微小的可遗传改进"得以继续**。

"基因突变随机出现；变异的产生并非为了应对环境的演变"——这项原理是新达尔文合成论的关键组成部分。因此，当环境改变时，为了适应改变，一个物种必须等待正确的变异通过随机过程自发涌现。这与拉马克的进化论观点形成鲜明对比。拉马克认为，长颈鹿的长颈这种可遗传的适应性，是为了应对环境的改变，而且正是为了适应环境才会代代相传。

可遗传的基因突变究竟是像新达尔文主义者所认为的那样随机出现，还是像拉马克主义者所相信的那样，为了应对环境的挑战而产生，直到 20 世纪早期，依然不甚明朗。之前提到，摩根在饲养果蝇时，用有毒物质或辐射来诱导基因突变。或许，正是为了应对这些环境挑战，果蝇产生了新的变异来帮助它们在新环境中存活下来。就像拉马克的长颈鹿，它们可能也相应地"伸长了自己的脖子"，并将这种适应性性状作为一种可遗传基因突变传给了子孙后代。

**LIFE ON
THE EDGE
量子实验室**
The Coming of
Age of
Quantum Biology

1943 年，詹姆斯·沃森的导师萨尔瓦多·卢里亚 (Salvador Luria) 和印第安纳大学的马克斯·德尔布吕克 (Max Delbrück) 做了一系列经典的实验来验证这两个对立的理论。因为在实验室条件下更容易培养且传代时间更短，那段时期，细菌已经取代了果蝇，成为在研究进化时更受青睐的实验对象。已知细菌会受到病毒的感染，但如果将细菌反复暴露在有病毒的环境中，细菌会通过变异很快进化出抗性。这就为验证新达尔文的或拉马克的突变理论提供了理想的情景。卢里亚和德尔布吕克开始观察，能够抵抗病毒感染的细菌究竟是像新达尔文主义预测的那样，已经存在于细菌群体中，还是如拉马克主义的预测，只有在应对病毒引起的环境刺激时才会出现。这两位科学家发现，不管病毒是否存在，突变体出现的概率基本相同。换句话说，突变率并不受环境选择的影响。他们的实验为自己赢得了 1969 年的诺贝尔生理学或医学奖，并奠定了基因突变的随机性原理在现代进化生物学中的基石性地位。

但是，当卢里亚和德尔布吕克在 1943 年进行实验时，依然没有一个人知道这些基因"弹珠"是由什么组成的，更别提引起基因突变——将一个"弹珠"变成另一个"弹珠"——的物理学机制了。1953 年沃森和克里克揭开了 DNA 双螺旋结构的神秘面纱，一切随之改观。人们知道，基因"弹珠"是由 DNA 组成的。基因突变的随机性原理也因此变得很有道理。公认的引发突变的原因，比如辐射或某些可以引起基因突变的化学物质，会沿着长链随机地破坏 DNA 分子，使受到它们影响的基因发生突变，而不论突变是否能为生物提供进化优势。

在沃森和克里克研究 DNA 结构的第二篇论文中，他们提出，由分子内部的质子运动引起的互变异构过程（tautomerization），也可以成为基因突变的原因之一。我相信，如今，你已经非常清楚，任何过程，如果包含基本粒子运动，比如质子运动，都与量子力学有关。那么，薛定谔是正确的吗？基因突变也是一种量子跃迁吗？

基因编码

请再看一眼图 6–1 的下半部分。你会发现，图中的氢键，即共用的氢原子，在配对碱基的两个原子之间以虚线表示（氢原子 H 与氧原子 O 或氮原子 N）。但质子难道不是一个粒子吗？为什么要把氢键画成虚线而非单独的一个点呢？原因在于，质子作为量子主体，同时具有粒子和波的性质。质子会像一个弥散的主体一样离域，或是像波一样在两个碱基间波动。图 6–1 中 H 原子的位置是 H 原子最可能出现的位置，这个位置并不在两个碱基的正中间，而是偏向于某一边，离双链中的某一条链更近。这种不对称性使 DNA 具有了一项极其重要的特征。

假设有一个碱基对，比如 A–T 碱基对，A 在一条链上，T 在另一条链上，靠两个氢键（质子）结合在一起，其中一个质子更靠近 A 中的氮原子，另一个质子更靠近 T 中的氧原子（如图 6–2a 所示），使 A 和 T 间的氢键得以形成。但注意，在量子世界中"更近"是一个难以界定的概念，因为量子

LIFE ON THE EDGE

互变异构体

tautomer

将成对的碱基结合在一起的两个质子分别跳到所在氢键的另一侧，它们就会更靠近与之前相反的碱基，这样形成碱基的另外一种存在形式，被称为互变异构体。

世界中的粒子并没有固定的位置，而是以一定的概率同时存在于许多不同的地方，包括只能通过隧穿才能到达的地方。如果将遗传字母结合在一起的两个质子分别跳到所在氢键的另一侧，那么，它们便会更靠近与之前相反的碱基，结果会形成碱基的另外一种存在形式，被称为互变异构体（tautomer，如图 6–2b 所示）。因此，每个

DNA 碱基既以常见的标准形式存在（如沃森和克里克构筑的双螺旋结构中的碱基），也会以更稀少的互变异构体存在（在互变异构体中，形成氢键的质子位移到了新的位置）。

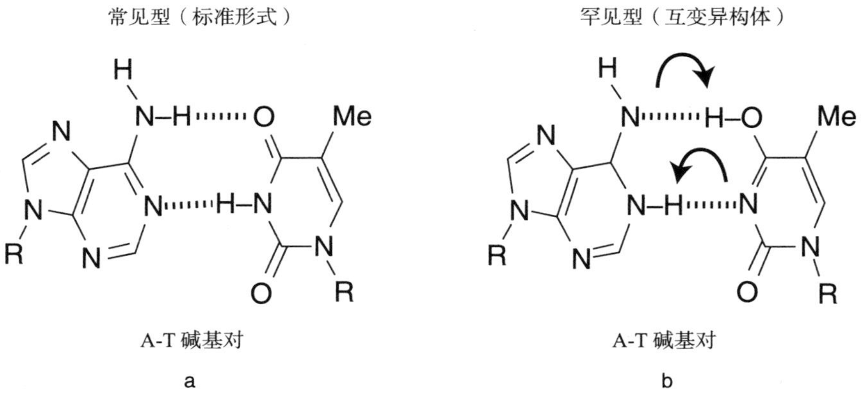

常见型（标准形式）　　　　　罕见型（互变异构体）

A-T 碱基对　　　　　　　　　A-T 碱基对

a　　　　　　　　　　　　　b

标准 A-T 碱基对，质子处于常见位置　配对质子跳到螺旋双链的对侧，形成了 A-T 碱基对的互变异构体

图 6-2　A–T 碱基对的标准形式和互变异构体

　　但请注意，正是 DNA 中形成氢键的质子形成了碱基配对的特异性，而碱基配对是遗传密码复制的途径。因此，如果配对的编码质子移动到相

反的方向，它们就可以有效地重写遗传密码。比如，如果 DNA 链中的一个遗传字母是 T（胸腺嘧啶），那么，当它以常见型出现时，会正确地与碱基 A 配对。但是，如果配对碱基中形成氢键的两个质子分别交换位置到对侧，那么 T 和 A 都会以互变异构体的形式存在。当然，质子可能还会跳回来。但如果 DNA 链正在复制时，A 和 T 正好以它们罕见的互变异构体存在，则在合成的 DNA 新链中便可能会嵌入错误的碱基对。[①] 胸腺嘧啶 T 的互变异构体可以与鸟嘌呤 G 配对，而非腺嘌呤 A，因此在新链中原本应该是 A 的位置便由 G 取代了。同理，如果 DNA 复制时，A 正好是互变异构体，则会与 C 配对，而不是 T，因此复制出的新链中本应是 T 的地方就成了 C（如图 6-3 所示）。无论怎样，新的 DNA 链中便出现了基因突变——可遗传给后代的 DNA 序列改变。

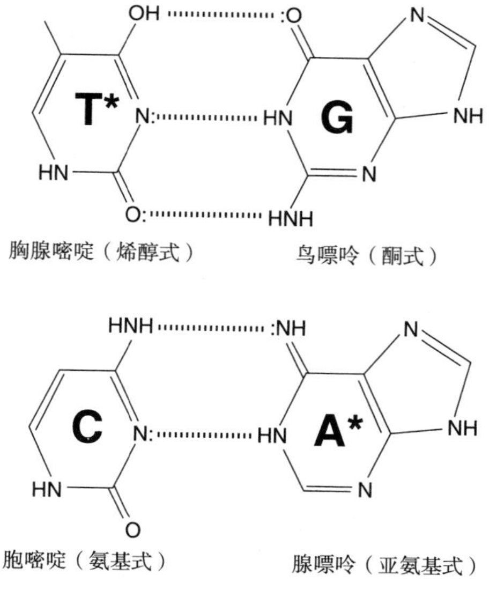

胸腺嘧啶（烯醇式）　　　　鸟嘌呤（酮式）

胞嘧啶（氨基式）　　　　腺嘌呤（亚氨基式）

T* 所示是 T 的烯醇式互变异构体，以该形式存在的 T 可以错误地与 G 配对，而非正常地与 A 配对。同理，A 的互变异构体 A* 可以错误地与 C 配对，而不是 T。如果这些错误在 DNA 复制时出现，便会造成基因突变。

图 6-3　T*-G 配对与 A*-C 配对

---

① 鸟嘌呤 G 和胸腺嘧啶 T 的互变异构体为烯醇式或酮式，具体取决于"编码质子"的位置；同时，胞嘧啶 C 和腺嘌呤 A 的互变异构体是酮式或氨基式。

虽然这个假设完全合理，但很难获得直接证据。不过，到了2011年，在沃森和克里克的文章发表近60年之后，美国杜克大学医学中心的一个小组成功证明，因质子处于互变异构位置而错误配对的DNA碱基，能够嵌入DNA聚合酶的活化中心，因此很有可能被纳入新复制的DNA中，引起基因突变。

如此看来，质子处于其他位置的互变异构体，似乎是基因突变的驱动力，也就是进化的驱动力；但让质子移动到错误位置的动力又是什么呢？"经典"的解释认为，很显然，可能是分子中无处不在且持续不停的分子振动偶尔将质子"摇"了过去。然而，这要求有足够的热能来为质子运动供能，或者说提供"摇"的能量。就像在第2章中讨论过的酶促反应，质子要完成运动，必须克服一个相当陡的能量壁垒。或者，质子也可以被邻近的水分子碰撞过去，但在DNA分子中，形成氢键的编码质子附近，并没有多少水分子来完成如此的碰撞。

其实，除此之外还有另一条路径，该路径在酶转移电子和质子的过程中同样扮演着重要的角色。亚原子粒子，如电子和质子，具有波的属性，其影响之一便是为亚原子粒子提供了量子隧穿的可能。任意一个粒子位置的模糊性使其可以渗透能量壁垒。在第2章中，我们已经见识过酶的神通。酶将分子靠得足够近使隧穿得以发生，从而利用了电子和质子的量子隧穿。在沃森和克里克开创性的论文发表10年之后，本章上文中提到过的瑞典物理学家佩尔-奥洛夫·勒夫丁提出，量子隧穿可以提供另一种方式，使质子移动到氢键的另一侧，从而产生互变异构的核苷酸，引起基因突变。

此处，应该强调一下，引起DNA基因突变的机制有许多种，包括化学物质引起的损伤、紫外线、放射性衰变粒子，甚至还包括宇宙射线。这些改变均发生在分子级别，因此注定会涉及量子力学过程。然而，并没有证据表明，量子力学中较为怪诞的性质在这些基因突变源中也发挥作用。但如果证明量子隧穿参与了 DNA 碱基互变异构体的形成，那么，量子特异性就可能在驱动进化的基因突变中起到作用。

事实上，以互变异构体存在的 DNA 碱基在自然状态下的全部 DNA 碱基中只占约 0.01%，由此导致的错误差不多也应该是相同的规模。但这个概率比我们在自然中发现的 1/10⁹ 的突变率要高出许多，因此，如果互变异构碱基确实存在于双螺旋结构中，那么由此造成的大多数错误一定得到了各种更正或"校对"，从而保证了 DNA 复制过程的高精度。即使这样，有些由量子隧穿引起的错误逃过更正机制，依然可以成为自然发生基因突变的来源，并由此驱动地球上所有生命的进化。

探索基因突变的潜在机制，不仅对我们理解进化很重要，而且还能为理解遗传病的发生或细胞的癌化机制提供新的洞见，因为这两个过程同样是由基因突变引起的。然而，与其他已知可以造成基因突变的因素不同，在检验量子隧穿是否参与了基因突变时，隧穿并不像化学诱变剂或辐射一样可以随意开关。因此，要想测量并对比存在隧穿时和不存在隧穿时的基因突变率并不容易。

不过，有另外一种方法可以探测量子力学对基因突变的影响。这种方法起源于经典信息与量子信息的差别。在读取经典信息时，可以反复读取信息而不会改变内容本身，而量子系统则会在接受测量时受到干扰。因此，当 DNA 聚合酶扫描 DNA 上的一个碱基并判断其中关键质子的位置时，它正在进行一次量子测量，原则上与物理学家在实验室条件下测量质子的位置并无差别。在两种情况下，测量都并非无关痛痒：按照量子力学，任何形式的测量，无论测量主体是细胞内的 DNA 聚合酶，还是实验室中的盖革计数器（Geiger counter），都会不可避免地改变被测粒子的状态。如果粒子的状态与遗传密码中的一个字母对应，那么测量，尤其是频繁的测量，便可能改变该密码，并由此造成基因突变。于是，我们不禁要问，这种假设有证据吗？

虽然在 DNA 复制过程中，我们的整个基因组都会完成复制，但大多数基因读取并非发生在 DNA 复制过程中，而是发生在利用遗传信息指导蛋白质合成的过程中。这个过程分为两步，第一步是转录（transcription），指将 DNA 上编码的信息复制到 RNA 上。RNA 是一种与 DNA 类似的化学物质，会携带遗传信息进入"蛋白质合成机器"从而制造蛋白质。第二步是蛋白质的合成是，被称为翻译（translation）。为了将这两个过程与 DNA 复制过程中遗传信息的复制区别开来，我们将这两个过程称为"读取 DNA"。

读取 DNA 有一个关键的特点：读取某些基因的频率比读取其他基因的频率要高得多。如果在转录过程中读取 DNA 编码是一次量子测量，那么被频繁读取的基因就要比其他基因受到更多由测量引起的扰动，从而导致更高的突变率。一些研究已经证实了这一点。比如，来自美国亚特兰大埃默里大学的阿比吉特·达塔（Abhijit Datta）和苏·金克斯 – 罗伯特森（Sue Jinks–Robertson）成功操纵了酵母菌细胞内的一个基因，使该基因要么只被读取几次，制造少量的蛋白质，要么被读取许多次，制造大量的蛋白质。他们发现，当被读取的频率更高时，基因的突变率比正常水平高出 30 倍。在一项针对小鼠细胞的类似研究中，也发现了同样的效应。

最近，一项关于人类基因的研究也发现，被读取频率更高的人类基因发生突变的概率也更高。上述研究的结论至少和量子力学的测量效应具有一致性，但依旧无法证明量子力学确实参与了基因突变。读取 DNA 的过程包含许多生化反应，可能以多种不同的方式干扰或破坏基因的分子结构，可以在没有任何量子力学参与的情况下，引起基因突变。

为了验证量子力学是否参与了这个生物过程，我们需要新的实验证据，而且该证据必须证明如果不引入量子力学就很难或无法解释该现象。事实上，正是一个像这样的谜题让笔者对量子力学可能在生物学中所起的作用萌生了兴趣。

基因突变是量子跃迁吗

1988 年 9 月，《自然》杂志发表了一篇细菌遗传学论文，作者是声名显赫的遗传学大师约翰·凯恩斯（John Cairns）。当时，他供职于位于波士顿的哈佛大学公共卫生学院。论文的结论似乎与新达尔文进化论的根本原理相悖。新达尔文进化论认为，**随机出现的基因突变是可遗传变异的来源，而进化的方向由自然选择确定，所谓"适者生存"**。

凯恩斯是英国人，毕业于牛津大学，作为医生和科学家，曾在澳大利亚和乌干达工作过，之后于 1961 年轮休期间来到位于纽约州的世界闻名的冷泉港实验室。他从 1963 年到 1968 年担任实验室的主任，使冷泉港实验室成为分子生物学这一新兴学科的温床。特别是在 20 世纪 60 年代和 70 年代，在这里工作的科学家中包括萨尔瓦多·卢里亚、马克斯·德尔布吕克和詹姆斯·沃森等人物。其实，凯恩斯在多年前已经见过沃森，那时的沃森不修边幅，还未成为诺贝尔奖获得者。沃森在牛津大学的一次会议上做了一次不知所云的展示，也没有引起广泛的重视。事实上，对这位在科学史上永垂不朽的人物，当时凯恩斯的总体印象是："我觉得他完全是个疯子。"

在冷泉港，凯恩斯开展了几项里程碑式的研究。比如，他展示了 DNA 如何从一个点开始复制，然后沿着染色体继续下去，就像火车沿着轨道行进一样。凯恩斯后来一定喜欢上了沃森，因为他俩于 1966 年共同编写了一本书，介绍噬菌体在分子生物学研究中所起的作用。后来，到了 20 世纪 90 年代，凯恩斯对之前为卢里亚和德尔布吕克赢得诺贝尔奖的研究萌生了兴趣，他们的研究似乎证明了基因突变随机出现，且发生在生物暴露于任何环境中之前。凯恩斯认为，虽然卢里亚和德尔布吕克通过实验似乎证明了，对病毒有抗性的细菌变种一直存在于细菌群体中，而非在暴露于病毒后才出现，但他们的实验设计有一处软肋。凯恩斯指出，任何对病毒还没有抗性的细菌不可能有足够的时间发生新的突变来应对病毒的挑战，因为，它们早就被病毒杀死了。

LIFE ON THE EDGE
量子实验室
The Coming of Age of Quantum Biology

约翰·凯恩斯设计了一个新的实验，给细菌更多的机会来进行变异以应对刺激。他并没有寻找能够赋予细菌对致死病毒形成抗性的突变，而是让细菌细胞忍饥挨饿，然后寻找能让细菌活下来并继续生长的突变。像卢里亚和德尔布吕克一样，他观察到一些变种可以直接存活下来，说明这些变种之前就存在于群体中；但是，与之前的研究不同，他观察到有更多的变种在更晚的时候也活了下来，显然是在回应饥饿的刺激。

凯恩斯的结果与公认的原理相悖。人们普遍认为，基因突变随机出现，而凯恩斯的实验似乎表明，基因突变倾向于在其占优时出现。这个发现似乎支持了被质疑很久的拉马克进化理论——只不过，极度饥饿的细菌并不是像拉马克假想中的羚羊一样伸长了自己的脖子，而是根据环境的挑战产生了可遗传的修饰：基因突变。

其他几位科学家很快证实了凯恩斯的实验发现。但是，该现象在当代遗传学和分子生物学中找不到合理的解释。没有任何已知的机制可以让细菌或是任何生物，自主选择哪个基因在何时突变。该发现似乎与有时被称作分子生物学中心法则的原理也有冲突（该法则认为，信息只能通过转录，单向地从 DNA 向蛋白质进而向细胞或生物所处的环境传递）。如果凯恩斯的结论是正确的，那么细胞一定也具有使遗传信息逆向流动的能力，使环境可以影响 DNA 编码。

凯恩斯的论文一经发表便引起了风暴般的争议，信件像雪片一般飞向《自然》杂志社。人们试图搞清楚这项新的发现。作为一名细菌遗传学家，麦克法登（本书作者之一）对逐渐为人所知的"适应性突变"（adaptive mutation）现象产生了深深的质疑。彼时，他正在阅读量子力学的科普读物——约翰·格里宾（John Gribbin）的畅销书《寻找薛定谔的猫》（*In Search of Schrödinger's Cat*）。麦克法强忍不住去想，量子力学，特别是量子测量的神秘过程，是不是可以为凯恩斯的实验结果提供解释呢？麦克法登对勒夫丁关于遗传密码由量子字母写成的论断也很熟悉。他想，如果勒夫丁是对的，则必须将凯恩斯实验中细菌的基因组视为量子系统。如果真是这样，那么研究是否出现基因突变就绕不开量子测量。如此说来，有干扰作用的量子测量可以为凯恩斯古怪的实验结果给出一个合理的解释吗？为了进一步探索这种可能，我们需要先仔细看看凯恩斯的实验设计。

凯恩斯在培养皿的凝胶表面植入了数以百万计的肠道细菌——大肠杆菌，且培养基上只有乳糖作为养分。同时，凯恩斯使用的大肠杆菌品系特殊，基因中有一个错误，使该菌种不能消化乳糖，只能在培育皿中挨饿。但这些细菌并没有就这样饿死，而是在凝胶表面苟延残喘。不过，细菌的这种状态没有维持多长时间，几天后，凯恩斯观察到，凝胶表面出现了菌落。这让凯恩斯感到惊奇，也因此引发了诸多争议。这些菌落中都是变异了的细菌，由每个菌落中最初发生突变的那一个大肠杆菌细胞繁衍而来。最初发生突变的大肠杆菌细胞更正了 DNA 编码的错误，修复了受损的乳糖消化基因。后来，变异菌落又持续繁殖了几天，直到培养基最终消耗殆尽。

正如卢里亚－德尔布吕克的实验展示的那样，按照标准进化理论，大肠杆菌细胞的进化要求细菌群体中早已存在变种。在实验早期，菌群中也确实检测到少数几个乳糖消化功能正常的细菌，但是这些细菌的数量太少了，完全无法解释在将细菌置于有乳糖的环境中后，不出几天便很快出现的大量可以消化乳糖的菌落（在乳糖环境中，基因突变可以为细胞提供适应性优势，这也是"适应性突变"一词的来源）。

对于实验中的现象，凯恩斯排除了几种不太重要的解释，比如基因突变率普遍升高。他还证明，适应性突变只是突变可以在环境中提供生存优势时出现。但是，他的实验结果用经典的分子生物学无法解释：按照经典理论，无论是否存在乳糖，基因突变发生的概率应该一样的。然而，如果真像勒夫丁所说，基因本质上是量子信息系统，那么乳糖的存在就可能构成一次量子测量，因为乳糖可以揭示细胞的 DNA 是否已发生突变：这是一个取决于编码质子位置的量子事件。那么，量子测量可以解释凯恩斯观察到的不同基因突变率吗？

麦克法登决定将他的想法拿到萨里大学物理系做仔细的检验。艾尔－哈利利（本书的另一位作者）当时是物理系的听众之一，他虽然怀疑，但也很感兴趣。于是，两人决定一起合作，研究适应性突变是否与量子力学有关，并最终提出了可以解释适应性突变的"手波"（hand-wavy）[①]模型。我们的这项研究成果于 1999 年发表在《生物系统》（*Biosystems*）上。

该模型假设质子的行为具有量子力学的性质，因此，饥饿的大肠杆菌细胞 DNA 中的质子偶尔会隧穿到互变异构的位置（诱发突变），也能轻松地隧穿回它们原来的位置。所谓量子力学的性质，就是必须将系统视为多种状态的叠加态——隧穿或没有隧穿的叠加。质子的位置由波函数来描述，以不同的概率同时分布在两个点。但该分布是不对称的，质子出现在非突变位置的概率要大得多。在微观世界中并没有用于测量的实验设备或装置来记录质子的位置，但正如我们在第 3 章中的讨论，测量过程由周边的环境来实现。这个过程无时无刻不在发生着。比如，蛋白质合成机制在读取 DNA 时，迫使质子"决定"自己处在氢键的哪一边——正常的位置（无生长）或互变异构的位置（生长）。只不过在大多数情况下，质子会处于正常的位置。

让我们把凯恩斯培养皿中的大肠杆菌细胞想成一盒硬币，每个硬币代表乳糖消化基因中关键核苷酸碱基里的质子。[②] 质子的存在状态有两种可能："字"，对应常见的非互变异构位置；或"花"，对应罕见的互变异构位置。开始时，所有的硬币"字"面朝上，对应实验开始时所有的质子处于非互变异构位置。但是，按照量子力学，质子永远处在正常位置和互变异构位置的叠加态，因此，与之类似，我们假想出来的量子硬币也就同时处在"字"面或"花"面朝上的叠加态——虽然绝大部分概率波倾向于"字"面朝上，也就是正常状态。不过，细胞内环境最终还是会测量质子的位置，迫使质子做出"选择"，我们可以将之想象成一次投掷分子硬币的游戏，且掷出"字"

[①] 其实是想说该模型缺乏严谨的数学框架。

[②] 实际上，使碱基配对结合的氢键数量不止一个，但即使我们将碱基配对中的氢键数量简化为一个，也不会影响论证。

面向上的概率要大得多。DNA会不时地完成复制[①]，但复制的新链只能是编码已经存在的遗传信息，也就是说，基本上只能编码出有缺陷的酶[②]，所以细胞还得继续忍饥挨饿。

注意，硬币代表的是一个量子粒子，是DNA链中的一个质子；因此，即使经过测量，它依然可以自由地回到量子世界中，重新建立最初的量子叠加态。所以，在我们抛出的硬币"字"面向上落地以后，掷硬币的游戏还会一次又一次地重复。最终，总会出现"花"面向上的情况。在这种情况下，DNA也会完成复制，不过此时会制造出活跃的酶。在没有乳糖时，这个变化依然没什么两样，因为没有乳糖时，这个基因本身是无用的。细胞还得继续忍饥挨饿。

然而，如果环境中存在乳糖，情况就大不相同了。因为更正了的基因使细胞可以消耗乳糖，完成生长和复制。质子要想回到量子叠加态已经不再可能。整个系统将不可逆地塌缩进入经典世界，成为一个变异细胞。我们可以这样想这件事：在乳糖存在的情况下，我们把盒子里"花"面向上的硬币挑了出来，放到了另一个盒子里，并标上"突变体"的记号。在原先的盒子里，剩下的硬币（即大肠杆菌细胞）会继续参与掷硬币的游戏，任何时候，只要掷出的硬币出现"花"面向上，就会被挑拣出来，放入"突变体"的盒子中。长此以往，"突变体"盒子中会积累越来越多的硬币。若回到实验中，即能够在乳糖环境中生长的大肠杆菌会持续存在，这种情况与凯恩斯的发现完全一致。

我们的模型于1999年发表，但并没有引起多大的反响。麦克法登并不

①　饥饿的细胞在受迫的情况下可能会继续试图复制自身的DNA，但是复制过程很可能会由于缺乏可用资源而中止，因此只能复制出简短的DNA片段及片段上对应的几个基因。

②　生物对乳糖的消化通过酶来实现。——译者注

气馁，一鼓作气创作了《量子进化》（*Quantum Evolution*）一书，介绍了量子力学在生物学和进化中更为广泛的作用。不过，请注意，此时酶促反应中的质子隧穿还没有得到广泛认可，在光合作用中还没有发现量子相干性，因此，科学家们对"奇异的量子现象参与了基因突变"这一想法持怀疑态度也是合情合理的。而且，事实上，我们也确实回避了几个问题。同时，适应性突变的现象变得"混乱"。在凯恩斯实验中，饥饿的大肠杆菌利用已死亡或正在死亡的细胞的微量养分竭力维持生命，偶尔还会进行基因复制，甚至互相交换 DNA。传统思路开始对适应性突变进行解释，认为升高的突变率是由几个过程共同引起的：所有基因的突变率普遍升高；细胞死亡并释放出死亡细胞中变异的 DNA；活下来的细胞最终通过选择性吸收和放大，成功地将变异的乳糖消化基因整合到自身的基因组中。

这些"传统"解释是否能够完全解释适应性突变依然不得而知。自凯恩斯发表最初的那篇论文已有 25 年，关于适应性突变机理的论文不断出现，研究对象不再仅限于大肠杆菌，还包括其他微生物，但这些论文提供的证据显示，这个现象依然迷雾重重。就目前的情况而言，我们不能排除量子隧穿参与适应性突变的可能性，但同时，我们也不能断言，适应性突变只有这唯一的解释。

由于引入量子力学来解释适应性突变的需求暂时并不强烈，所以我们最近决定先退一步，研究一个更加根本的问题——量子隧穿是否参与了基因突变本身？你或许还记得，基因突变中有量子隧穿的参与，最先由勒夫丁在理论上论证提出，随后得到其他几项理论及实验室研究的支持。这种实验被称为"模型碱基配对"（model base pairs），指人工设计出化学物质，使其像 DNA 中的碱基那样，可以进行碱基配对，但同时更便于处理、宜于实验。然而，还没有人能证明是质子隧穿造成了基因突变。问题的根源在于，除了量子隧穿，其他几种原因也会造成基因突变，更不用说还有突变修复机制的存在了。因此，即使突变中存在量子隧穿，要想解密其所起的作用也是难上加难。

为了研究这个问题，麦克法登借鉴了第 2 章中研究酶的实验思路。在第 2 章中，由于发现了"动态同位素效应"，我们推断出酶促反应中有质子隧穿参与。如果量子隧穿确实参与了酶促反应的加速，那么用氘核（由一个质子和一个中子组成）取代氢核（单个质子）就会使反应变慢，因为量子隧穿对隧穿粒子的质量高度敏感，而氘核是氢核质量的两倍。目前，麦克法登正在使用相似的方法研究基因突变，探索与在水（H_2O）中相比，重水（D_2O）环境中的基因突变率是否不同。就在笔者写作本书的时候，研究似乎表明，重水中的突变率确实发生了改变。但为了确定变化确实是由量子隧穿引起的，还需要进一步的工作。因为即使不引入量子力学的解释，用氘原子取代氢原子也会影响许多其他的生物分子过程。

艾尔-哈利利（本书作者之一）一直致力于论证 DNA 双螺旋结构中质子的量子隧穿是否在理论上可行。当一位理论物理学家求解如此复杂的问题时，他会试着为所研究的系统或过程构建一个简化模型，使之在数学上易于处理，同时保留该系统或过程中被认为最重要的特征。之后，物理学家可以为这样的模型不断增加细节，使之复杂化，从而更接近真实的情况。

就这个问题而言，为了便于数学分析，起始的模型可以简化为一个球（代表质子）和分居小球两侧的两根弹簧，弹簧一端固定在墙上，另一端与小球相连，向相反的方向牵拉小球（见图 6-4）。当两侧弹簧的拉力相同时，小球会停在固定的位置，如果一边的弹簧比另一边更硬（弹性更小），小球的位置就会更靠近连接较硬弹簧的墙。然而，较硬的弹簧也必须"给力"才行，否则，小球也有可能会停在离对侧墙更近的位置，即使那个位置不够稳定。这与量子力学中的"双势阱"（double potential energy well）对应，形象地勾勒出了编码质子在 DNA 链中的情况。图 6–4 中左边的势阱与质子的常见位置对应，右边的势阱与罕见的互变异构位置对应。按照经典物理的思路，虽然质子在大多数情况下位于左边的势阱，但如果受到能量足够的外力作用，就可能偶尔振到另一侧，即互变异构的一侧。只不过，质子总会出现于两个势阱中的一个，非此即彼。与之相反，在量子力学的框架下，即使没有足够的能量翻过能量壁垒，质子也可以自发地隧穿，并不需要外力作用。不仅如此，质子还可能因此处于两个位置的叠加态，同时处于左边和右边的势阱中。

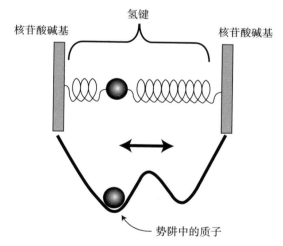

可以将连接两个 DNA 碱基位点的氢键中的质子视为与两根弹簧相连，使其能够在两个碱基之间振动。该质子的稳定位置有两种可能，即模型中的两个势阱。左边的势阱（与非变异位置对应）比右边的势阱（互变异构位置）更深一点，因此，质子更倾向于停在左边的势阱中。

图 6–4　氢键中质子的简化模型

当然，画一幅图比建立数学模型要容易得多，因为完善的数学模型要求能精确地描述现象。为了理解质子的行为，我们也需要非常精确地画出势阱或能量表面（energy surface）的形状。这可不是什么简单的小事，因为势阱的精确形状由许多变量决定。一方面，氢键是 DNA 分子的一部分，而 DNA 分子结构庞大复杂，由数以百计甚至数以千计的原子构成；另一方面，整个氢键浸泡在细胞内部温热的水分子和其他化学物质中。不仅如此，分子振动、热扰动、酶促反应甚至紫外线和电离辐射都能直接或间接地影响 DNA 中化学键的行为。

为了解决如此复杂的难题，艾尔－哈利利的博士生亚当·戈德比尔（Adam Godbeer）使用了一种强大的数学工具。这种方法叫作密度泛函理论（density functional theory，简称 DFT），它目前在物理学家和化学家中很流行，常用来为复杂结构建模。只要计算机的计算能力允许，这个工具就能尽可能多地将 DNA 碱基配对的结构信息纳入到考虑范围之内，让氢键势阱的形状计算变得非常精确。我们可以把密度泛函理论的作用看作是一幅地图，各种由于周围的 DNA 原子推拉摇晃而作用于氢键的力，在图中一览无余。利用势阱形状的信息，可以进一步计算质子隧穿随时间的变化。该计算有额外的复杂性，因为氢键周围的 DNA 原子和水分子持续影响着质子的行为，并影响了质子由 DNA 的一条链隧穿到另一条链的能力。但是，外部环境的持续影响同样可以被纳入量子力学方程中。

2014 年夏天，也就是笔者写作本书的时候，戈德比尔的初步结果显示，虽然 A–T 碱基对中的两个质子有可能隧穿到互变异构的位置，但概率很小。不过，理论模型也确实表明，**细胞内周边环境的行为在积极地协助而非阻碍隧穿过程。**

那么此刻，在量子力学与遗传学之间，我们可以总结出什么关联呢？我们已经看到，量子力学对遗传具有基础性作用，因为量子粒子写成了我们的遗传密码。正如埃尔温·薛定谔的预测，量子基因编码了每一个曾经活过的微生物、植物和动物的经典结构和功能。这绝非偶然，也非无关紧要。因为如果基因是经典物理的结构，无论如何也不可能实现如此高精度的复制：基因太小了，不可能不受到量子规则的影响。正是基因的量子性质，让南极东湖中的微生物数千年来精确地复制着自身的基因组，也让我们的祖先得以在几百万年甚至从地球上有生命诞生以来的几十亿年中复制自己的基因。如果不是几十亿年前"发现"了在量子王国中编码信息的诀窍 ①，生命不可能活下来，也不可能在地球上进化。另一方面，基因突变，即遗传信息复制过程中的错误，对进化极其重要，而量子力学是否在基因突变中扮演了重要而直接的角色，还有待进一步考察。

---

① 这是时下量子生物学研究的热点问题——换句话说，是生命自己"发现"了量子优势，还是量子力学自己来凑热闹？

The Coming of
Age of
Quantum Biology

LIFE
ON
THE
EDGE

07

心智之谜

关于心智、意识究竟是如何工作的，目前被广泛接受的理论是心智计算理论。如果一台量子计算机能够维持300个量子位的相干性和纠缠态，它的计算能力几乎相当于一台整个宇宙那么大的经典计算机！2011年，我国科学家仅用4个以原子自旋状态作为编码的量子位就成功对143（13×11）完成了因数分解，居于世界领先水平。

LIFE ON THE EDGE
The Coming of Age of Quantum Biology

让 - 马里·肖韦（Jean-Marie Chauvet）出生于法国一个古老的省份奥弗涅。5 岁那年，肖韦跟随父母搬到了东边的阿尔代什省，那儿盛产石灰岩，河谷纵横，十分壮美。在阿尔代什河谷两岸的岩壁上有许多岩洞和石窟，在肖韦 12 岁时，他和他的朋友们一起戴着第二次世界大战中士兵的头盔，开始沿着河流逐一探索这些洞窟，也就是从那时起，肖韦深深爱上了洞穴探险。肖韦 14 岁时辍学了，他先是做了一名石匠，后来又在一家五金店工作过一段时间，最后成了一名看门人。肖韦曾经读过诺贝尔·卡斯特雷（Norbert Casteret）的著作《在地底的日子》（*My Life Underground*），受其鼓舞，肖韦几乎把所有周末的时间都留给了儿时的爱好。他爬过陡峭的岩壁，深掘漆黑的洞穴，梦想着有一天能够在某个不见天日的洞穴深处亲眼看见不为人知的宝藏。对前路的未知一直指引着我们。当你行走在一个洞穴里，你不知道前路上有什么等待着你。下个拐角会不会就是个死胡同？又或者你会有一些惊人的发现？"

1994 年 12 月 18 日对 42 岁的肖韦以及他的两位朋友埃列·布吕内尔－德尚（Eliette Brunel-Deschamps）和克里斯汀·伊莱尔（Christian Hillaire）来说并没有什么特别之处，三名洞穴探险爱好者穿越在峡谷里，试着寻找新鲜的东西。随着太阳西下，气温下降，他们决定前往一个叫索科德斯彻（Cirque d'Estre）的冰川侵蚀山坡。那里受到迟暮夕阳的最后一缕阳光照射，在冬日里比山谷其他阴冷的地方要暖和一些。于是三人沿着一条崎岖的骡马道前行，小路开在一座陡峭的山崖边，犬牙交错。山崖顶长满了圣栎、黄杨和石楠，路上还能看到河谷入口漂亮的石拱桥。费了九牛二虎之力穿过灌木丛到达目的地后，他们在一块岩石上发现了一个大约 25 厘米宽、75 厘米高的小洞。

在山谷里看见这样的小洞——尤其对于洞穴探险爱好者来说无异于请君光临的无声呼唤。不消一会儿，他们三人就挤过这个小小的洞口，进入了一个只有几米深的小室，高度还不足以让他们三人站直身子。一进入小室，他们马上感觉到有一股微弱的气流从小室深处吹来。但凡有点洞穴探险经验的人对这种气流都不会陌生，它暗示洞穴内有隐藏的通道。经验丰富的洞穴探险者通常需要用感觉来寻找隐藏的通道，因为照明工具对这些通道来说往往鞭长莫及，那个小室内的气流另有来路。

进入洞穴的三个人一块一块地搬动小室尽头的石头，终于定位到了气流的来源：一条垂直向下，通向某处的管道。三人中身形最娇小的埃列第一个进入了管道，她用一根绳子下降到黑漆漆的通道底。埃列沿着通道向前爬，通道的走向先是向下，然后又转而向上。埃列爬出管道后，发现她位于一个大约10米高的平台上，平台下是一片黏土地。借着微弱的手电灯光，埃列没法看清远处石壁的情况，但是漆黑中传来的回声告诉她，她正身处一个巨大的石室中。

虽然三人无比兴奋，但是他们不得不先返回悬崖下的车里去取一卷绳梯。拿到梯子后他们原路返回平台。肖韦成了第一个踩在黏土地面上的人。而这次他们看清楚了，这是一个巨大的洞穴，高宽都至少有50米，到处是巨大的白色方解石石柱。三人小心翼翼地在黑暗中摸索前行，他们踩着前面队友留下的脚印，尽量避免破坏洞穴的原始面貌，探索的路上他们看到成堆的珠母贝壳，看到了远古时期熊冬眠时在黏土地里筑起的巢穴，他们从巢穴主人散落的骨架和牙齿之间小心走过。

走着走着，埃列的手电灯照到了洞穴的墙壁上，她不禁发出一声尖叫：她看到了墙壁上有一头用红色线条勾勒的小猛犸象。三人沉默不语，默默地沿着墙壁摸索，手电灯光线所到之处，依次出现了熊、狮子、某种不知名的猛禽以及另一头猛犸象的画像，甚至还有一头犀牛以及人的手印。"我心里不停地嘀咕：'我们在做梦。我们在做梦。'"肖韦回忆时说。

由于三个人的手电灯难以为继，他们只好循着来时的脚印返回，驱车回到埃列的家中与她的女儿卡罗尔（Carole）

一起吃晚饭。席间，他们难掩自己的兴奋之情，却又只能支离破碎地描述下午在洞穴里的所见，这让如痴如醉的卡罗尔当即要求他们带着自己返回洞穴，一睹他们发现的神迹。

当他们带着更强的手电灯重新回到洞穴时，天已经完全黑了。借着手电灯的光，他们终于看清了洞穴里壮美的全貌：洞穴岩壁上几处凹陷上都绘有精美的兽群壁画：成群的马、鸭子、一只猫头鹰、狮群、鬣狗群、美洲豹、雄鹿群、猛犸群、野山羊群还有野牛群。绝大多数动物的描绘都采用了自然主义风格，并排的脑袋之间用木炭描过阴影浓淡以展现立体感，动物的姿态自然得体，栩栩如生。比如一群安静祥和的马，一头长着圆形大脚、憨态可掬的小猛犸象，还有一对正在冲刺的犀牛，甚至还有一头犀牛被画成了七条腿，表示它正在狂奔。

这处洞穴后来被称为肖韦洞穴（Chauvet cave），是如今最重要的人类史前艺术遗迹。由于这处洞穴非常原始且保存完好——洞穴中甚至还有古时原住民的完整脚印——所以洞穴一直保持封闭的状态，常年有人把守以保护洞穴内精致而脆弱的景态。出入洞穴受到严格的限制，只有很少的一些幸运儿才有机会进入洞穴：德国电影制作人维尔纳·赫尔佐克（Verner Herzog）是这些幸运儿之一，他在 2011 年拍摄了纪录片《忘梦洞》（*Cave of Forgotten Dreams*）。对绝大多数人来说，电影里展现的绝美岩壁艺术是我们今生与那些生活在三万年前冰河世纪的猎人们最近的对话。

不过我们要在这里探讨的并不是这些画作的艺术性，而是与赫尔佐克电影的题目有几分关系。不论从哪个角度看肖韦洞穴里的壁画，它们都不是对眼睛所见的平铺直叙。壁画里动物的动作经过抽象处理，富有动感，画面上众多的弯折和曲线试图赋予动物一种透视的立体效果①。壁画的作者（们）不仅仅是在描绘物体，他们是在描绘自己的想法。如同我们一样，曾经在肖韦洞穴岩壁上涂抹颜料的人显然在思考这个世界，思考着我们应当在这个世界中何去何从：他们是有意识的。

不过到底什么是意识？关于什么是意识的疑问，很可能从我们有意识的那一刻开始就困扰着包括摄影师、艺术家、神经生物学家在内的所有人。在本章，我们打算知难而退，不给意识下一个严格的定义。因为我们认为，在试图理解这种最奇异的生物学现象时，对定义的偏执反而会干扰我们对它的探讨。如果你不相信，不妨想想生物学家至今都没有能够给出生命的独特定义，但是这并不妨碍他们在生物学领域的探索：提出细胞的概念，发现双螺旋、光合作用、酶和一系列其他生命现象。此外，我们在前几章中还介绍过，许多生物学现象中还可能涉及量子力学，所有这些发现都充实着我们对生命的理解，却未必丰满了我们对生命的定义。

在之前的章节里我们已经探讨过不少有关生命的话题，从地磁指南针到酶促反应，从光合作用到遗传再到嗅觉，迄今为止我们讨论的问题都没有超过传统化学和物理学的范畴。虽然量子力学对大多数生物学家来说显得非常陌生，但是它无疑是现代科学的重要组成部分。双缝实验或者量子纠缠也许没有那么直观，也无法用我们的常识来理解，但是支持量子力学的数学证据精确、严谨且无比有力。

---

① 让很多影迷惊讶的是，赫尔佐克的电影引用了 3D 拍摄手法。

但是这一套在意识的问题上就行不通了。没有人知道意识应该归于我们迄今讨论过的哪一部分科学。目前还没有著名的数学公式中包含了"意识"这个变量，意识也不像催化作用或者能量传递过程，自我意识只出现在有生命的物体中。即便如此，意识是所有生命的共同特征吗？多数人不这么想，而会认为自我意识具有神经系统的生物才拥有的特质；那么神经系统是意识的必要条件吗？小丑鱼会思念它们珊瑚礁的老家吗？寒冬来临，知更鸟真的感受到了南飞的紧迫吗，还是像无人机一样只是循着预先设定的程序行事而已？

许多养宠物的人都相信他们的宠物狗、宠物猫或者马具有意识，那么意识只出现在哺乳动物身上吗？不少饲养虎皮鹦鹉和金丝雀的人同样确信他们的宠物具有意识，并不比追逐、骚扰这种宠物的猫差多少。如果假设鸟类以及哺乳动物都具有意识，那么两者很可能遗传自具有意识的共同祖先，比如一种叫羊膜动物（amniote）的爬虫，这类动物生活在三亿年前，可能是鸟类、哺乳动物和恐龙的先祖。那么，我们在第 2 章里提到的霸王龙，在它沉入沼泽地之前是不是也曾感觉到恐惧？更原始的动物是不是就完全没有意识呢？许多水族馆馆长坚持认为，鱼类和软体动物，比如章鱼是具有意识的；如果再算上这些动物，它们的共同祖先就要追溯到五亿年前的寒武纪，当时脊椎动物才刚刚出现。意识真的有那么古老吗？

当然，我们无从知晓意识到底是什么时候出现的。即使上面说到的宠物主人，他们也不过是在猜测而已，因为没人知道应该如何区分单纯的类人行为与真正的意识。如果不知道意识的本质，我们也就无法知道究竟哪些生物拥有这种特质。因此我们采取一种保守的方式，避开关于意识何时出现以及我们动物界的哪些近亲具有意识这样的问题与争论，对其不做深究。我们默认在肖韦洞穴里留下熊、野牛和野马群画作的祖先们是具有意识的。那么从原始土壤里第一次出现微生物的 30 亿年前，到早期现代人用动物画像装饰自己洞窟的数万年前，茫茫几十亿年间，构成生物体的成分日渐复杂，直至其中出现了一种与众不同的属性：意识。这一章我们将探讨意识是如何以及为何出现的；此外，我们还将探讨一个富有争议的问题：量子力学是否在意识形成的过程中扮演了重要角色。

首先，作为每章开始的惯例，我们要先质疑在理解意识这种人类最神秘的现象时，我们是否真的需要借助量子力学的理论。如果说仅仅因为意识神秘且令人费解，而量子力学也同样神秘且令人费解就认为两者存在联系，显然是无法让人信服的。

意识是什么

也许迄今为止，我们对宇宙认识中最为奇怪的一点，就是我们居然意识到了宇宙的存在，而这些认识又竟然来自我们脑袋里作为宇宙一小部分的某些物质：我们那具有意识的大脑。如果你不能理解这一点有多么诡异，不妨想一想，其实直到今天，我们对意识如何做到这一点都毫无头绪。

哲学家在探讨意识时，杜撰了一种假想的概念：行尸走肉（zombies）。行尸走肉会和普通人一样进行日常活动，如在洞穴里作画或者阅读书籍，但是他们的内在空空如也：他们的脑袋里除了活动肢体和发声运动所必要的运算活动之外，别无他物。行尸走肉是一台自动运行的机器，缺乏意识，没有体验。这样的状态在理论上是可能存在的，最直观的证据来自我们自身——譬如行走、骑车、弹奏熟悉的乐器等活动——我们都可以无意识地完成（无意识意味着，我们在进行这些活动时，大脑的注意力可以放在别处），不需要全神贯注或者回顾经验。实际上，当我们试图把注意力放在这些活动的细节上时反而容易出错。看来对某些活动来说，意识并不是必须的。倘若真有一些人类的活动不需要意识参与，那有没有可能存在一种模仿各种人类行为的生物，而实际上它并不知道这些行为的含义？

实际上这不太可能：**人类有一些行为是完全建立在意识之上的，例如语言。**和一台无人机进行逻辑复杂的谈话几乎是不可能的。此外，要想无意识地解决一道复杂的数学问题或者一组填字游戏同样十分困难。如果当初站在洞穴里那堵石壁前的冰河世纪艺术家（我们姑且认为那是一名女性）没有心智，很难想象她在面对眼前一堵冰冷的墙壁时，能够画出一头栩栩如生的野牛。这些意识活动的共同点在于，它们都受到思维的驱动，比如一个词语包含的隐喻，一个问题的解决办法，或者什么是野牛以及它对石器时代居民的象征意义。洞穴内有一块岩石上描绘了一个上半身是野牛而下半身是人类的生物，这种不可思议的图景在现实中并不存在，只能来自大脑的意识和想象。肖韦洞穴的壁画恰恰展示了思维的最强大之处：利用几个不同的想法塑造一个新奇的概念。

那么，到底什么是思维？介于我们说过不妄下定义的规矩，我们假设，**思维是对大脑中复杂信息的整合，以塑造对我们有意义的概念**，就像无论肖韦洞穴里那幅半牛半人的画究竟想要表达什么，它对洞穴里的原住民来说肯定有某种特殊的意义。思维整合、压缩信息从而构建一个新想法的过程，与莫扎特创作一首完整曲目的过程不谋而合，莫扎特曾表示："我的脑子里早就有了一整首曲子的大致模样，尽管它很长。然后每次我在脑海中过一眼就抓住其中一段……时常会断断续续，虽然无法一蹴而就，但是曲子的细节渐渐丰富起来，最后成为一首完整的乐曲。"有意识的大脑能够"抓住"复杂信息的"细节"，以确保这些信息"最后成为一个"完整的想法。

意识让我们的大脑受到思维和概念的驱使，而不是单纯被刺激所驾驭。

但是有意识的大脑是如何把复杂的神经信息整合为一个新想法的呢？这是意识研究中的第一个谜题——有些人把这个谜题称为"捆绑问题"（binding problem）：大脑中不同区域编码的信息如何被整合到一起？许多感官信息的研究，比如视觉研究，往往会涉及捆绑问题。举个例子，你可能还记得卢卡·图林在试嗅资生堂公司的"Nombre Noir"时，对这种香水气味的描述："这是一种介于玫瑰和紫罗兰之间的香味，但又没有两者的甜腻。味道朴素而神圣，接近雪茄盒里逸散的雪松香。"图林无法说出香水气味中每一种气味成分单独刺激相应嗅觉感受器的感觉，他把香水当成一种香味，这种香味可以唤起他几种不同的体验，其中就包括雪茄盒以及紫罗兰的气息。类似的，视觉和听觉体验并不是单纯指事物的某种颜色、某条纹理或者某个音符，感官体验是感觉信息、记忆、概念的整体印象，比如我看到了一头野牛、一棵树或者一个人。

想象一下这位旧石器时代艺术家正在观察一头野牛。她可以用眼睛看、用鼻子闻、用耳朵听，如果是一头死去的野牛，她还可以用手触摸。这些观察带给她有关野牛的诸多信息，包括野牛的气味、外形、颜色、皮毛纹理、动作和叫声等。我们在第 4 章介绍过人类的嗅觉是如何感知气味的。你可能还记得，与嗅觉神经元结合的气味分子引起神经元"放电"，鼻腔后部的嗅觉上皮通过轴突（轴突的结构就像扫帚柄）向大脑的嗅球传递了一波电信号。我们会在本章的后面部分着重探讨神经元放电的过程，因为这是量子力学可能在我们的思维过程中起作用的关键步骤。现在，暂时抛开那些，让我们想象一个野牛的气味分子离开野牛身体，恰好落进了我们那位艺术家的鼻子里，气味分子结合到嗅觉神经元的受体上，然后让后者沿着长长的轴突传递了一连串电脉冲信号，这些信号就像一封没有划只有点的电报。[①]

　　一旦来自嗅觉神经的"点"信号到达了这位艺术家的大脑，它将激发更多下游神经元的放电（传出更多的点）：每一个神经元就像电报中继站，感官信息以类似摩斯电码的方式从一条神经传递到另一条。比如分布在视网膜上的视锥和视杆细胞（它们和嗅觉细胞一样是特异分化的神经元细胞，专门用于感受光刺激而不是嗅觉刺激）会通过视神经把视觉信号以一连串点信号的方式传入她大脑的视觉皮层。不同的嗅觉神经元只对特定的气味分子放电，而视觉神经元对落在视网膜上的图像同样具有选择性反应：有的视觉神经元识别特定的颜色或者明暗层次，有的负责识别边缘、线条或者特定的纹理。同样的道理，艺术家内耳中不同的听觉神经元也只对特定的声音有反应，这让她能够分辨出野牛中了长矛之后沉重的喘息声；当然还有她皮肤里的机械门控神经，让她能够感知野牛皮毛的触觉。在这些例子里，每一种神经元可能只对某些感觉的输入有反应。比如，某种听觉神经元可能只对应进入艺术是耳朵内某种特定频率的声音放电。但是，不论引起神经元放电的刺激是什么，它们通过神经元传递的方式却是一模一样的：都是艺术家体内一股从感受器到大脑特定区域的电流脉冲。在大脑中，这些脉冲信号可能直接引起运动信号的传出。但是更有可能的情况是，它们会调整神经元之间的连接方式，形成对所见所闻的记忆。这种解释记忆形成的方式被称为"共放电增强神经元联系"[②]。

　　需要着重强调的是，在由大约 1 000 亿个神经元组成的人类中枢神经系统里，并不存在一个特定的位置让输入的大量感官信息流整合而后形成

---

　　① 这里指摩斯电码中以"点"（dot）和"划"（dash）的组合编码字母和数字的方式，"划"是"点"时长的三倍。——译者注

　　② 共放电增强神经元联系，是由唐纳德·赫布（Donald Hebb）于 1949 年提出的，这个观点认为神经元之间兴奋信号的相互传递可以增强彼此的联系。记忆可能由此实现。

野牛这样的概念。实际上，"信息流"这个词在这里并不准确，因为信息"流"暗示信息会像支流一样"汇聚"，而事实上每条神经都是相互独立的，所以这种信息的汇聚在神经元之间不会发生。相比于信息流，对大脑信息的传输过程更恰当的理解是电缆中一连串电报的点、点、点……每封电报都沿着体内铺设的无数个神经元中的某一条飞速传递。捆绑问题试图研究的正是每条神经中离散的"点"信号如何能够整合并产生一个野牛这样的概念。

需要整合的其实不仅仅是感官信息。意识活动处理的原材料并不是经过筛选的感官信息，而是具有意义的概念。旧石器时代的那位艺术家在面对墙壁涂抹颜料时，试图描绘的是一头让她感觉毛发浓密、气味难闻、气势可怖而威严的野牛，浓密、难闻、可怖和威严的感受不是某个感官印象，而是众多感官印象的综合。

感官信息的整合形成了有意义的概念，而概念的整合则产生了意识。意识驱动大脑进行思维活动，思维活动继而驱使身体发生物理运动。我们可能永远无从得知那位石器时代的艺术家往石头上抹颜料时，在她脑海里浮现的想法究竟是什么。可能她觉得一幅野牛的画可以为暗淡的角落增添些许光彩；或者她相信在洞穴里描绘动物能让她的同伴们在狩猎时交上好运。但是有一点我们可以确定，那就是这名史前艺术家相信，绘制一幅野牛的图画是出于她自己的想法。

但是一个想法要怎么才能影响实实在在的躯体呢？大脑与一般的经典物体不同，虽然它也接受各种感官信息的输入，对其进行处理产生相应的输出信号，但是它不是一台计算机（或者一具行尸走肉）。我们认为大脑具有意识（也就是我们的"自我"），意识可以驱动我们主观的行动。那么不同信号之间的整合与纠葛到底发生在哪里？到底什么是意识以及它是如何与大脑相互作用，使我们的手臂、腿或者舌头活动的？意识，或者说自由意志，在目前决定论为主流的宇宙观里显得如此格格不入。因为根据这种宇宙观，从宇宙大爆炸到肖韦洞穴，期间发生的一切都只不过是因果铁律支配下，无穷无尽的因果事件。

肖韦回忆他和伙伴们第一眼看到肖韦洞穴里的壁画的情景时说："在那个洞穴里，一种'这儿还有其他人'的强烈感觉扑向我们，无论是谁创作了那些画，他们的灵魂都还留在那个洞穴里，我们都感受到了他们的存在。"显然，这几位洞穴探险者经历了一种有时被称为"灵性"的深远体验。打开人类或者动物的头盖骨，我们会发现里面只有一堆湿乎乎的组织，看起来和一堆生牛肉没有什么两样。可是一旦这团黏糊的组织长在大脑里，就具有了意识，它能够感受，能够思考，仿佛超脱了物质世界。体验和思考——也就是我们的心智——驱使大脑内物质的变化，引起身体的活动（即便没有引起身体活动，这个过程也属于我们的思维"活动"）。对这种现象的不解有很多不同的叫法，不同的人称之为大脑–躯体问题（mind–body problem）或者意识难题（hard problem of consciousness），它是关于我们自身存在的众多问题中最为神秘的那一个。[1]

在本章中我们会探讨量子力学是否能给这个神秘的现象提供合理的解释。但是在开始前我们必须强调，由于没有人知道到底什么是意识或者意识到底是如何工作的，所以任何有关意识的解释都几乎是纯粹的推理和猜测。神经科学家、生理学家、计算机科学家和人工智能研究者甚至在人类的大脑是否真的能理解意识这个问题上，都没能达成共识。

作为切入点，我们先把注意力放在阿尔代什省石灰岩上的那幅野牛的画像上。大脑要如何运作才能绘制这样一幅画呢？

---

[1] 欲破解意识难题，请阅读由认知心理学大师史蒂芬·平克撰写的经典著作《心智探奇》，该书已经由湛庐文化策划，浙江人民出版社出版。——编者注

思想是如何产生的

在这一部分，我们从三万年前洞穴岩壁上出现第一笔赭红色的线条开始，让时间倒回，我们会看到壁画作者手臂上的肌肉在描绘线条的那一刻是如何收缩，而支配这块肌肉的运动神经又是通过何种方式引起它的收缩，在运动神经元之前，从大脑传出的电信号又如何使运动神经元兴奋，直至回到最初，引起这一切运动的感官信息是如何传入大脑的。我们用倒叙方式的原因是，希望在梳理因果关联中寻找意识插足运动的位置和机制，以确定量子力学是否真的影响了意识的过程。

我们可以想象这样一个场景：远古时代的某位艺术家向昏暗的肖韦洞穴内探头探脑——她极有可能身披熊皮。由于发现壁画的位置在洞穴的最深处，所以她在踏入洞穴时除了几罐颜料之外，应该还带着一支火把。在进洞之后的某个时候，这名画家做出了一个决定，她用一根手指蘸取了罐子里的颜料，开始在岩壁上勾勒一头野牛的轮廓。

那位画家的手臂依靠一种名叫肌球蛋白的蛋白分子才能在岩壁上来回挥舞。肌球蛋白本质上是一种酶，它利用化学能驱动肌肉内纤维蛋白的相对滑动而使肌肉收缩。

阐明肌肉收缩的原理是数百名科学家历时数十载的杰出成果，同时它也是纳米生物工程和动力学研究中的代表性案例。不过在此我们要直接跳过肌肉收缩的分子机制。取而代之，我们的关注点将会放在一个在大脑中瞬息即逝的念头是如何引起肌肉收缩的（见图 7–1）。

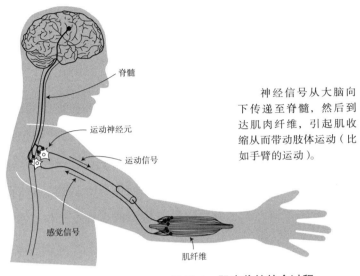

脊髓

神经信号从大脑向
下传递至脊髓，然后到
达肌肉纤维，引起肌收
缩从而带动肢体运动（比
如手臂的运动）。

运动神经元

运动信号

感觉信号

肌纤维

图 7-1　肌肉收缩的全过程

　　如果真要说的话，这个问题的答案是念头并不能直接使肌肉收缩。让那名艺术家肌肉纤维收缩的最直接动力，来自顺着电势差涌入肌肉细胞的钠离子。由于肌肉细胞外的钠离子比细胞内的钠离子多，这导致细胞膜两侧存在电势差，就像一块充能的小电池。不过，细胞膜上有一些被称为离子通道（ion channels）的孔道，某些种类的离子通道开启时，钠离子得以穿过这些离子通道而流入细胞，而正是钠离子流入时的放电过程引发了肌肉收缩。

　　那么在这条因果链中我们要问的下一个问题是：肌肉的离子通道为什么会开启呢？答案是，艺术家手臂上与肌肉细胞相连的运动神经元释放的神经递质打开了离子通道。不过又是什么引起了运动神经元释放囊泡里的神经递质呢？每当一种被称为"动作电位"（action potential）的电信号到达神经细胞末端时，就会刺激神经元释放神经递质（见图7–2）。动作电位是所有神经信号工作的基础，值得我们对它的工作原理进行更细致的介绍。

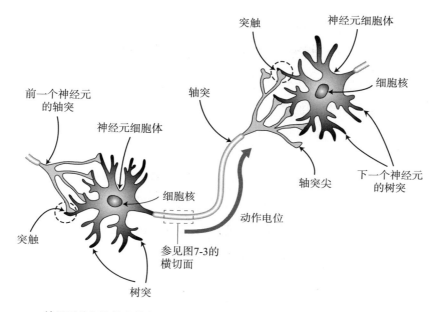

神经元从细胞体向轴突以及神经元末端传递电信号,在末端电信号引起神经
递质的释放。神经递质进入突触后被下游神经元的细胞体所接收,引起下一个神
经元的细胞体放电,电信号得以从一个神经元传递到下一个。

图 7–2 神经元结构与动作电位的传递

神经细胞,也就是神经元,通常十分长而纤细,犹如一条蛇。神经细
胞通常可以分为三个部分:它的头部形似蜘蛛,被称为细胞体,细胞体是
发起动作电位的位置;动作电位被引发之后就沿着传递的细长部分被称为
轴突,还记得嗅觉神经元的扫帚柄吗?就是指这个部分;最终动作电位到
达神经元末端,神经递质的释放正是在此(见图 7–2)。虽然神经元的轴
突看起来像一根小电缆,但是与依靠电子流导电的铜线不同,电流在轴突
上传递的方式要聪明得多。

神经元细胞与肌肉细胞类似,细胞外的钠离子通常多于细胞内的。这
种浓度差异是依靠神经元细胞膜上主动排出钠离子的离子泵建立和维持
的,内外两侧的钠离子浓度差在细胞膜上形成了一个大约 0.01 伏特的电势

差。虽然这个电势差听起来微不足道，但是如果考虑到细胞膜的厚度只有区区几纳米，换句话说，这段电势差跨越的距离也十分小。这意味着跨越细胞膜两侧的电势梯度（也就是电压）实际上达到了 100 万伏特 / 米。这相当于 1 厘米的距离上就有高达 1 万伏特的电势差，这足以产生击穿火花，用作你车上点燃汽油的火花塞了。

画家手臂上运动神经元的头端，也就是神经元的胞体，与一群叫突触的结构相连（见图 7–2），突触类似于神经元与神经元之间的接线盒。与神经和肌肉相连处一样，上游神经元把神经递质释放到连接间隙里。神经递质引起了神经元胞体膜表面广泛分布的离子通道开启，继而导致带正电的离子涌入细胞，引起电势差的急剧降低。

在多数情况下，突触中少量离子通道开启引起的电势差下降并不会产生明显的效应，甚至根本没有什么效应。但是如果进入突触间隙的神经递质数量巨大，那么相应会有数量巨大的离子通道开启，大量的阳离子随即进入细胞，细胞膜上的电势差降到大约 –0.04 伏特。这是一个重要的阈值，当电压降到这个值时，一些其他种类的离子通道就开始起作用。这些离子通道被称为电压门控通道（voltage–gated ion channels），顾名思义，这些离子通道不是对神经递质敏感，而是对跨膜电压的大小敏感。

以我们的艺术家为例，当她体内神经元胞体的电势降到阈值以下时，这种离子通道就被成堆地激活，使得更多的阳离子冲进细胞内，进一步加剧细胞膜的短路状态。而由此引起的电压下降则又引起更多的电压门控离子通道开启，更多的阳离子进入细胞，更大地促进细胞膜短路。神经元长长的轴突上布满了这种电压门控的离子通道，所以一旦细胞体发生这种短路效应，就会引起细胞膜的多米诺骨牌效应：短路电流 - 爆发动作电位 - 电位迅速传递直到神经元末端（见图 7–3）。在那里，动作电位刺激神经递质释放，进入神经肌肉接头（neuromuscular junction），引起那位艺术家的手臂肌肉收缩，让她能够在石壁上描绘出野牛的轮廓（见图 7–1）。

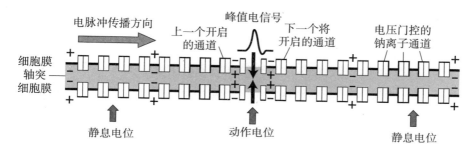

依靠细胞膜表面的电压门控通道，动作电位沿着神经元的轴突传播。静息状态下，细胞膜外的阳离子比细胞内更多。但是，从上游传来的动作电位改变了细胞膜两侧的电压，引起离子通道的开启，使得一波带正电的钠离子潮（也就是动作电位）涌入了细胞，暂时性地逆转了细胞膜内外的电势差。这个峰值电信号继而引起下游离子通道的开启，形成多米诺骨牌效应，这段脉冲信号向着下游传播直到神经细胞的末端，在那里引起神经递质的释放。当动作电位过去之后，离子泵将细胞膜的电位恢复到静息状态。

图 7–3　动作电位传递的横切面图

通过上述说明，你会发现电流信号在神经元和导线中的传递非常不同。首先，神经元中电流的传播方向，也就是电荷运动的方向，并不是沿着电信号在神经元上传播的方向，而是与动作电位传递的方向垂直：电荷通过细胞膜上的离子通道，从细胞外转移到细胞内。此外，一旦爆发动作电位，引发动作电位的离子通道就会立刻关闭。而后离子泵开始工作，恢复细胞膜两侧原来的电位状态。因此，我们有了一种新的角度来看神经信号：它是神经元从细胞体到末端，沿途膜离子通道的顺次开闭，而所谓的神经信号就是这股移动的动作电位。

大多数运动神经元的神经 - 神经接头位于脊髓。在脊髓，运动神经元会与数百乃至数千个上游神经元建立关联，接受它们释放的神经递质（见

图 7–1）。其中一些上游的神经元向接头处（也就是突触）释放的神经递质能开启细胞体上的离子通道，让运动神经元更容易爆发动作电位，而另一些神经元释放的递质则倾向于关闭这些通道。通过两种作用相反的上游神经元，每个运动神经元的细胞体都类似于计算机的逻辑门：它们会根据输入信息决定是否爆发动作电位。所以，如果说每个神经元都扮演了一个逻辑门电路的角色，那么由数十亿神经元组成的大脑，就可以被看成是某种意义上的计算机了。这个观点得到了多数认知神经学家的认同，他们称这种理论为心智计算理论 (computational theory of mind)。

不过我们有点跳得太快了——大脑的事儿需要先放一放。那位艺术家的运动神经元接受的输入信息多数来自大脑，只有通过神经 - 神经接头接受足够的神经递质，运动神经元才能爆发动作电位。所有神经元的细胞体遵循因果关联，每个神经元根据它上游输入信息的整体效应决定是否产生兴奋。也就是说，一个神经元是否兴奋由它上游的神经元决定，而上游的神经元则由更上游的神经元决定，如此循序向前，直至我们将这条因果链推回到那位艺术家传递视觉、听觉、嗅觉和触觉的神经以及记忆中心，她的记忆中心里记录着观察野牛的全部感官信息。大脑的神经网络位于传入的感官信息和传出的运动信息之间，它经过逻辑运算和处理，做出是否描绘一头野牛的决定并且在画图过程中下达精确的运动指令。

看起来问题已经解决了：我们已经理清了让那位艺术家在墙壁上挥舞手臂的前因后果。不过是不是还遗漏了什么？到目前为止，我们描述的完全是一种机械的因果关联：感官信息的输入决定运动信息的输出，其中某些信息还要经过大脑内的记忆中心。这与笛卡儿的观点，认为动物只不过是某种机器（我们在第 1 章里讨论过）有着异曲同工之处，只不过我们把笛卡儿口中的滑轮和杠杆换成了这里的神经、肌肉和逻辑门。

但是不要忘记，即便是笛卡儿也为精神物质的存在留下了余地：灵魂。笛卡儿认为，灵魂是人类一切行为背后的最终主宰。那么我们应该把灵魂放在这条因果链的哪个位置上呢？到现在为止，我们的那位艺术家都还只是一具没有意识的行尸走肉。让她觉得有必要在墙壁上画出一头野牛的意识和想法，究竟出现在信息输入和传出之间的何处呢？这一直是神经科学里的最大疑问。

人脑就是量子计算机

在某种程度上，多数人都会认同一种二元论观点：心智、灵魂或者意识是一种区别于肉体的存在。不过这种二元论在 20 世纪的科学界却渐渐失宠，大多数神经生物学家都青睐于一元论：他们认为心智与肉体实际上是同一种东西。比如，神经科学家马塞尔·金斯波兰尼（Macel Kinsbourne）认为，"意识是一种具有交互式功能的特殊神经电路"。虽然计算机的逻辑门与神经元的工作方式十分相似，但是即使把计算机进行大规模连接，譬如由数十亿台计算机（虽然与大脑中千亿级别的神经元相比依旧显得微不足道）连接而成的互联网，也无法产生意识。为什么基于硅质的计算机网络只能是行尸走肉而基于血肉的"计算机"网络却能够拥有意识呢？这仅仅是因为我们大脑中数量庞大的神经元在"关联"①的复杂度上轻松碾压了互联网吗？还是因为意识本身是一种非常独特的计算方法？

关于意识的解释数不胜数，因此也不乏众多这方面的论著。不过，出

---

① 互联网的实际规模难以估计，但是每一个互联网页面上的链接平均来说不会超过 100 个，而每个神经元通常通过突触与超过数千个其他神经元相关联。所以，就连接的数目而言，互联网中大约有 1 万亿个连接，而大脑中神经元之间的连接数则是这个数字的 100 倍。目前，互联网的规模只需要几年就会翻一倍，所以有预测认为，未来 10 年内互联网的复杂程度就会与大脑不分伯仲。那么到那时互联网会具有意识吗？

于论述的需要，我们只把注意力放在其中一种极度富有争议却又引人入胜的观点上，这种观点与我们的主题十分贴近：意识是一种量子力学现象。这个观点最著名的支持者是牛津大学的数学家罗杰·彭罗斯（Roger Penrose）。他在 1989 年出版的著作《皇帝的新脑》（*The Emperor's New Mind*）里提出，人类的大脑就是量子计算机。

你可能还记得第 3 章里出现过的量子计算机，当时我们回顾了 2007 年《纽约时报》上一篇声称植物就是量子计算机的文章。麻省理工学院的文献交流会的成员最终认同，微生物和植物的光合作用系统的确能够执行某种量子计算。那么，认同这一观点的那些聪明的大脑会不会也同样在量子力学的范畴里呢？为了回答这个问题，我们首先需要更仔细地看看什么是量子计算机以及它是如何工作的。

| 量子位计算 |

今天当我们提到计算机时，它是指所有可以针对二进制信息执行控制和处理指令的电子设备，二进制信息通过一连串能够"打开"或者"关闭"的电子开关表示——每个开关可以编码二进制位中的 1 或 0（二进制位在计算机里也被称为比特）。大量的电子开关通过布局设计可以作为执行不同逻辑指令的电路，不同的逻辑电路再进行组合就能够用于执行数学运算，比如加法、减法乃至我们上文中提过的神经元兴奋问题。与掰手指、心算以及用纸和笔等手动解决问题的方式相比，数码计算机在计算速度上有不可比拟的优势。

LIFE ON THE EDGE

量子计算机
quantum computer
指一类遵循量子力学规律进行高速数学和逻辑运算、存储及处理量子信息的物理装置。

　　然而即便电子计算机在解决计数问题的速度上表现优异，但是当它面对量子世界数量庞大的多重可能问题时，也束手无策。对于这个难题，诺贝尔物理学奖得主理查德·费曼提出过一种可能的解决办法：他认为要解决量子世界的计算问题，我们需要一台量子计算机。

　　要理解量子计算机的工作原理，我们可以打一个比方。首先我们把传统计算机的比特看作一种圆球形的罗盘，罗盘内的指针指向 1（罗盘的北极）或者 0（罗盘的南极），指针所指方向可以在两极之间通过旋转 180°切换（见图 7–4a）。计算机的中央处理器（CPU）里包含了数以百万计的这种比特开关，所以计算机的每一个计算过程都可以被看作是处理其中许许多多圆球如何进行 180° 旋转的翻转规则。

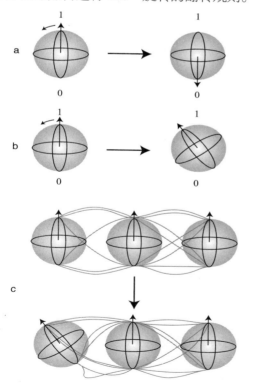

经典的比特概念，1 到 0 的变化可以看作是一个圆球自转 180°。

量子位概念，量子位的改变可以看作是圆球以任意角度发生自转。不仅如此，由于相干性，每个量子位处于同时向多个角度发生旋转的叠加态。

连接三个圆球表面的假想细线表示它们之间的量子纠缠。三个圆球分别旋转导致细线上的张力变化，这种变化就代表量子计算。

图 7–4　传统计算机和量子计算机示意图

量子计算中与经典比特对应的概念叫量子位（qubit）。量子位也可以看成是一个经典的圆球 [1]，但是它的旋转不局限于 180° 。取而代之，它可以在空间里按照任意角度进行旋转，除此之外，在量子力学的范畴里，由于圆球处于量子相干叠加态，它的指针可以同时指向许多方向（见图 7–4b ）。灵活性上的提升让量子位可以比传统的比特编码更多的信息。不过对计算而言，真正的助力来自量子位之间的组合。

与相邻的两个经典比特之间不会有相互影响不同，量子位之间同样存在量子纠缠。你可能还记得第 5 章中的量子纠缠，这是一种基于相干性的属性，在量子纠缠中，粒子失去了个体性，每个粒子发生的改变会同时影响处于纠缠态的其他所有粒子。在量子计算中，量子纠缠可以用圆球之间相连的弹性细线 [2] 来比喻（见图 7–4c ）。现在让我们想象旋转其中一个圆球。如果没有纠缠态，其中一个圆球的旋转不会影响相邻的量子位。但是事实上，我们旋转的量子位与其他量子位间存在量子纠缠，这些量子位之间相连的细线都会因为其中一个量子位的旋转发生张力变化。作为计算资源的纠缠态细线会随着量子位数目的增加呈指数级增长，指数级增长意味着增长十分迅速。

如果你听过一个皇帝的寓言故事，你就能体会到指数级增长的力量。寓言里说有一位皇帝因为国际象棋的发明，龙颜大悦，许诺给象棋的发明者任何他想要的赏赐。狡猾的发明者请求在棋盘的第 1 个方格里放上 1 粒米，在第 2 个方格里放上 2 粒米，在第 3 格放 4 粒米，以此类推，每一个格子里都放置前一格内两倍数目的米粒，直到最后的第 64 个格子。这位皇帝觉得这个要求简直微不足道，当即恩准了他的请求，并马上吩咐下人搬来米。但是，没等米粒点出多少，他就发现自己想错了。棋盘第 1 行的

---

① 对从事物理学的读者来说，我们这里讨论的是一种布洛赫球面。
② 实际上，这些细线代表薛定谔方程中纠缠态量子位的相位与振幅之间的数学关系。

最后一格里只需要放区区 128 粒米（虽然是 8 格，但仍是 2^7——别忘记第 1 格里只有 1 粒米），即便到第 2 行结束的时候，最后一格里也只有 32 768 粒米，还不到 1 千克。但是这位皇帝在计算接下来的格子时，却惊愕地发现，当第 3 行结束的时候他不得不交出 200 多吨的米 [①]。而他只有倾尽举国之力，才能拿出第 4 行需要的米！事实上，棋盘最后一个格子里要放进 9 223 372 036 854 775 808（也就是 2^{63}）粒米，或者说 230 584 300 921 吨，粗略算起来这几乎是整个人类社会历史上收获过的水稻总和。

那位皇帝犯的错误是，他没有意识到不断对一个数进行翻倍将导致指数级增长——翻倍的另一种说法是，一个数加上与它一样大的数。指数级增长是一种爆炸式增长，那位皇帝已经尝到它的厉害了。米粒数随着棋盘格子的增加而增加，与之类似，**量子计算机的运算能力以指数级的方式随着量子位数目的增加而增长。**

这和经典的计算机十分不同，传统计算机的计算能力与比特位的数目成线性关系。打个比方，如果你给一台传统的 8 位计算机增加一个比特位，它的运算能力就会比原来增加 1/8；如果想让它的运算能力翻倍，就必须使它拥有的比特位翻倍。但是在量子计算机中仅仅增加一个量子位就可以让运算能力翻倍，这种指数级增长就像寓言里的皇帝眼睁睁看着自己米仓的流失速度越来越快。事实是，如果一台量子计算机能够维持 300 个量子位的相干性和纠缠态，那么它的计算能力在某些问题的表现上几乎相当于一台整个宇宙那么大的传统计算机！而那 300 个量子位很可能只需要 300 个原子的参与。

但是（注意这是一个很重要的"但是"），如果想要这台量子计算机工作，

---

① 这里应该是作者谬误，如果第 2 行最后一格内的米重量不到 1 千克的话，3 行米粒总重应当在半吨左右。——译者注

那么它的量子位在执行计算时只能与所有参与计算的其他量子位发生关联（通过看不见的纠缠态细线）。这意味着它们必须完全从所处的环境中被孤立出来。与环境存在关联的问题在于，它会让量子位与外界环境发生纠缠，我们可以把这个过程看成更多细线的建立，新绑定的细线从各个方向牵扯量子位，与量子位之间原有的细线发生竞争，干扰它们执行的计算。这个过程就是所谓的退相干过程（见图 7–5）。**即使与环境发生极其微弱的相互作用，量子位之间的相干性也会受到严重影响：量子位之间的量子连接被切断、纠缠态丧失，量子位的运动变为传统的比特位。**

外界环境

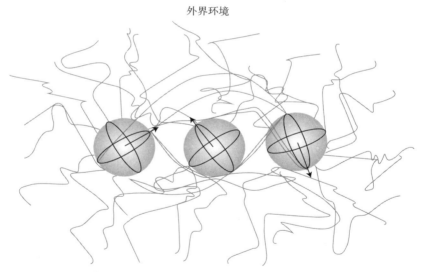

量子计算机的退相干可以想成是量子位与外界环境建立了新的纠缠态。外界环境与量子位形成的纠缠细线对它们来回牵扯，让量子位不再回应原先的纠缠态联系。

图 7–5　量子计算机的退相干

| 量子计算机 |

量子物理学家尽他们所能来保持纠缠态量子位的相干性，他们使用极其考究以及精细操作的物理体系，把编码的量子位数量控制在一小撮原子内，将整个体系的温度降至几乎绝对零度并用大块的绝缘材料包裹设备，杜绝任何外界环境的可能干扰。依靠这些措施，量子物理学家们已经取得了一些里程碑式的成果。2001 年，IBM 和斯坦福大学的科学家成功建造出一台可以执行肖尔运算（Shor's Algorithm）的 7- 量子位"试管量子计算机"。肖尔运算以数学家彼得·肖尔（Peter Shor）的名字命名，肖尔在 1994 发明了这种专门用于在量子计算机上运行的智能算法，它编码了一种效率极高的因数分解算法（因数分解是把指定的一个数分解为若干个质数的乘积）。试管量子计算机的问世曾经轰动一时，登上了全世界各个科技版面的头条；不过初来乍到的量子计算机在它的首次运算中表现平平，只成功算出了 15 的质因数（为了避免你被难住了——15 的两个质因数是 3 和 5）。

在过去的十年中，一些顶尖的物理学家、数学家和工程师倾注心血试图构建规模更大、性能更好的量子计算机，但是依旧进展缓慢。2011 年，来自中国的科研工作者仅用 4 个量子位就成功对 143（13×11）完成了因数分解，中国团队应用的体系与 2001 年美国团队使用的相同，都是以原子的自旋状态作为编码的量子位。而加拿大一家叫 D–Wave 的公司则发明了一种十分不同的编码方式，这家公司以电子在电路中的运动作为编码用的量子位。

2007 年，D–Wave 发表声明，称它们成功开发了第一款商用 16- 量子位量子计算机，这款计算机能够解决数独和其他一些模式匹配及最优化问题。2013 年，NASA、Google 以及美国高校空间研究协会（Universities Space Research Association, 简称 USRA）合作从 D–Wave 公司购买了一台 512- 量子位计算机（价格未公开），简称 NASA 计划用这台计算机寻找太阳系外行星，系外行星是指那些不围绕太阳而围绕其他遥远恒星公转的行星。不过到目前为止，D–Wave 生产的机器都还没有能够超越传统的计算机性能。不仅如此，许多量子计算机专家始终对 D–Wave 的技术是否真的属于量子计算持怀疑态度——即便是，他们也怀疑 D–Wave 的设计是否真的可以超越传统的计算机。

不论实验者如何尝试，要把目前极不成熟的这一代量子计算机改进到具有实用价值依旧是一个艰巨的挑战，而其中最大困难在于封闭性。成对的量子位可以让量子计算机的运算能力翻倍，但是也让维持它们量子相干性和纠缠态的难度翻倍。原子的温度需要降到更低，对它们的屏障措施要做得更好。随着原子数目增加，要使原子相干性保持的时间超过万亿分之一秒变得越来越难，退相干的发生快到让计算机连最简单的运算都来不及完成。写作本书时，常温下核自旋相干性维持的最长纪录已经达到了惊人的 39 分钟，但是这对建造量子计算机的帮助依然有限。但是，我们也发现了活细胞的确可以延迟退相干的发生，虽然不长，但是足以让光合作用复合体中的激子或者酶中的电子和质子有时间完成传递。那么如果大脑需要足够的时间完成量子运算，类似的退相干延迟可能发生在中枢神经系统吗？

微管理论

彭罗斯认为，大脑是量子计算机，这一观点最初有一个让人意想不到的来源：奥地利数学家库尔特·哥德尔（Kurt Gödel）提出的著名的（至少在数学家的圈子里）不完全性定理。20 世纪 30 年代，当时数学家正在自信满满地建立一套强大而完整的公理体系，整套体系的公理之间要求协调一致、没有自相矛盾，以期任何一个数学命题都可以通过这套体系在有限步内被证明真伪。如果你不是数学家或者哲学家可能不会上心这样的事，但是对于逻辑学界而言，哪怕时至今日，这都算得上是一项举足轻重的工程。哥德尔的公理给 20 世纪 30 年代的数学家当头泼了一盆凉水，他的不完全性定理指出构建这种体系的努力将注定徒劳无功。

哥德尔的第一不完全性定理指出，在每一个逻辑体系中，比如自然语言和数学中，都存在该逻辑体系自身无法证明真伪的命题。第一定理乍看下是个无伤大雅的论断，但它的含义实际上影响深远。随便考虑一个熟悉的逻辑体系，比如语言，我们可以根据"所有人都不过是凡夫俗子"和"苏格拉底是一个人"这两句话，推论出"苏格拉底不过是一个凡夫俗子"。前两句话对第三句话的推导和证明只需要用非常简单的代数规则（如果 A=B 并且 B=C，那么 A=C）。但是哥德尔指出，任何用以证明数学公理的复杂逻辑体系都有一个共同的局限：应用每个逻辑体系推导出的某些命题，无法用该逻辑体系本身对其做出真伪证明。

听起来很拗口，事实上也的确不太直观。但是下面要说的这一点很重要：哥德尔的定理并不意味某些命题无法被证明，而是强调能够证明这些命题的逻辑存在于产生它们的逻辑体系之外。比如，为真但是无法被证明的语言命题，其证明规则可能在代数中；反之亦然。

我们在这里讨论的逻辑学内容经过极度简化，略去了诸多细节。对哥德尔的理论有兴趣的读者可以阅读美国认知科学家道格拉斯·霍夫施塔特（Douglas Hofstadter）在 1979 年出版的著作。彭罗斯在他的《皇帝的新脑》中以哥德尔的不完全性定理作为自己观点的切入点，他首先指出，经典的计算机会利用统一的逻辑系统（也就是计算机算法）产生命题。根据哥德尔的定理，计算机也一定能够推论出它们无法证明真伪的命题。但是，彭罗斯认为，人类（或者说属于数学家的那一群人类）能够推导和证明这些计算机无法证伪的命题。因此，彭罗斯据此认为，人类的大脑要胜于传统的计算机，因为它能够执行一种彭罗斯称之为非计算性的处理过程。继而，他假设这种非计算性能力需要一些特别的解释，只有量子力学才能提供这样的解释。最终彭罗斯得出结论，意识正是量子计算的产物。

没有复杂的数学证明，仅仅是基于命题的可证明性，不得不说这个结论总结得实在大胆。彭罗斯在后来出版的著作《意识之影》（The Shadow of the Mind）中更进一步，提出了大脑如何利用量子力学计算的生理学机制。彭罗斯与亚利桑那大学的麻醉学与心理学教授斯图尔特·哈梅罗夫（Stuart Hameroff）[1] 合作，两人宣称神经元里一种叫微管（microtubules）的结构相当于量子计算机的量子位。

微管是由微管蛋白组成的链状结构。哈梅罗夫和彭罗斯提出这种微管蛋白——组成微管的蛋白珠——至少可以在伸展和收缩这两种形状之间进行转换。最重要的是作为量子物体，微管蛋白可以同时具有伸张或者收缩的状态，这一点让它类似于量子位。哈梅罗夫和彭罗斯的假设还不止如此，他们还认为，一个神经元中的微管蛋白还与其他神经元中的微管蛋白维持着量子纠缠。你可能还记得纠缠就是那种可以把相距甚远的物体联系在一起的"幽灵般的超距作用"。**如果大脑中万亿个神经元之间真的存在神秘的遥控力量，那么原本独立的每条神经中所包含的信息就可能通过这种方式被整合起来，捆绑问题也就迎刃而解了。大脑成了一台原理神秘但是异常强大的量子计算机。**

彭罗斯–哈梅罗夫的意识理论远不止于此，其中更富争议的观点可能

---

[1] 麦克法登希望借此机会向斯图尔特·哈梅罗夫道歉，麦克法登在自己的书《量子进化》(Quantum Evolution) 中拼写错了他的名字。

是，他们提出引力也参与了意识的形成 ① 。那么他们的学说真的可信吗？包括笔者在内，还有几乎所有的神经生物学家和量子物理学家都不能苟同这种理论。如果你还记得前文中有关信息如何从大脑传递到神经的叙述，那么你可能会发现，最明显的问题是整个过程中我们都没有提到微管所扮演的角色。没有提及微管是因为就我们所知而言，它在神经信息的处理过程中没有任何直接作用。微管维持着神经元的物理结构并且在轴突内运输神经递质，但是没有人认为它们在大脑处理信息的复杂神经网络中有关键作用。因此微管不太可能是思维的孕育之处。

不过更大的问题在于，作为具有相干性的量子位而言，大脑中的微管分子实在是过于庞大和复杂了。在前面的章节里，我们提出，在许多生物学系统中都有可能存在量子相干性、量子纠缠态以及量子隧穿，这些生物学系统囊括了光合作用复合体、酶、嗅觉感受器、DNA 和鸟类神秘的地磁感受器。但是这些系统中体现"量子"的成分（包括激子、电子、质子以及自由基）都有一个关键的共同特征，那就是简单。根据薛定谔在 70 年前的预测，生物体内的量子力学现象只能发生在包含少数几个粒子的过程中。所以，体现量子性的成分通常是在原子的水平上发生相互作用的一个或者几个粒子。

但是彭罗斯 – 哈梅罗夫的理论却认为，由数百万个粒子构成的整个蛋白质具有量子叠加态，并且不止是一个微管内的分子之间，而是整个大脑中数十亿个神经元内的所有微管之间都存在量子纠缠。但是这几乎是不可能的：虽然还没有人能够测出实际值，但是理论计算得出的结论是，单个

---

① 这又是一个让人难以理解的概念，彭罗斯提出了一个极端的例子来说明引力作为一种测量手段对量子世界的影响。他认为如果一个量子系统非常复杂（因此系统质量非常大），那么系统对时空的引力效应将反过来干扰系统本身，导致系统的波函数塌缩，量子系统转变为经典系统。而这种转变过程的结果就是思维。彭罗斯独特理论可以详见他所著的书，不过就事论事，时至今日，彭罗斯的理论在量子物理学界依旧鲜有追随者。

微管分子相干性维持的时间很难超过几皮秒 ①，转瞬即逝，远远不足以对大脑运算造成任何影响。

不过，彭罗斯－哈梅罗夫量子意识理论最根本的问题可能在，彭罗斯一开始就认定大脑是一台量子计算机。彭罗斯断言的依据是，人类可以证明传统计算机无法证明的哥德尔命题。然而这最多只能说明在处理传统计算机的哥德尔命题上，人类的大脑和量子计算机打了个平手。实际上不光没有证据显示人类可以解决传统计算机无法处理的哥德尔命题，甚至多数研究者相信事实正好相反。

人类的大脑在论证哥德尔命题的能力上未必比传统计算机更强。虽然人类的大脑可以对传统计算机推论的哥德尔命题进行证明，而计算机对此无能为力；但是反之亦然，计算机同样可以证明人类大脑推出的哥德尔命题，而人类对此同样束手无策。哥德尔的不完全性定理只是指出一个逻辑体系无法对自己推导的所有命题进行真伪证明，而并不能据此比较两个逻辑体系证明哥德尔命题的能力高低。

那会不会其实大脑中并没有量子力学过程？哪怕量子力学的引擎在我们身体的许多部位起着作用，而我们的思维却依旧只能依靠破旧的蒸汽机来牵引？事实未必如此。最新的研究暗示，量子力学可能的确参与了意识的过程。

离子通道

神经元细胞膜上的离子通道，是大脑中存在量子力学现象的可能位

———————————

① 1 皮秒 $=10^{-12}$ 秒。——译者注

置。我们已经说过，神经元的离子通道调节着动作电位——也就是神经信号——在大脑中作为信息的传递，所以它们在神经信息的处理中起着关键性作用。离子通道只有大约 10^{-9} 米（大约 1.2 纳米）长，而宽度不到长度的一半，所以离子只能一个一个通过。尽管如此，离子穿过通道的速度非常快，达到了大约每秒 1 亿个。除了速度快之外，离子通道还具有选择性：钠离子只比钾离子小了一点点——你可能会天真地认为钠离子应该可以通过任何允许钾离子通过的离子通道，然而事实是，钾离子通道中每穿过 1 万个钾离子，才有可能错漏过一个钠离子。

高效的离子转运速度以及超凡的离子选择能力，让离子通道成为动作电位快速传播的保证，动作电位快速传播得以在大脑形成我们迅捷的思维。但是离子通道如何同时保证转运速度和精确度却一直是个谜。联想到第 3 章讨论光合作用中能量传递的情形，会不会又是量子力学的功劳呢？是量子力学加快了大脑中离子的转运吗？

LIFE ON THE EDGE
量子实验室
The Coming of Age of Quantum Biology

2012 年，萨尔茨堡大学的神经科学家古斯塔夫·波洛伊德（Gustav Bernroider）与维也纳科技大学原子研究所的约翰·萨姆哈默（Johann Summhammer）合作完成一个量子力学模拟实验：他们让一个离子穿过一个电压门控离子通道，结果发现，离子在穿越通道后发生了离域化(指其位置变得不确定)，离域化更像是波而不是实体粒子的性质。不仅如此，振动频率颇高的离子波还以共振的方式向周围的通道蛋白传递能量，共振让离子在穿越通道时损失掉将近一半的能量。所以，离子通道就像是一个冰箱，它通过吸收与其共振离子的动能，降低离子的"温度"，离子通道的"冷却"让离子保持离域化的量子状态并且延迟退相干的发生，使其能够以量子的方式快速穿越离子通道。同样的原理也可以解释离子通道的选择性，由于共振程度不同，把钾离子换成钠离子之后钾离子通道的"冷却作用"也相应发生了改变：相长干涉能够促进钾离子的传递而相消干涉则会阻碍钠离子传递。研究团队最后总结认为，量子相干性在神经离子通道传导离子的过程中"不可或缺"，换句话说，量子相干性是思维的必要条件。

需要强调的是，上述实验的研究人员并没有暗示具有量子相干性的离子可以作为量子位，他们也没有暗示离子在意识的形成中具有重要作用；看到这个实验的第一眼，你可能觉得它和捆绑问题根本没有关系，这样的研究如何帮助我们理解意识的本质呢？与彭罗斯－哈梅罗夫的微管理论不同，至少离子通道在神经活动中有明确的作用——它们控制着动作电位——离子通道的状态反映了神经元的状态：如果神经元正在兴奋放电，那么离子就在快速流入（别忘记它们是以量子波的形式）开启的离子通道；而如果神经元处于静息状态，那么离子通道也相应地处于静息状态。所以，既然大脑中所有兴奋和非兴奋的神经元以某种方式编码了我们的思维，那么这些思维同样可以被所有离子进出细胞形成的量子流所反映和编码。

那么单个思维要如何才能被整合为完整的意识呢？如果仅仅是一个离子通道——无论是量子性的还是经典的——对于承载物体的视觉信息来说，比如一头野牛，都还远远不够。要参与意识的形成，离子通道之间必须以某种方式相互连接。量子力学对此有所助益吗？比如说，有没有一种可能性，一个通道里的离子不仅仅与同一个通道里的其他离子存在量子纠缠，还与周围通道里的离子甚至周围其他神经元离子通道里的离子存在量子纠缠呢？这几乎不可能。离子通道以及其中的离子与彭罗斯－哈梅罗夫理论中的微管面临着同样的问题。如果说相邻离子通道内的离子存在纠缠态还勉强有可能的话，那么在大脑温暖、潮湿、高度动态的退相干环境里，不同神经元之间的离子可以保持纠缠态则完全是痴人说梦。没有神经元之间的联系，也就无法解决捆绑问题。

如果离子通道的纠缠态无法实现，还有什么能够作为量子信息绑定的媒介呢？的确还有一种可能：电压门控离子通道。顾名思义，这种离子通道对电压变化十分敏感：电压是对电场梯度分布的衡量，也是开启和关闭离子通道的原动力。大脑内的所有空间都充斥着它自己产生的电磁场，它是所有神经元电生理活动的总和。大脑电磁场是脑扫描技术的例行检查项目，比如脑电图和脑磁图。如果你看到过脑电图或者脑磁图的扫描结果，肯定会惊讶于它们惊人的复杂性和所包含信息的丰富性。大多数神经学家都忽略了大脑电磁场对思维的潜在影响，因为他们习惯于把大脑的电磁场看作火车的汽笛：它们都是自身活动的产物而对它们本身没有什么影响。但是，包括麦克法登在内的一些科学家已经开始改变想法了。他们认为，意识可能不是离散思维的综合，而是大脑电磁场联合影响下的体现，电磁场为捆绑问题的解决以及意识的形成提供了可能。

为了表述更清楚，我们可能需要多讨论一些与场（Field）相关的内容。场的衍生概念来自它的本意：它表示在空间上铺展的事物，比如打谷场 ①或者足球场。在物理学中，场的基本含义没有改变，但是通常指能对物质施加力的能量场。引力场可以移动其中任何具有质量的物体，电场或者磁场则可以移动带电荷或者具有磁性的粒子，比如穿过神经元细胞膜上通道的离子。

19 世纪，詹姆斯·克拉克·麦克斯韦发现电和磁是同一种现象的两个

---

① 原文 cornfield 为稻田、玉米田，这里出于对场的解释，译作打谷场。——译者注

方面，于是两者被合称为电磁（electro–magnetism），两者的场则合称为电磁场。爱因斯坦的质能方程：$E=mc^2$。左边代表能量而右边则包含了质量，这个著名的公式阐明了能量和质量之间的可转化性。所以具有能量的大脑电磁场——相当于爱因斯坦公式的左边——与构成大脑神经元的物质没有本质区别。由于大脑电磁场是由神经元放电产生的，所以它编码与神经元放电相一致的大脑信息。但是与无法直接共享信息的单个神经元放电不同，大脑电磁场中包含了所有神经元的放电信息，这为捆绑问题的解决提供了可能。此外，通过影响电压门控离子通道的开闭，大脑电磁场直接影响了具有量子相干性的离子活动。

20 世纪初，意识的电磁场理论刚刚提出，那时还没有直接证据显示大脑电磁场能够影响神经元的兴奋，进而影响我们的思维和活动。不过，后来在数个实验室里完成的实验都证实，与人类大脑强度、组成相近的外加电磁场的确能够影响神经元的放电和兴奋。实际上，电磁场的作用看起来像是协调神经元兴奋：使众多神经元同步放电，让它们同时兴奋。这些发现提示大脑神经元兴奋所产生的电磁场，同样有可能影响神经元的放电活动，形成一种自我调节的环路。许多理论学家认为，这就是意识的必要组成。

大脑电磁协调神经元同步放电的现象在解决意识这个谜题时显得非常重要，因为这是为数不多的与意识有明确关联的神经活动之一。我们可能都有过这样的经历：看着一堆杂物，然后突然在眼皮底下发现了我们要找的东西，比如一副眼镜。当我们盯着那堆杂物时，编码眼镜的视觉信号确实传入了我们的大脑，但是由于某种原因我们没有看到这个正在寻找的物体：或者说，我们没有意识到它的存在。而后来我们又看到了要找的东西。对于同一个视野来说，我们的大脑究竟发生了什么变化，使我们看到了原本没有意识到的东西？显然，神经元的兴奋和放电似乎没有变化：不论我们是否看到了眼镜，同一个视野总是会使相同的神经元兴奋。区别在于，当我们没有看到眼镜时，神经元的放电不同步；而在我们看到眼镜时，它们则同步放电。电磁场联系了大脑中分布在不同部位的离子通道，协调了神经元的同步放电，这可能就是决定意识或者无意识的关键。

我们必须强调，大脑电磁场或者大脑具有量子相干性的离子通道这两个概念，是用于解释意识的，它们不能作为任何"超自然现象"的证据，例如心灵感应。这两个概念只适用于一个大脑内发生的神经活动——它们不可能造成两个大脑之间的相互影响。另外，我们在探讨彭罗斯有关哥德尔命题的观点时就已经说过，与我们在书中探讨过的其他生物学现象（比如酶促反应和光合作用）不同，实际上没有证据显示，意识活动的解释必须要依靠量子力学。但是鉴于我们已经发现奇特的量子力学参与了许多重要的生命现象，而它却唯独与生命最神秘的产物——意识——无关，这真的有可能吗？对此，我们希望读者们仁者见仁，智者见智。本章构建的理论框架，包括具有量子相干性的离子通道，以及电磁场对意识的影响，都仅仅是假说，只希望它能为量子和经典范畴里的大脑提供些许相互联系的可能。

牢记这点，让我们回到法国南部那个漆黑的洞穴里，完成我们的因果链。我们的艺术家泰然自若地站在石壁前，看着火把的火光在灰色的石壁上跳跃。有几幕岩石和火光的画面把一头野牛的形象带入了她的脑海。这足以在她的脑袋里产生一个念头。在波动的脑电磁场影响下，位置不同的众多神经元打开了具有相干性的离子通道。同步放电的神经元爆发动作电位，动作电位从她的大脑传出，经过突触连接向下传到她的脊髓。在那里神经信号又通过神经－神经接头传入运动神经元。运动神经元在神经－肌肉接头处释放神经递质，使她手臂上的肌肉兴奋。肌肉收缩引起手臂相应的运动，她在墙壁上挥动前臂，用木炭勾勒出野牛的轮廓。然后，最重要的是，她知道她做这一切的原因是她大脑里的一个念头。她不是一具行尸走肉。

三万年之后，肖韦的手电灯照在了洞穴的同一面墙上，那颗早已逝去的头颅中乍现的灵光，又通过另一个人的心智迸发出耀眼的光芒。

The Coming of
Age of
Quantum Biology

LIFE

ON

THE

EDGE

08

生命的起源

弗雷德·霍伊尔说过，随机化学过程创造出生命的概率，就像龙卷风吹过垃圾场，然后纯属意外地造出了一架大型客机。他的话生动形象地说明，我们今天所知的细胞生命体太过复杂有序，不可能起源于纯粹的偶然，在此之前一定有更简单的自复制体。量子相干性一定在生命起源中扮演了重要角色。

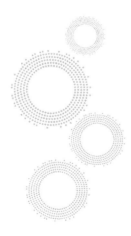

> ……假若（啊！这是多么大的一个"假若"！）我们可以构
> 想出某种温热的小水塘，里面有各类铵盐和磷酸盐，还有
> 光、热和电，在塘中合成的蛋白化合物正准备着进行更加复
> 杂的改变……
>
> ——英国生物学家查尔斯·达尔文，《致约瑟夫·胡克的信》，1871

格陵兰岛，在英语中意为"绿色土地"，但那里其实并不是绿色的。大约在公元 982 年，一个名叫红胡子埃里克（Erik the Red）的丹麦籍维京人为了逃避谋杀罪的指控，从冰岛一路向西航行，发现了格陵兰岛。他并不是第一个发现此岛的人：早在公元前 2500 年的石器时代，加拿大东部的土著已多次来到这里。但格陵兰岛环境恶劣，几乎是个不毛之地，早期的文明都已消逝，只留下些残存的遗迹。埃里克的运气不错，他到格陵兰岛时，正赶上中世纪暖期，岛上的气候相对温和一些。因此，他用现在这个名字命名此地，希望名中描绘的碧绿牧场可以吸引他的同胞们西行至此。

埃里克的计谋卓有成效，一个数千人的殖民地迅速在那里建了起来，而且至少在起初阶段，有繁荣发展的势头。但是，随着暖期衰退，格陵兰岛又恢复到了大西洋北部的典型气候，中央冰盖不断扩大，覆盖了岛上 80% 的面积。随着天气条件日渐恶劣，岛民们在沿岸地带贫瘠的浅

土上艰难维持着斯堪的纳维亚式的农牧生活，但庄稼收成和牲畜养殖都每况愈下。

令人出乎意料的是，大约在维京殖民地衰落的同时，另一波移民——因纽特人 [①] 却依靠着非常适应当地条件的复杂渔猎技术，在岛屿北部安居乐业。维京人如果能从因纽特人那里学到这些求生技术，就可能在格陵兰岛谋得一条生路。不过，关于这两个民族之间的交流，我们目前仅有的资料来自一个维京人的记录，文中说"因纽特人在被刺后流血不止"，他的"观察"表明，要让维京人乐于向他们北方的邻居学习似乎不太可能。后果可想而知，大约在 15 世纪晚期，维京殖民地彻底没落。从遗迹来看，最后几个维京住民为了求生，甚至开始同类相残。

然而，丹麦人从未忘记他们在北方的这个前哨基地，他们于 18 世纪早期派出一支探险队，想要恢复与当地人的联系。虽然探险队只发现了一些遗弃的房舍和墓地，但这次探访还是建起了一个更成功的殖民地，并最终和当地的因纽特人一起，在格陵兰岛上建成了现代国家的雏形。格陵兰今天的经济从因纽特经济发展而来，在很大程度上依赖渔业，不过，岛上丰富的矿产资源也日渐受到重视。20 世纪 60 年代，丹麦对格陵兰岛进行地理调查，雇用了一位年轻的地质学家对格陵兰西南角首府戈特霍布，格陵兰首府，现已更名努克（Nuuk）附近的地域进行地质调研。这位地质学家名叫维克·麦格雷戈（Vic McGregor），出生于新西兰。

麦格雷戈花了几年的时间乘着一条很小的半开放式小船，游历考察了这片峡湾林立的区域。小船很小，只能容得下他自己和两个从当地招募的船员及偶尔跟随的访客，所有人与渔、猎、宿营工具——和早期因

---

① 因纽特人（Inuit），亦称爱斯基摩人（Eskimos）。加拿大人习惯称该民族为"因纽特人"，而美国阿拉斯加地区则常称"爱斯基摩人"。——译者注

纽特殖民者的工具别无二致——及地质勘探设备挤在一起。利用标准的地层学技术进行检验后，麦格雷戈断定，该区域的岩石已连续累积了十层，最古老也是最深的一层很有可能"真的非常古老"——可能有超过 30 亿年的历史。

在 20 世纪 70 年代早期，麦格雷戈向斯蒂芬·莫巴斯（Stephen Moorbath）在牛津大学的实验室寄去一份古老岩石的样本。因为莫巴斯利用放射性测定岩石年代的技术，在学界有很高的声誉。这种方法依靠对岩石中放射性同位素的比率及其衰变产物进行测量来确定岩石的年代。比如，铀 238 衰变的半衰期是 45 亿年（中间经过一系列的核素，并最终衰变为一种铅的稳定的同位素）。由于地球的年龄大约为 40 亿年，因此，岩石中天然铀的浓度在经历了整个地球历史后会减半。通过测量任何岩石样本中这些同位素的比率，科学家可以计算出岩石形成的时间。

1970 年，莫巴斯正是利用这项技术，对麦格雷戈寄给他的片麻岩（gneiss）进行了分析。样本是麦格雷戈从格陵兰西南部一个被称为阿米兹克的沿海地区中凿出来的。麦格雷戈惊奇地发现，片麻岩样本中的铅含量比陆地上任何有记录的矿石或岩石都要多。很高的含铅量意味着阿米兹克的片麻岩正如麦格雷戈所猜测的那样——"真的非常古老"，至少有 37 亿年的历史，这比之前在地球上发现的任何岩石都要古老。

莫巴斯对这个发现感到非常震惊，以至于他后来多次加入了麦格雷戈在格陵兰的科考探险团队。1971 年，两人决定考察偏远的伊苏地区，这里几乎从未有人涉足，位于格陵兰内陆冰盖的边缘（见图 8–1）。他们必须先乘坐麦格雷戈的小船来到漂着冰山的戈特霍布峡湾尽头——中世纪的维京移民正是在这里艰难求生，过着甚为不安的生活。

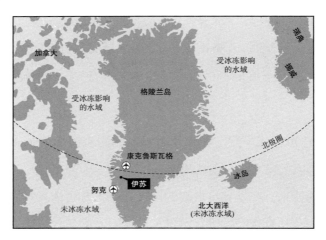

图 8-1　格陵兰岛地图及伊苏的位置

　　之后，莫巴斯和麦格雷戈乘坐当地一家矿产公司提供的直升机进行考察。这家公司对此地也很感兴趣，因为航空地磁勘探显示，那里可能富含铁矿石。两位科学家发现，在伊苏当地的粗玄岩（greenstone）中有许多枕状的岩块，名为玄武质枕状熔岩，由火山熔岩直接喷发进入海水形成。这种火山即所谓的泥火山（mud volcanoes）。这些岩石也可以追溯到 37 亿年以前。该发现清楚地说明，地球在形成 [①] 后不久，就出现了温热的液态海洋，泥火山（见图 8-2）的熔岩从浅海底部的"热水口"不断地喷涌而出。

　　然而，当哥本哈根地质博物馆的研究员米尼克·罗辛（Minik Rosing）测出伊苏粗玄岩中碳同位素的比例时，真正的惊喜才横空出世。岩石中含有约 0.4% 的碳元素。在分别测量碳的两种同位素 ^{13}C 和 ^{12}C 的比例时，他发现岩石中更重且更稀少的 ^{13}C 的含量比期望值要低很多。无机碳源，如大气中的二氧化碳，含有约 1% 的 ^{13}C，但植物和微生物的光合作用更喜欢

──────────

　　① 通常认为，地球在 45 亿年前由太阳的残余部分冷凝而成，但地球真正变成固态还要再等大约 5 亿年。

吸收轻质的 ^{12}C，因此，^{13}C 的含量低通常是存在有机物的指标。罗辛的测量结果显示，在 37 亿年前伊苏泥火山周围的温热水域中，曾有生物存在，且能像现代生物一样从大气中或水中溶解的二氧化碳那里捕捉碳元素，并利用这些碳元素建造了构成细胞的所有碳基化合物。

一座位于特立尼达岛（Trinidad）的现代泥火山。地球上的第一个生命，会不会是从一座类似的泥火山中涌出来，然后又在伊苏的粗玄岩中留下了自己的痕迹呢？迈克尔·赖格尔（Michael C. Rygel）摄，来自维基共享。

图 8-2　一座现代泥火山

关于伊苏岩石的理论依然充满争议，许多科学家并不认为低水平的 ^{13}C 就一定意味着生命体会出现这么早。主要的疑点在于，38 亿年前的地球正在经历"晚期大轰炸"（Late Heavy Bombardment）的"剧痛"，小行星与彗星频繁撞击地球，其能量足以使地表的所有水分蒸发，也可能使整个海洋消失。当然，如果发现任何生活在这一时期且能进行光合作用的古生物化石，争论便会终结，但伊苏的岩石经过数千年的风化，已严重破坏，此类化石恐怕难以辨识。我们必须向前快进几亿年，才能得到可以清晰证明生命存在的证据——目前，可辨识的最早的古微生物化石要比伊苏古岩晚几亿年。

尽管缺乏确凿的证据，但许多人相信，伊苏古岩中同位素的数据显示了地球上最早的生命活动迹象，而伊苏的泥火山火山口中不断喷涌着热碱水，又为生命的出现提供了理想的环境。泥火山中曾溶有丰富的无机碳酸盐。而且，火山喷发形成的蛇纹石，形态多孔，岩体上布满了无数的微小空腔，每一个空腔都是一个微环境，能够浓缩微量的有机化合物并使其稳定存在。或许，最早的生命真是出现在格陵兰的泥中。可问题是，生命是怎么出现的呢？

米勒-尤里实验

通常认为，**宇宙的起源、生命的起源和意识的起源是科学中的三大谜题**。量子力学与第一个问题紧密相关，我们也已经讨论过它与第三个问题之间可能存在的联系。我们很快会发现，量子力学对解释第二个问题可能也会有帮助。不过，我们应该先来检验一下非量子力学的解释是否能为生命的起源提供一个完满的解答。

几个世纪以来，科学家、哲学家和神学家们一直在思考生命起源的问题，并提出了各种不同的理论解释这一问题，从神创论到所谓的"泛种论"（地球生命的火种来自星际空间），不一而足。

19世纪的科学家们（包括达尔文）开创了更为严谨的科学方法来研究这一问题，他们认为，在某种"温热的小水塘"中发生的化学过程，可能会创造出活性物质。基于达尔文的猜想，俄罗斯人亚历山大·奥巴林（Alexander Oparin）和英国人霍尔丹（J.B.S Haldane）于20世纪伊始，分别独立地提出了正式的科学理论，即通常所说的"奥巴林-霍尔丹假说"（Oparin–Haldane hypothesis）。他们两人都认为，在早期的地球上，大气中富含氢气、甲烷和水蒸气，这些物质在暴露于闪电、太阳辐射或火山引起的高热后，会结合形成简单有机物的混合物。他们提出，这些有机物随后会在原始海洋中积累，形成温热、稀释的有机浆汤。这些有机物在汤中冲刷了几百万年，或许还曾流经伊苏的泥火山，最终在各种机缘巧合下形成一种新的分子。该分子具有一种非凡的性质：进行自我复制的能力。

霍尔丹和奥巴林提出，就我们目前所知，原始复制体（primordial replicator）的出现是生命起源的关键事件。后续的发展遵循达尔文的自然选择。作为一个非常简单的主体，复制体在复制过程中会产生许多错误或突变。变异的复制体会与非变异的复制体竞争，抢夺更多的化学材料来进行自我复制。之后，最成功的那些复制体会留下更多的后代，而达尔文式的自然选择会推动一系列分子过程，让淘选出的大量复制体朝着更高效、更复杂的方向发展。有些复制体俘获了修饰分子，比如各种多肽分子，从而可以像酶一样催化复制过程，获得发展优势；有些复制体甚至会与外界隔绝，像现代的活细胞一样，包裹在由脂质膜形成的囊泡里（填有液体或空气的小囊），免受外界环境变换的侵扰。一旦封闭起来，细胞的内环境就可以进行自己的新陈代谢，通过生化反应来制造自己的生物大分子，并能避免生物分子漏到细胞外。能与外环境隔绝，且具备了维持和补给自身内部状态的能力，第一个活细胞就此诞生。奥巴林－霍尔丹假说为理解地球上的生命起源提供了一个科学的框架。但几十年来，这个理论从未经过验证，直到两个美国化学家对此产生了兴趣。

在20世纪50年代的科学家中，哈罗德·尤里（Harold Urey）算是非常杰出又饱受争议的一位了。你或许记得，在第2章中，我们曾利用氘来研究酶中的动态同位素效应，并由此证明酶的活动中有量子隧穿参与。正是尤里发现了氢的同位素氘，并因此获得了1934年的诺贝尔化学奖。尤里是同位素提纯方面的专家。1941 年,在美国试图制造核弹的"曼哈顿计划"(Manhattan Project)中,尤里被任命为铀浓缩部分的负责人。然而,尤里后来对"曼哈顿计划"的目的和其运作的秘密大失所望,甚至曾劝阻美国总统哈里·杜鲁门(Harry S. Truman)在日本投放原子弹。在广岛和长崎的核爆之后,尤里为流行杂志《科利尔周刊》(*Colliers*)撰文,题目是《我好怕》(*Im a frightened man*),警告人们原子武器带来的危险。在芝加哥大学时,他还积极反对 20 世纪 50 年代麦卡锡的政治运动,并给杜鲁门总统写信,支持朱利叶斯和埃塞尔·罗森堡(Julius and Ethel Rosenberg)夫妇。这对伉俪因间谍罪受审,并最终因为向苏联传递与原子弹有关的情报被处决。

斯坦利·米勒(Stanley Miller)是另一位参与验证奥巴林 – 霍尔丹假说的美国化学家。米勒于 1951 年成为芝加哥大学的一名博士生,师从被誉为"氢弹之父"的大科学家爱德华·特勒(Edward Teller)。米勒最初主攻的问题是恒星内元素的核合成。

1951 年 10 月,米勒的人生轨迹发生了改变。他去听了哈罗德·尤里关于生命起源的一次讲座。在演说中,尤里讨论了奥巴林 – 霍尔丹情景的可行性,并建议有人去做这个实验。米勒被深深吸引,从特勒的实验室转到了尤里的实验室,并设法说服尤里做了他的博士生导师,指导自己来做验证生命起源的实验。一开始,听说这个热情洋溢的学生计划做实验来验证奥巴林 – 霍尔丹假说,尤里持怀疑态度:他觉得,用无机化学反应来生产数量足以检测的有机分子,可能要花上几百万年的时间,而米勒只有三年的时间来拿这个博士学位。不过,尤里还是准备在半年到一年的时间内向米勒提供所需的空间和资源。这样的话,如果实验进展不太理想,米勒还有时间改变研究方向,找一个更"安全"的课题。

LIFE ON
THE EDGE
量子实验室
The Coming of
Age of
Quantum Biology

为了再现早期地球上生命初生时的条件，米勒在模拟原始大气时，只是简单地加了一瓶水来模拟原始海洋，并在装置中加入了一些可能出现在原始大气中的气体：甲烷、氢气、氨气和水蒸气。随后，他又通过周期性地释放电火花来模拟电闪雷鸣。在电击"原始大气"仅仅一周之后，米勒就在装置瓶中发现了数量显著的氨基酸——蛋白质的基本构成单位。这一结果让米勒大吃一惊，也同时震惊了整个科学界。

记录米勒实验的论文于 1953 年发表在顶级期刊《科学》上——米勒是唯一的作者。哈罗德·尤里坚持认为，他的博士生应该独享此荣誉，尤里的高风亮节在学界传为佳话。

米勒 – 尤里实验——尽管尤里很无私，但如今人们还是会这么命名这一实验——被誉为在实验室中创造生命的第一步，也是生物学史上的里程碑。虽然实验并没有制造出可以自我复制的分子，但人们普遍相信，只要有充足的反应时间且"原始海洋"的规模足够大，米勒的"原始"氨基酸便会聚合形成多肽和复杂的蛋白质，并最终得到奥巴林 – 霍尔丹式的复制体。

自 20 世纪 50 年代以来，有几十位科学家用不同方法重复过米勒 – 尤里实验，他们使用不同的起始反应物、气体和能源，不仅得到了氨基酸，还得到了糖类，甚至还有少量的核酸。但即使到了半个多世纪以后的今天，也没有一个实验室的"原始汤"成功地产出了哪怕一个奥巴林 – 霍尔丹复制体。这是为什么呢？为了解答这个问题，我们需要更加仔细地检视米勒的实验。

最重要的问题在于，米勒实验中生成的混合物具有复杂性。实验中生成的大多数有机材料以复杂焦油的形式存在。有机化学家们对这样的产物应该不会陌生，当复杂的化学合成过程没有严格控制反应条件时，就会产出许多错误的产物，与米勒实验的产物类似。实际上，要想生产这样的焦油其实很简单，只要在你自己的厨房里把晚饭烧糊就可以了：粘在锅底难以清除的棕黑色焦糊就与米勒实验中的焦油成分类似。这类化学混合物的问题在于，要想利用这些焦油状的焦糊再生产出点什么，真是比登天还难。用化学行话来讲，这些混合物没有"产率"，因为它们太过复杂，以至于任何一种特定的化学物质，比如氨基酸，会与焦糊中所有其他不同种类的化合物反应，迷失在没有意义的化学反应中。几个世纪以来，无数的厨师和化学系的本科生一直在制造着这种有机"焦糊"，除了留下一片狼藉难以清理以外，别无所成。

生命不是偶然的

假设现在要制造"原始汤"——将全世界所有烧糊的锅底中全部的焦糊都刮下来，然后将这些数以兆计的复杂有机分子溶解在像海一样多的水中。再在其中加入一些格陵兰的泥火山作为能量的来源，或许再加些闪电火花，然后搅拌。你觉得在你创造出生命之前，你需要将这"锅"汤搅拌多长时间？100万年？1亿年？还是1000亿年？

即使是最简单的生命体，也像这些化学焦糊一样，极其复杂。但与焦糊不同的是，生命体高度有序。用焦糊作为创造有序生命的起始原料，其问题在于，原始地球上的随机热动力，倾向于破坏秩序而非创造秩序，就像我们在第1章中讨论过的类似台球的分子运动一样。**你可以将一只鸡放**

在盛水的锅里，加热搅拌，熬出鸡汤。但从没有人可以向锅里倒入一罐鸡汤，然后造出一只鸡。

当然，生命并非起始于鸡或蛋。目前已知最基本的自复制生物是细菌，它比任何鸟类都要简单得多。[1]其中最简单的细菌是支原体（克雷格·文特尔的生命合成实验合成的就是这种细菌），但即使是支原体也是极其复杂的生命形式。支原体的基因组包含近 500 个基因，可以制造出种类大致相当的高度复杂的蛋白质。这些蛋白质可以作为酶类，也可以参与构成脂类、糖类、DNA、RNA、细胞膜、染色体及约 1 000 种不同的其他结构，每种结构都要比家用汽车的引擎更复杂。实际上，支原体只不过是细菌中的"小弟"，因为它不能独立存活，必须从宿主那里获得许多自己需要的生物分子：支原体是一种寄生菌，无法独立在任何真实的"原始汤"中存活下来。更合适的候选人应该是另一种单细胞生物——蓝藻。蓝藻能进行光合作用，合成自身所需的所有生物分子。还记得吗？格陵兰岛上拥有 37 亿年历史的伊苏古岩中 ^{13}C 的含量很低。如果蓝藻曾出现在早期的地球上，那么它们可能就是造成伊苏古岩中 ^{13}C 水平低的原因。不过，蓝藻比支原体还要复杂得多，其基因组编码了近 2 000 个基因。你得搅拌多长时间的"原始汤"，才能创造出一个蓝藻呢？

最先使用"宇宙大爆炸"（Big Bang）一词的英国天文学家弗雷德·霍伊尔（Fred Hoyle）爵士终其一生都在探索生命的起源问题。用他的话说，随机化学过程创造出生命的概率，就像龙卷风吹过垃圾场，然后纯属意外地造出了一架大型客机。他的话生动形象地说明，**我们今天所知的细胞生命体太过复杂有序，不可能起源于纯粹的偶然：在此之前一定有更简单的自复制体。**

---

[1] 此处没有考虑病毒，因为病毒只有借助活细胞的帮助才能完成复制。

RNA 世界假说

那么早期的自复制体长什么样子呢？它们又是如何运转的呢？最早的自复制体如今已无一幸存，大概是因为比起更加适应环境的后代，它们在竞争中落败，以至灭绝。关于这些自复制体的性质，现在的大部分说法都是基于经验猜测。其中有一种方法是从现存最简单的生命形式进行逆推，构想出一种更简单的自复制体——这种自复制体结构极简单，可以作为几十亿年前地球上所有生命的始祖。

可问题的关键在于，从活细胞中分解出结构简单的自复制体是不可能的，因为细胞中没有任何一个部分能够完成自我复制。DNA 基因无法自我复制，那是 DNA 聚合酶的工作。同理，酶也无法自我复制，它们需要通过 DNA 和 RNA 链先进行编码。

在本章中，RNA 将扮演一个重要的角色，所以有必要先回忆一下什么是 RNA 及 RNA 的功能。RNA 算是 DNA 的表亲，结构比 DNA 更简单，与 DNA 的双螺旋不同，RNA 以单链螺旋的形式存在。除此之外，RNA 和比它更加著名的表亲 DNA 差不多具有相同的遗传信息编码能力——只是缺少一条互补的备份信息链而已。而且，像 DNA 一样，RNA 上的遗传信息也由四种不同的遗传字母写成。因此，基因不仅可以通过 DNA 进行编码，还可以通过 RNA 进行编码。确实，许多病毒的基因组就是 RNA 而非 DNA，比如流感病毒。但对像细菌、动物或植物细胞一样的活细胞来说，RNA 的角色与 DNA 截然不同：DNA 编写的遗传信息会先通过第 6 章中提到的基因读取过程转录为 RNA，然后，与相对笨重且几乎静止不动的 DNA 染色体不同，短小精悍的 RNA 链可以在细胞内自由穿梭，携带着从染色体上复制到的遗传信息到达蛋白质合成器。在这里，RNA 序列被读取并翻译为氨基酸序列，进而合成蛋白质（如各种酶类）。因此，至少在现代细胞中，RNA 是 DNA 上的遗传信息与构成细胞的蛋白质之间的关键媒介。

现在我们回到生命起源的问题上来。虽然一个活细胞可以整体算作一个自复制的主体，但它的各个组成部分却不是，就像一个女人可以作为一个自复制体（还需要一点男士的"帮助"），但她的心或肝却不是。这就为逆推过程造成障碍，使由现代复杂细胞生命反推结构简化的非细胞生命变得困难。换句话说，问题就变成了：究竟是哪个先出现？是 DNA 基因，是 RNA，还是酶？如果是 DNA 或 RNA 先出现，是什么制造了它们？如果是酶先出现，它又是由什么编码的？

美国生化学家托马斯·切赫（Thomas Cech）提出了一种可能的答案。他于 1982 年发现，除了能够编码遗传信息，某些 RNA 分子还能承担酶的工作，具有催化反应的功能。因为这项研究成果，切赫和西德尼·奥尔特曼（Sidney Altman）一起分享了 1989 年的诺贝尔化学奖。有催化功能的 RNA 分子叫作核酶（ribozymes）。最早的核酶发现于微小的四膜虫（tetrahymena）基因中。四膜虫是一种单细胞生物，属于原生动物，常见于淡水池塘。但自发现以来，科学家们发现，所有的活细胞中都有核酶的身影。核酶的发现很快为解决"鸡生蛋还是蛋生鸡"式的生命起源谜题提供了曙光。RNA 世界假说（RNA world hypothesis）逐渐为人所知。该假说认为，原始的化学合成过程制造出了 RNA 分子，

LIFE ON THE EDGE

RNA 世界假说
RNA world hypothesis
原始的化学合成过程制造出了同时具有基因和酶的功能的RNA分子，最初的复制过程产生出许多变异体，这些不同的变异体互相竞争，在分子层面展开优胜劣汰。随着时间的推移，这些 RNA 复制体上添加了蛋白质来提供复制的效率，并由此产生了 DNA 和第一个活细胞。

而这种 RNA 分子同时具有基因和酶的功能，可以像 DNA 一样编码自身的

结构，又能像酶一样利用"原始汤"中的生化物质进行自我复制。最初的复制过程非常粗糙，产生出许多变异体，这些不同的变异体互相竞争，在分子层面展开达尔文式的优胜劣汰。随着时间的推移，这些RNA复制体上添加了蛋白质来提高复制的效率，并由此产生了DNA和第一个活细胞。

在DNA和细胞出现以前，世界属于自复制RNA分子——这个想法几乎已经成为研究生命起源的基本信条。目前已证明，只要是自复制分子能发生的关键反应，核酶都可以实现。比如，一种核酶可以将两个RNA分子结合在一起，而另一种核酶可以将两者分开，还有一些核酶能复制短的RNA碱基链（只有几个碱基的长度）。从这些简单的活动中，我们可以看出，若有一种更复杂的核酶便足以催化自我复制所必需的整套反应。一旦引入自我复制及自然选择，一条你争我赶的道路便在RNA世界中架了起来，一直通向最早的活细胞。

然而，这个情景也存在几个问题。虽然核酶可以催化简单的生化反应，核酶的自我复制却是一个更为错综复杂的过程，涉及识别自身的碱基序列、识别环境中相同的化学物质、按正确的序列组装这些化学物质以完成复制等。对于生活在细胞内的某些蛋白质来说，尽管这里条件优越，周围满是合适的生化原料，但完成自我复制依然是一项难以完成的任务。在混乱而焦糊的"原始汤"中艰难求生的核酶要想达成这一成就，其难度可想而知。迄今为止，还从未有人发现或合成能完成这一复杂任务的核酶，即使在实验室条件下也没有。

此外，一个更为基本的问题是，在"原始汤"中，RNA分子本身是如何生成的呢？RNA分子由三个部分组成：编码遗传信息的RNA碱基（与编码DNA遗传信息的DNA碱基类似）、一个磷酸基团和一个叫作核糖的单糖。虽然已经成功地设计出一些可行的化学反应，能利用"原始汤"中的原料合成 RNA 碱基或磷酸基团，但最可靠的合成核糖的反应会产生大量的其他糖类，而目前并没有已知的非生物机制可以自行产出核糖。而且，即使造出了核糖，将三个部分正确拼接在一起，本身又是一项非常困难的任务。将形态合适的 RNA 组件放在一起时，这三个部分总是随意结合，然后不可避免地变成原始"焦糊"。化学家们通过利用结构特殊的碱基来回避这个问题，这些碱基的化学基团经过修饰，可以避免多余的副反应——但这其实是作弊，况且，"激活"的（或者说经过修饰的）碱基，比起原本的 RNA 碱基更不可能在原始条件下形成。

不过，化学家确实能够用简单的化学物质合成 RNA 碱基，只是需要经过一系列复杂的化学反应，且每一步反应都需要精心控制，得到的产品要经过分离提纯才能进入下一步反应。苏格兰化学家格雷厄姆·凯恩斯 – 史密斯（Graham Cairns-Smith）估计，由"原始汤"中可能存在的简单有机化合物合成 RNA 碱基，需要约 140 步反应。每一步至少需要避免六种副反应。这就让整个合成过程可以更加形象：你可以把每个分子想象成一个分子骰子，每一步就像掷一次骰子，掷出点数 6 代表产出了正确的产物，而其他点数意味着得到了错误的产物。因此，任何起始分子最终反应成为 RNA 的概率就像连续 140 次掷出了点数 6 一样。

当然，化学家可以通过精心控制每一步反应来提高反应成功的概率。不过，在生命出现以前的世界里，只能靠机会。或许太阳恰到好处地升起，蒸干了泥火山周围的一小滩化学物质？又或许泥火山喷发，向小水滩添加了水和一点硫，创造出了另一组化合物？还有可能是闪电风暴搅拌了混合物，用电能刺激加速更多的化学变化？这样的例子不胜枚举，但可以估计的是，如果只靠偶然性，这 140 步必要的反应都能在六种可能的产物中得到正确产物的概率是 $1/6^{140}$，即大约 $1/10^{109}$。为了能够通过纯粹的随机过程获得制造出 RNA 的概率，"原始汤"中至少要有如此数量级的起始反应分子。但是，10^{109} 比整个可见宇宙中全部基本粒子的总和（约 10^{80}）还要大得多。按照伊苏古岩显示的时间，从地球形成到生命出现的几百万年中，地球上显然没有足够的分子，也没有足够的时间来制造出数量显著的 RNA。

然而，假设确实通过某些依然不为人知的化学过程合成了数量显著的 RNA，我们必须还要克服一个同样棘手的问题——将四种不同的 RNA 碱基（与编码 DNA 密码的四个不同字母 A、G、C、T 类似）按照正确的序列串联形成可以自我复制的核酶。大多数核酶是至少有 100 个碱基的 RNA 链。由于链上每个碱基位点一定要有四种碱基之一，因此长度为 100 个碱基的 RNA 链就有 4^{100} 种不同的排列方式。你觉得随机乱堆的 RNA 碱基又有多大的可能恰好沿着长链以正确的序列排成自我复制的核酶呢？

既然我们和这些大数字玩得饶有兴趣，那不妨继续下去。4^{100} 条 100 个碱基长的 RNA 链总共的质量大约为 10^{50} 千克。为了以合理的机会得到一个所有碱基正确排列的自复制体，这大概就是我们所需的所有 RNA 链的总数。然而，请注意，据估计整个银河系的质量只有约 10^{42} 千克。显然，我们不能纯粹依靠机会。

当然，在 4^{100} 种排列中，可能有不止一种方式能使长为 100 个碱基的 RNA 链成为自复制体。满足条件的情况可能会很多，甚至有数万亿种可能。又或许自复制 RNA 其实相当常见，只要 100 万个分子就有机会形成一个自复制体。这个论证的问题在于，这只不过是一个论证。尽管有许多尝试，但还没有人能制造出哪怕一个能自我复制的 RNA、DNA 或蛋白质，也没有人在自然中观察到纯粹的自复制体。想到"自我复制"多么具有挑战性，这样的结果也就不足为奇了。在现代世界中，要完成如此功绩需要整个活细胞协调运作。那么，在数十亿年前，一个简单许多的系统也能完成这项任务吗？当然，它确实完成了，否则今天就不会有我们，我们也不会在这里思索这个问题。但是，在进化出细胞之前自我复制究竟如何完成？这个问题依然扑朔迷离。

鉴于在生物系统中发现自复制体确实很困难，我们或许可以通过思考另一个更为普遍的问题得到些灵感：在任意系统中进行自我复制到底有多难？现代科技为我们提供了许多能复制东西的机器，比如复印机、电子计算机，还有 3D 打印机。那这些设备能进行自我复制吗？最接近这一目标的设备可能要数像 RepRap 一样的 3D 打印机了。RepRap 在英文中是"快速复制原型机"的缩写。这种 3D 打印原型机，由英国巴斯大学的阿德里安·鲍耶（Adrian Bowyer）发明，它能打印自己的零件。然后，这些零件又可以组装成一台新的 RepRap 3D 打印机。

其实也不尽然。这台机器只能打印塑料，但机身框架和大部分电子元器件却是由金属制成的。因此，它只能复制自己的塑料部分。此外，要想造出一台新的打印机，还需要人工将塑料零件和其他部件组装在一起。设计者的愿景很好，想要让能自我复制的 RepRap 打印机（及其他几款相似的打印机）免费为每个人服务。但截至笔者写作本书的时候，我们距离造出真正的自复制机器还有很长的路要走。

因此，如果寻找自复制机器不能真正帮助我们回答自我复制到底有多难的问题，我们可以先彻底跳出物质世界，去电子计算机中探索这一问题。在电子计算机中，混乱而难以合成的化学物质由数码世界中简单的基本构成单位所取代，也就是只能赋值 1 或 0 的比特。一个字节的数据，由 8 个比特组成，在计算机编码中可以表示文本中的一个字母，也可以大致等价于遗传密码的单位：一个 DNA 或 RNA 碱基。现在我们提问了：在所有可能的字节串中，能在计算机中自我复制的字节有多常见？

要回答这个问题我们有特别的优势，因为自我复制的字节串其实相当常见，就是我们熟知的电脑病毒。电脑病毒是相对较短的计算机程序，通过"怂恿"计算机的 CPU 大量复制自己来感染我们的电脑。之后，这些电脑病毒会钻进我们的电子邮件，通过电子邮件来感染我们朋友或同事的电脑。因此，如果我们把计算机内存看作一种数码的"原始汤"，那么电脑病毒就可以被视为电子版的原始自复制体。

Tinba 病毒是最简单的电脑病毒，只有 20 千字节（即 20kb），比起大多数计算机程序来说，可谓相当短小。但在 2012 年，Tinba 病毒竟成功地攻击了大型银行的计算机，潜伏进银行电脑的浏览器，窃取登录数据。显然，这是一种令人望而生畏的自复制体。虽然 20 千字节对一个电脑程序来说可能很短，但它依然是一串相当长的数码信息，按 8 比特是 1 个字节计算，20 千字节就对应了 16 万比特的信息。因为每个比特可能是两种状态之一（0 或 1），我们能很容易地算出随机产生一条特定的二进制数字串的概率。比如，生成一条特定的 3 比特数字链，如 111，其概率为 $1/2 \times 1/2 \times 1/2$，或 $1/2^3$。遵从同样的数学逻辑，要想得到一条像 Tinba 病毒一样拥有 16 万比特的特殊数字链，其概率为 $1/2^{160\,000}$。这个小到难以想象的数字告诉我们，Tinba 病毒的出现不可能只是偶然。

类比我们对 RNA 分子的猜测，可能有许多自我复制的代码比 Tinba 病毒还要简单得多，而且纯粹是偶然产生的。但如果真是这样，那每秒钟在互联网中流动的计算机代码何止无数，必然会随时不停地产生电脑病毒。其实，大部分代码不过是些 1 或 0 的序列，就像互联网上每秒钟下载的图片或电影。这些代码都有可能给我们的 CPU 下指令来执行像复制或删除这样的基本操作，但迄今为止，所有侵染我们计算机的电脑病毒，都有明显的人类设计的痕迹。就我们所知，每天在全世界互联网中流动的海量信息从未自发地产生过一个电脑病毒。即使在非常方便复制的计算机环境内，自我复制都极其困难，而且就我们所知，从来没有自发地发生过。

没有量子力学，就不会有生命

我们在数码世界中的短途旅行，揭示了追寻生命起源过程中的本质问题：搜罗所有必要的零件并以正确的结构组装成自复制体的"搜索引擎"到底有什么性质？无论"原始汤"中有什么化学物质，要想碰巧组成一个极其稀有的自复制体，必须要尝试海量的可能性。我们的问题会不会是将自己的求解路径局限在了经典物理世界的规则中呢？你可能还记得第3章中麻省理工学院的量子理论家们。一开始他们高度怀疑《纽约时报》的报道，不相信植物和微生物采用的是量子搜索路径。但他们最终接受了这个想法，认为光合作用系统采用的确实是量子搜索策略，即量子漫步。其实，与之类似，生命的起源可能也有某种量子搜索情景的参与。几位研究人员，也包括笔者，正在进行这方面的研究。

假设有非常小的一点原始液体密封在蛇纹石的一个孔隙中。这些蛇纹石生成于约35亿年前，正是来自上文中古伊苏海底的泥火山喷发，当时格陵兰的片麻岩层正在成形。这就是达尔文所说的"某种温热的小水塘，里面有各类铵盐和磷酸盐，还有光、热和电……"，"正准备着进行更加复杂的改变"的"蛋白化合物"正是在这里形成。现在，我们进一步假设这种"蛋白化合物"（也可以是一种RNA分子），是由斯坦利·米勒发现的那种化学过程合成的，是一种原始酶（或核酶），可以进行酶催化，但还不能进行自我复制。再假设该酶中的某些粒子可以移动到不同的位置，但囿于经典物理的能量壁垒而不能移动。当然，我们在第 2 章中曾讨论过，电子和质子都能进行量子隧穿，穿过以经典物理方式无法穿透的能量壁垒，该特征在酶促反应中相当重要。实际上，电子或质子可以同时存在于壁垒的两端。如果我们假设原始酶中也有这样的过程，粒子可以出现在能量壁垒的任意一边，那么我们就能预期，原始酶的不同结构会引发不同的酶活动，从而加速不同类别的化学反应，而其中就有可能包括自复制反应。

为了便于计算，我们假设这个假想出的原始酶共有 64 个质子和电子，每个质子和电子都可以量子隧穿到两个不同位置中的任意一个位置。如此一来，这个虚构的原始酶就会有数量巨大的不同结构：2^{64}——简直是天文数字。现在，再假设这些结构中只有一种情况可以使之变成自复制酶。那么问题来了：要找出使生命出现的那个特殊的结构有多难呢？在我们温热的小水塘中可能会出现自复制体吗？

先考虑原始酶是纯粹的经典物理分子的情况。此时原始酶不能使用任何量子技巧（如量子叠加态或量子隧穿）。在任何给定时间，该分子必须是 2^{64} 种可能结构中的一种，而该原始酶成为自复制体的可能性为 $1/2^{64}$，可谓概率极小。在概率上几乎可以确定的是，这个遵循经典物理的原始酶将卡在某种无聊的结构中，永远无法自我复制。

当然，由于普遍的热动力学磨损，分子随时在改变，但在经典物理世界中，这个改变的过程相对缓慢。一个分子要想改变，形成新的分子结构，最初的原子排列必须拆散重组。正如第 2 章中"长生不老"的恐龙胶原蛋白一样，化学变化有时会经历数个地质历史时期。按照经典物理，原始酶即使花上漫长的时间也只能尝试 2^{64} 种不同化学结构的冰山一角。

然而，假如原始酶中的 64 个质子和电子都可以在两个位置之间隧穿切换，局面便大不相同了。作为一个量子系统，原始酶可以同时以所有可能的结构存在，处于一种量子叠加态中。我们选择 64 作为粒子数量的用意在此处也变得清晰：第 7 章中，我们曾用皇帝的棋盘谬误来展示量子计算的力量，而此处我们用数量相同的隧穿粒子取代了棋盘上的方格或量子位。如果活得够久，我们的原始自复制体可以充当一台 64 量子位的量子计算机，而我们早已见识过这一装置神奇的能力。或许，它可以利用自己强大的量子计算力来求解该问题的答案：正确的自复制体分子结构是什么？在量子视角下，问题及其可能的解答逐渐变得清晰。假设原始酶处于这样的量子叠加态中，在 2^{64} 种可能的结构中找出自复制体的那种结构就变得迎刃而解。

但还有一个困难。你应该记得，要想进行量子计算，量子位必须处于相干且纠缠的状态。一旦出现退相干，2^{64} 种不同状态的叠加态就会塌缩，只剩下一种。这有什么用呢？从表面上看，并没有什么用。因为从量子叠加态塌缩为可以自我复制的单一状态，其概率与之前相同，都是极小的 $1/2^{64}$，相当于连续 64 次掷硬币掷出了"字"面朝上的情况。但接下来发生的事情，量子过程便与经典物理过程分道扬镳了。

如果一个分子不具备量子力学的性质，而且处于无法自我复制的错误原子排列状态（在概率上几乎一定会处于这种状态），要尝试一种不同的结构，就必须经历如地质演变般漫长的分子键分解和重组过程。但是，同样一个分子如果具备量子性质，在退相干停止后，原始酶的 64 个质子或电子，每一个都能瞬时隧穿进入两种位置的叠加态，重新构建起分子在起始时拥有 2^{64} 种不同结构的量子叠加态。在 64 量子位的状态中，量子原始复制体可以在量子世界中持续重复这一过程，寻找实现自我复制的可能性。

退相干会很快使量子叠加态再次塌缩，但这一次，塌缩后的分子改变结构，成了 2^{64} 种不同结构中的另外一种。一次又一次，退相干使叠加态塌缩，而系统又进入另一种不同的结构。这个过程会无限地持续下去。在这个相对受到保护的环境中，量子叠加态的形成和塌缩基本上是一个可逆的过程：量子硬币在叠加和退相干的反复中被持续地掷出，而这一过程比经典物理世界中化学键的断裂和形成要快得多。

然而，有一个事件会使投掷量子硬币的游戏终止。如果量子原始复制体最终塌缩进入自复制体状态，便会开始自我复制，而且就像我们在第 6 章讨论过的饥饿的大肠杆菌细胞，复制过程会迫使系统不可逆转地进入经典物理世界。这一次掷出的量子硬币不能再收回重掷，第一个自复制体就这样在经典物理世界中诞生了。当然，自复制体的自我复制过程一定会涉及某些生化过程，或发生在分子内，或发生在分子与周围环境之间，但这是另外的问题了，与发现自复制体之前的生化过程是两回事。换句话说，此时需要一种能将此特殊结构锚定在经典物理世界中的机制，以防分子失去这一结构，进入下一个量子排列。

量子相干性，生命起源中的重要角色

上文中叙述的观点当然只是猜测。但寻找第一个自复制体的工作如果在量子世界而非经典世界中进行，这一问题确实更容易得到解决。

为了使这套方案奏效，原始自复制体这个原始生物大分子，必须要能通过自身粒子的量子隧穿，试验大量不同的结构。那我们怎么知道什么分子会玩这种把戏呢？从某种程度上讲，我们可以知道。之前我们已经发现，酶中的电子和质子，结合相对宽松，使酶类可以轻松地隧穿进入不同的位置。DNA 和 RNA 中的质子同样如此，至少可以实现跨越氢键的隧穿。因此，我们可以设想原始自复制体的结构应该与蛋白质或 RNA 分子类似，原子由氢键或弱电子键宽松地结合在一起，使自身的粒子，包括质子和电子，能够自由地在自身结构中穿梭形成数以兆计不同结构的叠加态。

有没有支持这套方案的证据呢？阿普瓦·帕特尔（Apoorva D. Patel）是一位物理学家，供职于位于班加罗尔的印度科学理工学院高能物理研究中心。帕特尔是研究量子算法的世界级专家——量子算法是量子计算机的软件。帕特尔发现，遗传密码（编码氨基酸的 DNA 碱基序列）的某些性质与其作为量子密码的出身相悖。此处不赘述任何技术细节，因为这会让我们陷入量子信息理论的数学推演中，但他的想法其实不应该让我们感到震惊。在第 3 章中，我们已经知道，在光合作用中，光子的能量通过量子随机游走，可以同时沿着多条路径转移到反应中心。之后，在第 7 章中，我们曾讨论过量子计算的概念以及生命是否在利用量子算法提高某些生物过程的效率。与之类似，生命起源的答案所涉及的量子力学，虽然还只是猜测，但无非是上文中那些想法的延伸：**正如在活细胞中起着重要的作用一样，生物学中的量子相干性可能在生命起源中也扮演着相同的角色。**

当然，对 30 亿年前的生命起源，任何包含量子力学的解释依然只是猜测。但我们已经讨论过，即使是生命起源的经典解释也有自己的问题：想从无到有地造出生命谈何容易！而通过提供效率更高的搜寻策略，量子力学可能会使制造自复制体的工作变得简单一点。几乎可以肯定，这不是故事的全部，但量子力学会让生命出现在格陵兰岛古岩中的概率变大很多。

The Coming of
Age of
Quantum Biology

LIFE
ON
THE
EDGE

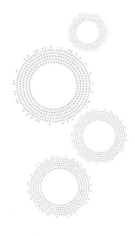

结　语

我们一定会创造出遵循量子理论的新生命

人造生命一定要遵循量子理论，因为没有量子力学，就不会有生命。费曼说过："凡是我做不出来的，就是我还不理解的。"如果有一天，人造生命真的成为现实，那将意味着我们终于理解了生命的本质。我们将会看到：生命正驾驭着混沌之力，在经典世界与量子世界之间狭窄的边缘上，乘风前行！

　　"怪异"，是人们最常用于形容量子力学的词。而它也的确称得上怪异。量子力学认为，在某些情况下，物体能够穿过不通透的障碍物、能够同时出现在两个位置、遥遥相隔的两个物体之间存在"超距作用"，这样的学科怎么说也不能叫寻常。但是量子力学理论的数学框架逻辑严谨，它能够准确描述微观世界中基本粒子和基本力的性质。因此，量子力学研究的对象是物理学世界的基石。离散能级、波粒二象性、相干性、纠缠态以及隧穿并不只是存在于科学家们考究的实验室里，也不仅仅是科学家故弄玄虚的概念而已。这些现象与"奶奶做的苹果派"一样真实存在，它们甚至就发生在"苹果派"当中。实际上，量子力学一点都不怪异，怪异的是量子力学所描述的这个世界本身。

　　但是我们发现，大多数量子世界的独特现象都在宏观物体内部混乱的热力学环境中丧失殆尽。这种过程被称为退相干，我们熟悉的经典世界就是退相干的产物。所以物理学的世界可以被分为三个层次（见图 C-1）。表面的第一层是宏观世界，这个世界里的日常物体，比如足球、火车和植物等，它们的行为遵循牛顿运动力学法则，我们可以用速度、加速度、动量和力等熟悉的概念来描述它们。在此之下，是描述液体、气体行为的热力学世界。在这一层里牛顿的经典法则依旧适用，但是我们在第 1 章里说过，薛定谔指出，这种适用性是基于对万亿个各自进行无序运动粒子的统计学处理，是"来自无序的有序"。热力学法则旨在描述类似气体受热如何膨胀、蒸汽如何做功驱动火车这样的现象。最深的第三层，也就是物理学的基石：量子世界。在这个维度里，原子、分子以及组成它们的所有成分粒子都遵循精确而有序的量子规则，经典力学的影响已经鞭长莫及。

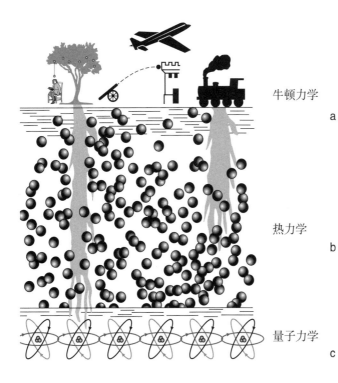

牛顿力学

a

热力学

b

量子力学

c

最浅的一层是肉眼可见的宏观世界，这里的物体比如炮弹、掉落的苹果、蒸汽机车和飞机等，它们的运动都可以用牛顿力学来描述。

紧邻宏观世界下的一层是热力学世界，在这里无数粒子像台球一样横冲直撞，它们的运动几乎是完全随机的。这一层的法则"来自无序的有序"支配着宏观世界的物体，例如蒸汽机。

再往下一层则是受到量子法则支配的基本粒子世界。我们在宏观世界看到的多数物体都植根于牛顿力学以及热力学的世界里，但是生物体的"根须"似乎深入并穿透了量子力学的岩层里。

图 C-1　物理学的三个层次

不过，大多数的量子现象通常都看不见。只有在类似于双缝实验那样的情景中，当我们仔细观察单个粒子的运动时才能看到一点量子力学的端倪。**退相干滤去了宏观世界中大型物体的量子力学现象，这也就是为什么量子世界对我们来说显得非常陌生的原因。**

相对来说，大多数生物体都称得上是体形巨大了。它们的运动和火车、足球以及炮弹一样，都符合牛顿力学法则：发射一枚炮弹的人与炮弹运动的方式都遵循牛顿力学。在稍微深一点的层面上，组织和细胞的生理活动遵循着热力学定律：肺的膨胀和收缩与气球的膨胀和收缩没有本质区别。所以乍看之下，你可能会认为知更鸟、鱼类、恐龙、苹果树、蝴蝶、人类以及其他经典宏观物体都与量子力学没有什么关系，事实上多数科学家也是这么认为的。但是，我们已经看到生命现象里有诸多的例外：生命的根须穿透牛顿力学的土壤，贯穿浑浊的热力学地下河，深深植根于量子力学的地底岩层内。宏观的生物体内仍然存在量子相干性、叠加态、隧穿和纠缠态现象。我们在这结语中想要探讨的是：生物体是如何做到的？

我们在前面的探讨中已经部分回答了这个问题。埃尔温·薛定谔在 70 多年前就指出生命与无机世界的不同之处在于，其精确到分子水平的结构性与有序性。这种有序性赋予了生物体一种连接分子和宏观世界的有效手段，如此一来，发生在分子水平的量子事件就能够对生物整体施加影响：这种量子力学对宏观世界的放大效应是量子力学的另一位先驱——帕斯夸尔·约尔旦提出的观点。

当然，在薛定谔和约尔旦论述生物学的时代，还没有人知道基因的构成，也没有人知道酶或者光合作用的工作原理。在接下来的半个世纪里，大量的分子生物学研究绘制了一幅有关生物分子结构的细致图谱，我们的眼界甚至深入到 DNA 以及蛋白质内的单个原子。量子力学先驱们富有预见性的洞察力终于获得了世人迟来的肯定与理解。我们渐渐意识到，即便已经从原子水平上阐明了光合系统、酶系统、呼吸链以及基因的结构，但是如果没有量子运动的参与，那么维持我们生命的呼吸系统、构建我们身体的酶系统以及制造我们星球上整个生物圈的光合作用系统都依旧只是天方夜谭。

科学家对量子力学如何参与生命过程依然疑惑重重，其中最主要的困惑是，生物体如何能够在温暖、潮湿的细胞内保持粒子的相干性。蛋白质和 DNA 不是机器，它们与物理实验室里测量量子效应的机械设备不同，不是由标准化的金属零件拼装而成的。蛋白质和 DNA 是黏糊糊、有韧性的生物分子，它们时刻在进行热力学振动，也时刻受到周围其他粒子震荡的冲撞，我们称这种持续冲撞的阻力为分子噪音[1]。组成 DNA 和蛋白质的原子在分子噪音的震荡和冲击下，本应该发生退相干。生物大分子如何能够维持其脆弱的相干性一直是个谜。不过，你在接下来的讨论里会看到，这个谜题（连同生命本质）的神秘面纱，正在被渐渐掀起。这些新发现很可能在未来推动量子技术的发展。

量子生物学的新发现

一般科普书在写作中不需要进行修订，但是在最后这个章节中我们还是要探讨一些刚刚才出现的最新结果。量子生物学在众多最前沿的领域里都势如破竹。它的进展实在太快了，我们相信这本书很可能在刚出版时就已经不可避免地过时了。目前的研究中最让人惊讶的是，人们对生物体处

---

[1] 分子噪音（molecular noise）这个概念经常用来形容分子的非相干性振动。

理分子振动（也就是分子噪音）方式的新发现。

你可能还记得我们在第 3 章中对光合作用的探讨，某些微生物和植物的叶片中充斥着叶绿体，而叶绿体中又布满了大片大片的叶绿素分子。光合作用的第一步始于叶绿素分子捕获光子并将其能量保留在震荡的激子中，光子的能量以激子的形式横扫过整片的叶绿素之林，最终到达反应中心。我们还探讨过能量传递过程中检测到的相干性信号和量子节拍——它们都是激子以量子漫步的方式向反应中心传递能量的证据，不然叶绿素能量传递的效率很难达到接近 100%。不过激子到底如何在细胞内部嘈杂的分子环境时保持相干性和波动性，一直以来都是未解之谜。而最近对光合作用的深入研究却让我们发现，生物体可能从来没有逃避分子振动，相反，它们会踩着分子振动的节拍翩翩起舞。

在第 3 章里我们打过一个比方，把量子相干性之于光合作用比作"合拍合调"之于交响乐演奏。光合作用中的色素分子合着相同的节拍演奏了一场分子交响乐。不过光合系统面临着细胞内环境异常嘈杂的问题。事实上，这出分子交响乐不是在安静的音乐厅上演，而是在繁华的市中心上演，无处不在的分子噪音时刻干扰着音乐家的演奏。对光合系统中的激子而言，它们的振动随时可能被周围的分子撞得"走调"，失去脆弱的量子相干性。

对努力想要建造量子计算机的物理学家和工程师们而言，上面的比方并不会陌生。为了避免分子噪音，他们通常会采取两种主要手段。第一，他们会十分小心地确保设备的温度保持在非常低的水平，几乎接近绝对零度。在如此低的温度下，就连分子振动也会趋于停滞，所以分子噪音也就变弱了。第二，他们会把设备放置在一个相当于录音棚的庇护所里，以屏蔽外界环境中的分子噪音。然而自然界中不论是活细胞、植物还是微生物，都生存在燥热的环境里，也没有屏蔽环境噪音的庇护所，它们要如何维持长时间的量子相干性呢?

答案可能是:**光合作用反应中心里有两种特殊的分子噪音,它们不仅不会破坏相干性,反而有助于维持反应粒子的相干性**。第一种噪音的强度相对较弱,某些地方把它称为"白噪音"(white noise),白噪音就像电视或者收音机里的静电噪音,可以干扰所有波段 ①。白噪音是周围环境中粒子热力学振动的结果,在活细胞里,这些"环境中的粒子"包括了水分子和金属离子等。而第二种噪音有时被称为"有色噪音"(coloured noise),这种噪音更"响"而且仅限于特定范围的波段,就像彩色(可见)光只代表整个电磁波谱上极其狭窄的一段频率范围。与白噪音相比,产生有色噪音的粒子其分子量要大得多,比如叶绿体内的色素分子(叶绿素)以及固定叶绿素的骨架蛋白。骨架蛋白由多条氨基酸串联成的蛋白链经过折叠、扭曲形成,它的中心具有能够容纳色素分子的结构。蛋白链的折叠和扭曲灵活可变,因此骨架蛋白能够发生振动,但是就像吉他的弦一样,它们只能以特定的频率进行振动。当然除了骨架蛋白,色素分子同样具有独特的振动频率。有色噪音就像音乐中的和弦,它由几个特定频率的音符构成。光合作用系统似乎能够同时利用白噪音和有色噪音,为激子向反应中心传递能量的相干性过程保驾护航。

2008—2009 年,有两个研究团队分别独立发现了生物能够利用这两种分子噪音的证据。其中之一是来自英国的马丁·普朗尼(Martin Plenio)和苏珊娜·韦尔加(Susana Huelga)夫妇,他们二人一直以来都对外界"噪音"如何影响量子系统动力学的问题感到好奇,所以当他们读到(我们在第 3 章中介绍的)格雷厄姆·弗莱明 2007 年那篇有关光合作用的研究时,一点都没有觉得惊讶。以此为契机,普朗尼和韦尔加迅速发表了多篇

———————————

① 由于"白噪音"代表的分子振动振幅很小,所以这种振动传递的能量很少。

论文（后来被广泛引用）阐述一种理论模型：不仅仅是在光合作用复合体中，**活细胞内嘈杂的分子环境可能在其他生物系统中也同样有助于量子运动以及相干性维持，而不是破坏量子相干性。**

与普朗尼和韦尔加隔海相望的大西洋彼岸，另一个团队是由塞思·劳埃德领导的麻省理工学院量子信息学研究小组。然而最初劳埃德以及他的小组成员并不认同植物光合作用过程中涉及量子力学的观点。劳埃德在弗莱明和恩格尔发现海藻光合作用复合体中的量子节拍之后，与来自哈佛大学的同事一起把工作的注意力转向这种复合体。他们的研究显示，具有量子相干性的激子在能量传递中既可以受到环境噪音的干扰，也可以受到它的促进，决定因素在于环境中分子噪音的"大小"。如果系统的温度太低，也就是太过"安静"，那么激子的振动将显得漫无目的，能量传递将失去方向；但是如果环境温度太高、噪音太过"嘈杂"，一种被称为"量子芝诺效应"的现象就会出现，阻碍激子的量子传递。在这两个极端之间，则是振动有益于量子传递的"适宜区间"。

量子芝诺效应以古希腊哲学家芝诺的名字命名。出生于埃里亚①的芝诺善于用悖论的形式提出哲学问题，其中之一就是著名的飞矢不动悖论（arrow paradox）。一支飞行的箭矢在每一个瞬间都占据了空间中一个确定的位置，芝诺认为，在这个瞬间，你无法区分这支飘浮的箭矢究竟是运动的还是静止的，两者没有任何区别。所以，飞矢的悖论在于它的运动能够被分解成一系列静止的瞬间。而当这些静止的瞬间和其中悬浮的箭矢被拼接起来时，静止的箭矢却动了起来。那么一连串静止的物体如何才能变成一个运动的物体呢？我们现在已经知道了答案：飞矢悖论的问题在于时间可以被无限分割，并不存在作为时间最小单元的"瞬间"。但是这个答案

---

① 埃里亚（Elea），古希腊城邦，现为意大利南部城市。——译者注

的出现已经是 17 世纪微积分发明之后的事了，当时距离芝诺提出这个悖论已经过去 2 000 多年。不过，芝诺悖论（至少这个名字）还是被人保留了下来，成为量子力学众多奇特性质之一的名字。量子芝诺效应的含义是：量子的箭矢真的能够被观察所定格。

1977 年，来自得克萨斯大学的物理学家们发表了一篇论文，指出量子世界中的确存在一种类似芝诺飞矢不动悖论的现象。从此，量子芝诺效应这个词进入了科学家的视野，它的含义是：**持续不断的观察可以阻止量子力学运动的发生和继续**。比如说，如果对一个放射性原子进行严密而持续的观察，那么它就永远不会衰变——这种效应可以用一句谚语来形容：盯着的水壶烧不开。当然这只是一句谚语而已，水壶里的水迟早是会烧开的，只是人急于喝茶的心情让时间流逝看起来很慢而已。但是在量子世界就不同了：海森堡指出，**在量子力学的范畴内，观察（以及测量）将不可避免地改变客体的状态**。

为了说明芝诺悖论和生命的关系，我们回到光合作用中能量传递的步骤。想象一片叶子刚刚从阳光中捕获了一个光子并把它的能量保留在激子中。如果用经典的眼光来看，这个激子是一个存在于空间和时间内某一点的粒子。但是双缝实验的结果表明，量子粒子同样具有波的弥散性质，量子叠加态允许它们在空间里同时存在于多个不同的位置。激子的波动性让它能够像溢出的水流一样同时循着多条途径运动，这对高效的量子传递而言必不可少。但是如果激子的量子波动撞上了叶子内"退相干的顽石"，它就会在嘈杂的噪音里丧失波动性，变为一个位置只能固定于某一点的经典粒子。在这里，分子噪音的作用相当于一种持续的测量，当它非常强烈时，退相干的发生速度也会非常迅速，激子的量子波还没有到达目的地就失去相干性。这就是量子芝诺效应：它让量子波发生塌缩，回到经典世界的规则中。

麻省理工学院的小组在评估分子噪音，也就是分子振动对微生物光合作用复合体的影响时，发现量子传递的最佳温度恰好与微生物和植物进行光合作用的最适温度相当。量子传递效率最高与生物生存最适，两者在所需温度上的完美契合十分受人瞩目。麻省理工学院的团队宣称，这表明经过 30 亿年的自然选择，生物圈最重要的生化反应已经在量子进化的层面上达到了最优化。他们在后来发表的论文中依旧主张，**自然选择倾向于将量子系统具有的相干性调整到"正好"能获得最大效率的水平。**

除了相对较弱的白噪音，由色素分子，甚至围绕色素的蛋白分子振动产生的有色噪音，也被认为是维持量子相干性的"有益"振动。如果我们把热力学噪音（白噪音）比作没有调好频段的收音机里嘈杂的静电干扰，那么"有益"的有色噪音就相当于收音机播放的海滩男孩乐队那首《美好的感受》中简单欢快的节拍："砰砰！砰砰！"不过可别把这个比喻里的节拍与格雷厄姆·弗莱明小组检测到的量子节拍相混淆，量子节拍反映的是激子的波动性。马丁·普朗尼在德国乌尔姆大学的团队于 2012 年和 2013 年发表了两篇论文，指出如果激子的震荡与其周围蛋白质的震荡（也就是与有色噪音）的震荡周期相同，那么具有相干性的激子在受到白噪音的干扰时，它可以通过蛋白质震荡的影响恢复相干性。除了普朗尼的小组之外，在 2014 年，英国伦敦大学学院的亚历山德拉·奥拉雅－卡斯特罗（Alexandra Olaya–Castro）在《自然》上发表了一篇文章，在那篇赏心悦目的研究论文里，她指出，在激子和周围蛋白分子的震荡（也就是有色噪音）具有相同量子的能量，这是量子力学存在的铁证。

为了更好地理解两种分子噪音在激子传递中的作用，我们再拿音乐打一个比方，设想光合作用系统就是一场交响音乐会，而色素分子就是这场音乐会上所有的乐器，激子的震荡则是乐曲的旋律。我们设想交响乐的开场是一段小提琴独奏，代表色素分子捕获了一个光子并把它的能量保留在一个振动的激子中。接着，其他弦乐器按照激子的旋律奏响，然后是管乐器，最后加入的是打击乐器，打击乐器在我们的比喻中相当于反应中心。我们再进一步想象，这场音乐会是在一个座无虚席的剧场里进行的，观众里有人在拆零食的包装袋，有人在拖拽椅子，有人在咳嗽，也有人在打喷嚏，这些相当于白噪音。舞台上的指挥则相当于有色噪音。

我们首先假设这是一个嘈杂的夜晚，观众们喧闹无比，演奏者不光听不见同行们的声音，连自己的演奏也听不清楚。在一片喧嚣混乱中，演奏者都听不清领头的小提琴声，也跟不上小提琴的旋律。这就是量子芝诺效应所描述的情况，过大的分子噪音阻碍了量子传递。但是，噪音极其低也不见得就最好。我们再假设乐队在一个空荡荡的剧场里演出，而台下一位在场的观众都没有。演奏者们都能而且只能听到彼此乐器的声音，于是所有人都能跟上乐章开篇的旋律。但是这段旋律在脑海里挥之不去，演奏者们只能都不断重复自己的演奏。这和上一种情形相反，在这种情况下，量子相干性又显得过于强，激子震荡着穿越了整个系统，却没有在应当停止的位置上停留下来。

在理想的噪音区间内，台下自律的观众只发出一些可以容忍的噪音，来自观众的微弱噪音足以让演奏者们从单调的重复中摆脱，抑扬顿挫地完成整场乐曲的演奏。偶尔会有不自觉的观众拆开一包零食，引起的噪音干扰了某几个演奏者的节拍和音调，这时候，指挥通过挥舞手中的指挥棒，把跑调的人指引回光合作用的主旋律上。

寻找生命的原动力

我们在第 1 章就窥探过蒸汽机的内部，它的原动力来自无数进行随机运动的粒子，蒸汽机引导粒子潮推动气缸的活塞运动。于是我们不禁要问，生命能不能也用与蒸汽机完全一样的热力学原理来解释：会不会生命只是一种更精巧的蒸汽机罢了，两者的本质同样是"来自无序的有序"？

许多科学家相信答案是肯定的，他们认为，生命只是一种比蒸汽机更复杂的热力学系统。复杂理论（complexity theory）的研究对象是某些混沌运动所体现的宏观有序性，这种混沌系统产生有序性的方式被称为自组织（self-organization）。举个例子，我们多次提到过液体里的分子进行着完全随机的混沌运动，但是当你放掉浴缸里的水时，浴缸排水口周围的水流却总是规律地沿着顺时针或者逆时针的方向流动。这种宏观的有序性还可以在许多其他现象里看到，比如烧水时壶中水的对流、飓风、龙卷风、木星大红斑等。自组织与不少生物学现象也有关联。比如鸟群、鱼群和昆虫群的集群行为，以及斑马身上的条纹分布，乃至某些叶片复杂的叶形结构等。

这些随机系统共同的奇特之处在于，系统宏观上的有序性并没有体现在它们的分子层面上。如果你有一台十分强大的显微镜，能让你看清流入排水孔的每一个水分子，你会惊讶地发现，它们的运动除了略带一点点顺时针或者逆时针的倾向之外，几乎是完全随机的。在微观水平上，粒子总是进行混沌运动——但是只要这种混沌运动略带一丝偏倚，它就有可能在宏观水平上体现出有序性：有人把这种原理称为"来自混沌的有序"。

从概念上来说，"来自混沌的有序"与薛定谔提出的"来自无序的有序"十分类似，我们说过"来自无序的有序"正是蒸汽机隐藏的原动力。虽然活细胞内有许多无序运动的粒子，但是生命活动的本质是基本粒子在酶、光合作用系统、DNA 以及其他部位经过精巧设计与布局的活动。生命在显微水平上具有内在的有序性，因此仅仅依靠"来自混沌的有序"无法解释奇异的生命现象。生命与蒸汽机车完全不同。

最新的研究表明，生命可能是一种量子形式的蒸汽机。蒸汽机的工作原理最初是由 19 世纪的一名法国人萨迪·卡诺（Sadi Carnot）阐明的。卡诺的父亲是拿破仑的陆军大臣拉扎尔（Lazare Carnot）。拉扎尔原本任职于路易十六麾下的工兵团。在路易十六被废黜之后，拉扎尔没有像其他贵族一样举家外逃，相反，他留在国内并参加了大革命。作为陆军大臣，他肩负着训练法国革命军抗击普鲁士侵略的重任。除了是一名杰出的军事家，拉扎尔同时还是一名数学家、一名音乐和诗歌爱好者（他为自己儿子取的名字来自中世纪的波斯诗人萨迪·设拉子），此外，拉扎尔还是一名工程师：他写过一本解释机械如何将一种能量转化为另一种能量的书。

萨迪·卡诺从他的父亲那里继承了部分革命和民族主义的热情，因此在 1814 年普鲁士再次围攻巴黎时，还是个学生的萨迪毅然参加了保卫巴黎的战斗。萨迪同样展示了如同他父亲一样的工程学洞察力，他的著作《思考火的原动力》（*Reflection on the Motive Force of Fire*）[①] 常常被认为是热力学成为一门科学的标志。

萨迪·卡诺从蒸汽机的设计中汲取灵感。他认为，法国之所以在拿破仑战争期中失败，是因为法国没有像英格兰一样掌握建立重工业所需的蒸汽机的技术与实力。不过，虽然最初是英格兰发明了蒸汽机并成功把它用于商业贸易，但是自苏格兰发明家詹姆斯·瓦特（James Watt）发明蒸汽机

---

① 也有译为《谈谈火的动力和能发动这种动力的机器》，此处根据上下文语境，译作此书名。——译者注

之后，它的设计就一直没有变化。蒸汽机技术止步不前的原因是它缺乏理论基础。萨迪·卡诺试图用数学手段阐释热机（在当时的火车上广泛使用）是如何通过一种循环过程进行做功的，以此弥补当时蒸汽机相关理论缺失的情况。他所描述的循环过程在今天被称为卡诺循环（Carnot cycle）。

卡诺循环解释了热机如何在冷却过程中利用释放的一部分热量做有用功的原理。具体地说，蒸汽机把水蒸气从锅炉转移到冷凝器，在冷凝器内水蒸气放热，蒸汽机将水蒸气放热过程中释放的一部分热能转化，用作水蒸气推动气缸活塞运动的机械能，活塞运动推动火车头的车轮转动。冷凝的水被送回锅炉，准备再次被加热成为水蒸气，执行新一轮的卡诺循环。

卡诺循环的原理适用于所有利用热能做功的热机，从拉动第一次工业革命的蒸汽机到驱动现代汽车前进的汽油发动机，再到家中推动冰箱冷却液的电动泵，都符合同一原理。萨迪·卡诺指出，所有这类热机（用他的原话说："任何能够想象的热机。"）的效率都由几个相同的基本因素决定。不仅如此，他还证明了所有经典热机的能量转化效率都存在理论上的最大值，这个最大效率被称为卡诺极限（Carnot limit）。比如，电动机利用 100 瓦特的电功率提供 25 瓦特的机械功率，那它的效率就是 25%：这意味着 75% 的电能都以热能的形式耗散了。经典的热机效率普遍不高。

卡诺原理和卡诺极限的适用范围非常广，甚至可以应用于光电池，光电池就是把捕捉的光能转化为电能的装置，常常可以在某些建筑物的天台上找到。植物叶片里的叶绿体就相当于生物光电池，我们在书中已经讨论过叶绿体作为生物光电池的原理。这样的量子热机和经典热机的工作原理大同小异，但是与经典热机中的水蒸气或者光子不同，量子热机中充当热源的是电子。电子先吸收光子并跃迁到较高的能级，然后在需要的时候它们可以放出这部分能量来做需要的功。这种观点可以追溯到爱因斯坦的研究，也是后来制造激光的理论依据。量子热机的主要问题是，**跃迁电子具有的能量会以热能的形式迅速耗散，严重限制了这种量子热机的能量转化效率。**

到目前为止，我们关注的都是激子传递能量的过程，但是你可能还记得，在光合作用复合体内，反应中心才是激子震荡的最终归宿，光合作用真正的反应过程都发生在其中。正是在反应中心，激子中不稳定的能量被转化为"电子载体"中稳定的化学能，植物和微生物利用稳定的化学能做有用功，比如繁殖出更多的植物和微生物。

在反应中心发生的反应与激子传递能量的过程一样神奇，甚至比后者更神秘莫测。我们把原子失去电子的化学过程称为氧化。在许多氧化过程中，电子非常活跃地从一个原子（称这个原子为被氧化）跳到另一个原子中。但是在另一些氧化反应中，比如碳、木头或者其他碳基燃料的燃烧，燃烧最终让几个不同的原子共用了原先只属于一个原子的电子：对提供电子的原子来说，它相当于净损失了电子（如果有人和你分享了一块巧克力棒，那你就净损失了巧克力）。所以，当碳在空气中燃烧时，碳原子外层轨道的电子成为它与氧气中的氧原子共用的电子对，共用电子对也就是二氧化碳中的碳氧键。由于碳的外层电子结合相对来说非常疏松，所以在燃烧反应中，这些电子容易被其他原子共享。然而在植物和微生物光合作用的反应中心，激子的能量被用于将水分子中的电子剥脱出来，要知道水分子中电子结合的牢固程度远远超过了碳原子的外层电子。一般来说，在反应中心，一对水分子会被分解为一个氧分子、四个带正电的氢离子和四个电子。也就是说，水分子在反应中失去了电子，因此，**反应中心是我们在自然界已知的、唯一一个能够"氧化"水的地方。**

2011 年，同时在得克萨斯州农工大学和普林斯顿大学任职的物理学教授马朗·斯库利（Marlan Scully）与来自其他几所美国大学的合作者一起，用一种聪明的方式构想了一种理论上的量子热机，它可以超越传统量子热机的效率极限。首先，由于叠加态，电子在分子噪音的扰动下分裂为同时存在的两个不同的能级。当电子吸收光子的能量并且被"激活"时，它依旧具有同时处于两个能级（其中一个能级现在更高了）的叠加态。多亏了电子的量子叠加态使其可以同时处于两个不同的能级，于是激发电子发生能级回落的可能性变小，它具有的能量以热能的形式耗散相应减少——我们在第 3 章双缝实验中讨论过的干涉条纹同样是量子相干性的产物。在双缝实验里，单缝开启时光屏上某些明亮的条带在另一条缝隙打开后，由于相消干涉而变暗，相干性让原子不再能到达本可以到达的位置。而在这里，**分子噪音与量子相干性之间微妙的协作，减少了量子热机的热能耗散，让它的能量效率可以超越卡诺极限。**

但是，量子水平上如此精妙的协调作用真的有可能存在吗？为了做到效率最大化，你必须在亚原子的水平上精确安排每个电子的位置和能量，以保证电子之间恰当的干涉，让能量向着做功而不是热能耗散的方向传递。你还需要调整周围分子振动产生的白噪音，以便迫使那些偏离振动频率的电子能够合上另一个相同的振动频率。但是白噪音又不能太强，不然电子会在猛烈的干扰下发生节奏各异的振动而丧失相干性。那么，世界上真的存在这种能够令精妙的量子效应实现的分子协调作用吗？

斯库利 2011 年的论文完全建立在理论之上。至今没有人能够造出这种超越卡诺极限的量子热机。但是同一个团队发表于 2013 年的论文却提出一个关于光合作用反应中心的奇怪事实：反应中心的叶绿素分子可能不是单独构成量子热机，而是以配对的方式构成量子热机。他们称这种配对的叶绿体为"特殊偶对"（a special pair）。

虽然每组特殊偶对里的两个叶绿素分子在结构上一模一样，但是围绕它们的骨架蛋白却存在区别，这让两种叶绿素分子的振动频率略有不同，也就是说，它们的振动有那么一点点不合拍。在后来发表的论文中，斯库利和他的同事们指出，这种骨架蛋白的差异正是光合作用反应中心可以作为量子热机的分子结构基础。研究人员认为，叶绿体的特殊偶对利用量子干涉减少无效的能量耗散，促进能量传递到受体分子。通过这种方式，量子热机打破了 200 年前卡诺发现的极限，并把这个极限提高了 18% ~ 27%。这本来算不上很大的提高，但是如果考虑到从 2010 年到 2040 年，世界的能量消耗将提高大约 56%，那么，能将能量利用率提到如此之高的量子热机就显得格外重要了。

此外，叶绿体中存在量子热机的可能，又为根植于量子世界的生命区别于宏观世界的机器提供了证据。当然，量子相干性对量子热机的实现必不可少。一篇于 2014 年 7 月发表的，由来自荷兰、瑞士和俄罗斯科学家合作的最新研究报道称，研究人员在光合系统 II[①] 的反应中心里检测到了量子节拍，他们进而认为，这些反应中心的作用相当于"量子光镊子"[②]。光合作用反应中心最早出现在 20 亿~ 30 亿年前，也就是说，植物和微生物利用量子热机的历史几乎和我们的星球本身一样古老。量子热机给碳原子注入能量并合成组成微生物、植物、恐龙以及我们人类在内的所有生物质——这种复杂而机智的构造至今都还没有被我们参透或是用于人造反应。不仅如此，时至今日，我们依旧享受着远古量子能量的恩惠，这些恩惠就是我们日常使用的化石燃料，它们为我们的住所供暖，为我们的汽车

① 植物有两种光合系统，分别是光系统 I 和光系统 II。
② 光镊子 (optical tweezer)，是一种利用激光的电场操纵微观介电质的仪器。——译者注

供能，并为当今多数的工业生产提供支持。自然界古老的量子技术对人类现代科技进步来说具有巨大的潜在意义。

我们看到在光合作用里，分子噪音对促进激子的能量传递以及激子到达反应中心后的能量转化都具有积极作用。不过这种利用分子的瑕疵（也就是分子噪音）促进量子效应的方式并不局限于光合作用。我们在第 2 章讨论过酶中的质子隧穿实验，完成这个实验的团队来自曼彻斯特大学，由奈杰尔·斯克鲁顿（Nigel Scrutton）领导。他们在 2013 年完成了另一个实验：将酶中普通的原子替换成分子量更大的同位素。替换同位素给酶的分子弹簧①增加了额外的质量，因而蛋白质的振动（也就是有色噪音）发生了频率改变。研究者发现，在这种质量增加的酶中，质子隧穿以及酶的活动都受到了影响。这意味着在自然条件下，相对较轻的同位素组成的蛋白质主干，以及与此分子量对应的震荡节律对质子隧穿和酶的催化活动有重要作用。

加州大学的朱迪思·克林曼的研究团队在其他的酶中也观察到了类似的现象。所以，除了光合作用，分子噪音至少还在酶的反应中出了一分力。可能有人会认为，仅仅只有两个例子，分子噪音与生命的关联还是微不足道。但是不要忘记，**酶是生命的引擎，这个星球上每一个活细胞中的每一个分子都是由酶催化合成的。有益的震荡可能对维持我们的生命至关重要。**

---

① 分子弹簧（molecular spring），分子键形变时储存势能，当分子构象从形变状态恢复到正常状态时会释放能量，这个过程类似压缩的弹簧放开后释放弹性势能，故名分子弹簧。——译者注

风暴边缘上的生命

上文所说的这些发现对回答薛定谔几十年前提出的问题（生命是什么）有什么帮助吗？从具有高度组织性的宏观世界，穿过热力学狂风暴雨的海洋到达最底层的量子岩层（见图 C–1），我们都认同薛定谔的主张，认为生命在这些层次上都受到有序性的支配。关键是，正如 20 世纪 30 年代帕斯夸尔·约尔旦预测的，生命的动力学系统经过了精巧的设置与平衡，量子水平的变化能够对宏观世界的事件造成影响。**量子范畴内发生的变化引起宏观世界的效应是生命独有的特征，正是生命宏观现象对量子世界的敏感性，让诸如隧穿、相干性和纠缠态等量子现象造就了宏观的我们。**

不过，这里有一个很重要的前提，关于生命的所有量子解释都面临着一个相同的难题：退相干。如果系统不能避免退相干，就会失去量子特征并完全表现为经典物理或者热力学行为，遵循"来自无序的有序"。科学家为了避开退相干极力屏蔽量子反应中的"噪音"。然而在本章里，我们看到生命采取了一种非常不同的策略：生命中的量子过程不仅没有受到分子噪音的干扰，反而利用它来维持自身的量子性。在第 5 章我们打过一个砖块的比方，砖块精妙的摆放方式让它对微小的量子事件十分敏感。接下来我们会对这个比方进一步探讨和解释，只是我们要把砖块换成一艘高大的帆船。

这艘假想的帆船一开始停在干船坞 ① 里，它的龙骨是一列精心排列的原子，帆船精巧地靠龙骨立在地上。如此微妙的平衡让帆船像细胞一样，对龙骨上原子发生的量子变化极度敏感。通过影响帆船脆弱的平衡性，质

---

① 干船坞：船坞中抽干水，用于船只停留检修的地方。——译者注

子的隧穿、电子的跃迁以及原子的纠缠会对整艘船造成影响。不过，帆船的船长懂得用更聪明、更出人意料的方式驾驭这艘帆船：他反过来利用相干性、隧穿、叠加态和纠缠态等量子现象帮助帆船在出海时乘风破浪。我们之后会再讨论他如何做到这一点。

现在帆船还在干船坞里，它还没有入海远航。虽然微妙的平衡状态让这艘帆船能够对微小的量子变化做出反应，但是同样是由于这种脆弱的平衡状态，摇摇欲坠的船体无法承受哪怕最弱的微风——哪怕只是一个空气分子的撞击也足以让这艘船倾覆。工程师们为了能让帆船既保持直立，又保留对量子变化的敏感性，会选择将帆船密封在干船坞里，抽出里面所有的空气，以免像台球一样震荡的空气分子掀翻船体。除此之外，工程师们还会把整个干船坞的温度降到几乎绝对零度，如此一来连分子振动都几乎停止了，也就不会有分子噪音干扰帆船的平衡。但是经验老到的船长们知道还有另一种保持帆船直立的办法：那就是把帆船推入狂怒的热力学浪潮里。

日常生活中我们几乎想当然地认为，一艘船在水里比在陆地上更容易保持直立，但是在分子层面上，我们还是需要好好琢磨一下稳定性上升的原因。为了让干船坞里那艘龙骨狭窄的帆船保持平衡，工程师们费尽心力避免任何可能的原子或者分子振动。但是大海里不是恰恰充斥着无数横冲直撞的原子和分子吗？它们就像我们在第 1 章中说过的台球，无时无刻不冲击着彼此以及胆敢驶入其中的船只。为什么在陆地上一点冲击都受不得的帆船，却能在海里历经千锤百炼而不倒？

答案就在薛定谔提出的"来自无序的有序"里。帆船的左右舷的确会受到来自千亿个分子狂轰滥炸般的冲击。当然，驶入海里的帆船此时已经不依靠它那极度狭窄的龙骨，而是依靠海水的浮力维持着漂浮的平衡。由于帆船两侧受到的冲击数量足够多，所以如果平均来看，船首与船尾，或者左舷与右舷受到的冲击力几乎相同。帆船在海中之所以没有倾覆，恰恰是由于受到千亿分子振动的狂轰滥炸：这就是所谓的"来自无序（无数分子的随机冲撞）的有序（帆船的直立状态）"。

但是，即便是在海洋上帆船也是有可能倾覆的。我们想象如果船长把船开到了一片刮着狂风暴雨的海域，却忘记拉起船帆。暴风雨中冲击帆船的浪头已经不再是随机的了，船身一侧涌来的浪头能够轻易掀翻摇晃的帆船。这时候老到的船长知道如何提升船的稳定性：他会拉起船帆，借风的力量来保持船体的平衡（见图 C–2）。

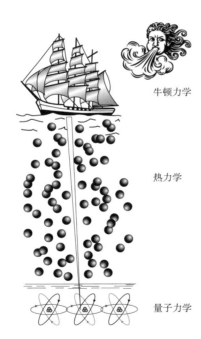

牛顿力学

热力学

量子力学

生命就像一艘船，狭窄的龙骨植根于量子岩层，因此它可以利用量子现象，比如量子隧穿或者量子纠缠维持自身的存在。在这种情况下，热力学风暴（也就是分子噪音）有助于活细胞维持与量子世界的联系，而不是破坏它的量子相干性。

图 C–2　生命航行在经典与量子世界交界的边缘上

这种方式乍看之下又让人感到匪夷所思。我们可能会觉得，不可预测的强风对摇摇欲坠的帆船来说应当是灾难而不是助力——尤其是风暴的气流和阵风并不会随机，而总是从同一个方向推搡船体。但是老到的船长会通过调整帆和舵的角度，用气流和水流来对抗阵风，修正船体一侧出现的倾斜。通过这种方式，船长得以驾驭暴风骤雨，在海面上保持帆船的稳定。

生命，就如同上面比喻中的帆船，它穿行在经典世界风暴肆虐的大洋上，由甲板上一位老练的船长保驾护航：我们的遗传代码，在经过将近40亿年进化的打磨后，已经无惧于航行在任何经典世界和量子世界的海域里了。生命的帆船不用逃避粒子暴风雨的降临，而是能够迎难而上，用风暴的怒号和呼啸填满扬起的船帆、维持船体的直立。只有这样，狭窄的龙骨才能穿透热力学海洋，与量子世界保持联系（见图 C-2）。**生命深入的根基让它能够驾驭那些徘徊在量子世界边缘的怪异现象。**

这样的比喻是否加深了我们对生命的理解呢？行文至此，我们无法再继续回避一个更深一步的推测了，但是我们要强调，这完全只是一种推测。还记得我们在第 1 章里提到过生命与非生命之间有什么差别的问题吗？人们曾经把这种差异归结为灵魂，而死亡则是灵魂离开生命的躯体。笛卡儿的机械论抛弃了活力论以及灵魂的说法，至少他认为，动物和植物不具有灵魂。[1]但是生与死到底有什么差别却依旧是个谜。我们对生命的新认识能够让量子力学取代灵魂的位置吗？不少人会质疑这种想法把传统科学推向了伪科学甚至灵性学说的范畴，令科学蒙羞。但是那并不是我们在此讨论这个问题的本意。恰恰相反，我们希望用现有的科学理论（哪怕还不是很多）取代对生命的神秘主义和形而上学猜测。

在第 1 章里，我们把生命维持自身高度有序性的能力比作台球桌中心

---

① 笛卡儿相信生命完全可以由机械论解释，但是人类独特的思考能力可能与灵魂有关。——译者注

的三角框，在这个类似热力学体系的区域里，任何不按照特定节拍震荡的台球都会受到框里其他台球的阻尼影响而最终合上节奏。你已经知道许多生命运作的过程了，所以现在你能明白，**生命就像一台复杂的分子机器。生命有序性的自我维持需要依靠酶、色素、DNA、RNA 和其他生化分子的协同合作，而这些生化分子的性质则多数建立在诸如隧穿、相干性和纠缠态等量子现象上。**

我们在这一章里提到的那些最新证据表明，生命具有驾驭热力学暴风雨的非凡能力。宏观世界的生命之舟借助热力学暴风的力量，维系着自己与更深层量子世界之间的联系。由于这种联系的存在，一些在甲板上发生的宏观现象有着它们更深层次的量子原因。那么如果热力学风暴来势太猛，吹断了生命之舟的桅杆，又会发生什么呢？生命将无法再利用热力学的阵风和气流（也就是白噪音和有色噪音）来维持船体的平衡，细胞会受到内部巨浪的连番冲击，我们假想的生命之舟在宏观世界的海洋上风雨飘摇，最终失去与量子世界之间的联系（见图 C-3）。

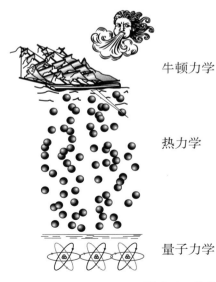

牛顿力学

热力学

量子力学

死亡可能意味着生命丧失了有序的量子力学性质，生命之舟在海上徒劳地抵抗着热力学的风暴。

图 C-3　生命的死亡

没有了这种联系，量子相干性、纠缠态、隧穿以及叠加态都无法再对细胞的宏观行为施加影响，与量子世界失联的细胞将沉入热力学海洋动荡的洋流里，最终变成彻头彻尾的经典物体。现实中，如果一艘船沉没，那么没有暴风雨能让它再浮出海面。也许同样的道理对生命也适用，如果生命不幸被分子运动的狂风暴雨擒获而沉入海洋，那么风暴就再也无法让它重见天日、恢复与量子世界的联系了。

量子生物学的力量

风暴也许不能让沉没的船重见天日，但是人类可以。人类的创造力远远胜过自然界的随机力。比如在第 8 章中我们讨论过，如果纯粹依靠运气，那么当一场龙卷风刮过一个垃圾场时，蛮横的风力把垃圾场里的废品组装成一架喷气式客机的可能性在理论上存在，但是小到几乎没有意义。相比之下，人类的航空工程师能够准确地造出一架飞机。那我们是不是也能组装出生命呢？我们在书中多次指出，至今没有人能够用纯化学的手段和物质创造出生命，按照理查德·费曼著名的论断，这意味着我们还没有完全理解生命现象。不过，或许新兴的量子生物学可以为我们提供创造生命的手段，甚至还有革命性的生物技术。

生物技术对我们而言肯定不陌生，至少它为我们提供所需的所有食物——农业就是生物技术的一种。此外，我们还需要生物技术为我们加工食物，如面粉做成面包、牛奶发酵成奶酪、大麦和果汁酿成酒，这些都依赖于真菌和细菌的作用。不只是活细胞，我们的现代社会同样从死去细胞的提取物中获益。玛丽·施魏策尔在研究中利用酶分解恐龙的骨骼成分。

此外，不同种类的酶还被用于天然纤维的分解和生物去污剂的生产，前者的产物是纺织衣服的原料，而后者则是清洗衣物的利器；市场份额巨大的生物工程和制药产业生产着品种数以百计的自然产品，其中包括保护人体免受微生物感染的抗生素；能源产业依靠微生物把过剩的生物质转化为生物燃料；许多现代社会依赖的材料，比如木材和纸，也是死去生物体内的成分；与此类似的还有为我们居所供暖、为我们的汽车提供动力的化石燃料。所以即使到了 21 世纪，我们对自然界生物的依赖依旧没有减少，哪怕有些生物生活在数百万年前。如果你还是对这种依赖持有怀疑态度的话，可以读一读科马克·麦卡锡（Cormac McCarthy）的《路》（*The Road*），在他那部反乌托邦的小说里，麦卡锡描绘了一幅由于人类的粗心大意、生物技术崩溃而导致的末日荒芜景象。

但是现有的生物技术有它自己的局限。比如说，虽然——相信你已经发现了——光合作用中某些步骤的效率非同一般地高，但是其余多数反应步骤的效率却不能相提并论，所以总体上来说，我们在农业生产中收获的化学能相比于光合作用固定的太阳能，其能量转化效率依然非常低。能量转化效率低下的原因在于植物和微生物与人类的想法不同：能量的固定和转化不是它们生存的全部，它们还要完成一些与之无关的"杂事"，比如植物需要开花结果。这些"杂事"与固定能量无关，但对它们的生存延续至关重要。微生物也类似，它们需要"浪费"能量来分泌抗生素、酶或者其他药用分子，自然选择和进化强迫微生物产生这些对人类来说不必要的产物，强迫它们分裂出另一个人类不需要的微生物细胞。

那么我们能按照自己的意愿改造生命吗？我们当然可以，人类已经成功地把野生的动植物驯养成家养的农作物和牲畜，以便最大化利用这些生物资源并从中获益。虽然人工选择成功地让植物种子变得更大，动物变得更温良、更适合放牧，但是它依然不是尽善尽美的：我们无法筛选自然界没有的东西。举个例子，由于密集的农业耕作，每年有数十亿美元被用于购买肥料，补充土壤中的氮元素。而豆科植物，比如豌豆，由于它们根部的共生细菌能够直接从空气中固定氮元素，所以它们不需要额外施加氮肥。如果我们能让禾谷类作物也拥有固定氮元素的能力——就像豌豆一样——那么农业生产的效率将得到巨大的提高。不过，事实上没有禾谷类作物天生就能固定氮。

不过，哪怕是这种局限性也可以在一定程度上被克服。20 世纪末兴起了对植物、微生物甚至动物进行的基因操纵（基因工程）。今天，许多主要的农作物都是经过基因工程改造的抗病、抗除草剂株，比如大豆。此外，科学家正在努力把固氮基因插入到禾谷类作物中。生物工程产业制造的药物以及抗生素也需要依赖转基因微生物。

即便做到这一步，生物技术依旧不是万能的。遗传工程在多数情况下只能把一段基因从一个物种转移到另一个物种。比如，水稻的叶子可以合成维生素 A（β 胡萝卜素）而种子不能，维生素 A 对维持正常的免疫系统功能和视力具有重要作用，所以在许多以水稻作为主要作物的贫困发展中国家，维生素 A 缺乏导致了数百万儿童失明或者死于感染。

20 世纪 90 年代，弗莱贝格工业大学的彼得·拜尔（Peter Beyer）与苏黎世联邦工业大学的英戈·伯特里库斯（Ingo Potrykus）将两个合成维生素 A 必要的基因——一个来自水仙，另一个来自细菌——插入到水稻的基因组中，使水稻的种子能够合成大量的维生素 A。由于它的种子呈现金黄色，所以拜尔把这种转基因作物命名为黄金大米（Golden rice）。黄金大米可以为儿童提供每天基本的维生素 A。虽然基因工程是一项非常成功的技术，但它依旧只能用已有的基因对生命进行修补。针对这个局限性，旨在设计全新形式生命的合成生物学（synthetic biology）为生物技术带来了真正的革命。

合成生物学中有两种互补的技术手段。"自上而下"的手段在我们介绍基因组测序先驱——克雷格·文特尔时已经见识过了。文特尔和他的团队用化学手段合成并替换了支原体的全部基因组，他们这个工作"合成了生命"。合成和置换的手段让他们有机会对支原体的基因组进行相对微小的修饰。

但是无论如何修饰，支原体依旧是支原体：它的生物学特性没有发生太大的变化。文特尔和他的团队雄心勃勃地计划在未来的几年内对衣原体逐步完成一些更激进的改造。但是不管怎么说，他们没有创造出新的生命：他们依旧只是在改造已经存在的生命。

而"自下而上"的手段则不同：它的目标是用纯化学的手段合成全新的生命形式，而不单单是改造已有的生物体。许多人认为，对这种手段的研究是在冒险，甚至是对生命本身的亵渎。撇开这些担忧不说，这种手段真的可行吗？事实上不是不可能。在某种程度上说，生物体（比如说我们）只不过是极度精密的机器而已。只要是机器，就可以通过逆向工程的方式研究其设计原理。一旦弄清设计原理，我们就能够制造出更好的机器。

从头开始制造生命

自下而上手段的支持者狂热地梦想着创造全新的生命来改变我们的世界。就像今天的建筑师在他们的工作中狂热地笃信可持续性一样：可持续的住宅、可持续的办公室、可持续的工厂甚至可持续的城市。但是，虽然现代的建筑、城市常常号称自己是可持续的，它们的存在却要归功于另一种真正自我可持续的努力和技术，这些努力和技术来自人类：当屋顶的瓦片被暴风雨刮掉时，你会请建筑工人爬上屋顶修补；当家里的管道漏水时，你会打电话叫管道工人；当你的车在路上发生故障时，你会找人把车拖走去找机修工。我们的房子、机器在风雨等自然环境侵蚀下受到损伤，最终都需要人类手动的保养和维修。

而生命则不同：**我们的身体可以通过不断地更新、替换和修复损伤或破旧的组织维持自我稳定。我们一生都可以维持身体的自我可持续性。** 近些年来，现代建筑师在设计许多地标建筑时都试图借鉴自然界生物的特征。比如，诺曼·福斯特（Norman Foster）根据维纳斯花篮海绵（一种六放目海绵，而不是花）设计的六边形大楼——"小黄瓜"（Gherkin）——从2003 年开始就耸立在伦敦的天际，它的六边形结构可以有效地分散建筑物承受的压力。米克·皮尔斯（Mick Pearce）设计的、坐落于津巴布韦首都哈拉雷的东门大厦（The Eastgate centre），模仿了白蚁丘的空气流通结构，为大楼提供了优良的通风和散热条件。蕾切尔·阿姆斯特朗（Rachel Armstrong）是格林威治大学建筑研究小组 AVATAR[①] 的副主任，她有一个更大胆的想法：她想要建造真正的可持续性大楼——终极的生物数字建筑。

[①] Advanced Virtual and Technological Architecture Research Laboratory，高级虚拟与技术建筑研究实验室。——译者注

除此之外，她还有许多奇妙的构想，比如用具有自我可持续、自我修复和自我复制能力的人工活细胞设计和建造楼房。这样的建筑物如果受到狂风、暴雨或者洪水的损坏，它们会像生物体一样觉察到损伤并进行自我修复。

阿姆斯特朗的想法可以抛砖引玉，引申到其他生物技术上。生物材料还可以应用于修复学，比如人造假肢或者关节，让它们就像真正的人类组织一样，拥有自我修复和对微生物侵袭免疫的能力。人造生命体甚至可以被注射入人体内执行任务，比如用于杀死癌症细胞。通过定制的合成生命体，一些进化史上从没出现过的药物、燃料和食物都可以制造出来。如果再往远说，未来还可能出现科幻世界中的生物机器人，它们将人类从无意义的社会劳动中解放出来，乃至开拓火星殖民地，或者帮助人类建造出用以探索银河系的宇宙飞船。

自下而上合成生命体的想法可以回溯到 20 世纪初，法国生物学家史特凡娜·吕代克（Stéphane Ludec）曾经写道："正如合成化学的起源是人工合成最简单的有机物质一样，生物合成技术的最初阶段应当从制造最原始的生命体开始。"不过我们在第 8 章中讨论过，哪怕世界上现存"最原始"的细菌，也由数千个不同的部分构成，每一种成分的复杂程度都远远超出了自下而上生物合成技术的能力范围。生命在发展之初一定比细菌要简单得多。在第 8 章里我们说过，目前对我们祖先最有可能的猜测是：生命起源于一种被囊泡包裹、能够自我复制、具有酶活性的 RNA 或者蛋白质，它们构成一种简单原始的细胞结构，被称为原初生命体（protocell）。我们对第一个原初生命体（如果它真的存在）的性质依旧一无所知。许多科学家相信原初生命体栖身于岩石表面微小的气孔里，通常这些岩石的气孔里充满了供养生命的简单生化分子，比如在第 8 章中伊苏地区的岩石。也有科学家认为，囊泡或者液滴状的原初生命体漂浮在宽广的原始海洋上。

　　许多自下而上合成技术的拥护者受到生命起源理论的启发，试图在实验室模拟的原始海洋中制造出活动的人工原初生命体。形式最简单的人造液滴大概就是水中的油滴或者油中的水滴了。它们非常容易制作：事实上你每次调沙拉酱的时候就做了无数个这种液滴。众所周知，水和油互不相溶，两者极易分层。但是如果加入一种同时亲水和亲油的物质——我们称之为表面活性剂（surfactant）——比如芥末，再充分地混匀，一份沙拉酱就做好了。虽然沙拉酱看起来均匀光滑，不过实际上它的内部悬浮着无数稳定存在的水油液滴。

　　南丹麦大学的马丁·汉兹（Martin Hanczyc）用经过去污剂稳定的油水液滴成功制作了一种原初生命体类似物。他的方法非常简单，通常只需要五种化学成分。这些成分只要按照合适的比例混合，就会自动组装成油性液滴。液滴内会发生一些简单的化学反应并驱动原初生命体向周围环境运动，运动的原动力来自对流（热循环）以及油滴分子之间的相互吸引力。这些液滴甚至可以从周围直接吸收原料，不断进行简单的"成长"过程，并最终通过一分为二的方式完成"自我复制"。

　　汉兹的原初生命体具有亲油的内环境和亲水的外环境，相当于内外颠倒的活细胞。而多数研究者会选择制作内部亲水的原初生命体，这使得他们能够向人造原初生命体内添加水溶性的生化分子。比如 2005 年，遗传学家杰克·绍斯塔克（Jack Szostak）将亲水性的核酶成功导入原初生命体。我们曾经（在第 8 章）介绍过核酶是一种和 DNA 一样携带遗传信息的 RNA 分子，同时它还具有酶的催化活性。绍斯塔克的研究小组发现充满核酶的原初生命体具有简单的遗传行为，它也能够像汉兹的原初生命体一样进行分裂。2014 年，荷兰内梅亨大学一个由塞巴斯蒂安·卢康曼督（Sebastien Lecommandoux）领导的研究小组成功制造了另一种原初生命体，他们的原初生命体内不同的区域填充了不同的酶，一个区域内的酶催化活动能通过级联效应 ① 影响另一个区域，这是对活细胞内代谢过程的简单模拟。

这些动态变化的、具有化学活性的原初生命体的确非常有趣和惊人，但是它们真的是生命吗？为了回答这个问题，我们必须在生命的工作定义上达成共识。显而易见，生命能够自我复制，虽然这个回答在多数情形下足以区分生命和非生命，但它却是不必要条件。成年人体内诸如血红细胞和神经细胞的大多数细胞并不会复制，但毫无疑问，它们都是具有生命的活细胞。甚至包括佛教徒和天主教的神父在内的全人类，都（一般）不会纠缠或者过度关注烦琐的"繁殖"问题，但是它们是货真价实的生命。所以，虽然自我复制对于生命长远的生息而言至关重要，但是它并不是生命存在的必要条件。

生命确实有一个比自我复制更本质的特征，一个我们在前文已经讨论过、也是仿生学建筑师们所孜孜追求的特征：自我可持续的能力。**生命具有维系自身生存状态的能力，所以如果要将自下而上技术创造的原初生命体归为"生命"，我们的最低要求应当是这些产物可以在混沌的热力学海洋里维持自身的可持续性与稳定性。**

不幸的是，如果用这个更狭隘的定义去衡量，那么现今创造的所有原初生命体没有一种能算得上是生命。即便是那些有点小伎俩的，比如能够完成简单自我复制（一分为二）的原初生命体，它们产生的子代个体与亲代个体也不完全相同：组成亲代的初始物质，比如核酶或者蛋白酶，在子代个体中会越来越少。所以随着复制的不断进行，这些成分终将在子代个

---

① 级联效应（cascade effects），指由一个反应引发的一系列下游反应，是生物体内常见的生化反应关联方式。——译者注

体中消耗殆尽。类似的，虽然卢康曼督小组创造的原初生命体可以完成对活细胞代谢的简单模拟，但是它们同样无法靠自己合成和补充催化这些代谢过程的生物大分子。现阶段的原初生命体更像是上紧发条的钟：在起始阶段它们需要外界给予的酶以及底物支持，以维持其化学反应状态，随着物质消耗，它们也逐渐停止运转。起始阶段的物质消耗完之后，周围环境中的分子运动不断干扰和侵蚀原初生命体，使它的内部组织性趋于混乱和随机，直至变得与周围环境没有差异。目前的原初生命体不是真的生命：它们不能给自己上发条。

是现在的原初生命体还缺乏什么必要的成分吗？合成生物学这个领域无疑还非常年轻，它在未来的十年里很可能会有飞跃性的进步。在本书的最后这部分中，我们想要探讨一个想法：**量子力学就是原初生命体中缺失的部分，它也是合成真正生命的关键。量子力学的介入不仅提供一种革命性的技术，同时也为那个古老问题（生命是什么）提供了新的洞见。**

我们，以及其他一些科学家，都认为热力学远远不足以理解生命现象，无法解释生命为什么能够驾驭量子力学现象。我们相信——生命现象——需要量子力学的解释。但是我们是否正确呢？

当前的技术水平无法让我们对这个问题做出判断，因为我们无法对细胞中的量子力学现象进行操作。但是，我们在此预测，无论是自然还是人造的生命，都无法脱离我们在本书中讨论的、怪异的量子力学性质而存在。判断我们这种观点对错的方法只有一个，那就是用合成生物学创造出具有（未必可能）和不具有量子性质的合成生命体，然后比较两者孰优孰劣。

理解生命，创造生命

我们来想象用完全非生命的物质创造一个简单活细胞的过程。这个细胞只能完成一些十分简单原始的任务，比如在实验室模拟的原始海洋中寻找食物。我们的目标是用两种方式制造这样的细胞。一种细胞会借助量子力学的怪异特性——我们称它为量子原初生命体（quantum protocell）；另一种细胞则不借助量子力学——我们称它为经典原初生命体（classical protocell）。

塞巴斯蒂安·卢康曼督实验室里分区、被膜的原初生命体是一个很好的工作起点，不同的分区可以对应和负责细胞不同的生理功能。接下来，我们要为原初生命体提供能量：不如我们就用来源丰富的高能光子，也就是用阳光作为它的能量来源。所以我们需要往原初生命体内的其中一个区域装填色素分子以及用于固定色素分子的骨架蛋白，有了这些太阳能电池板，这块分区就能够捕捉光子并将光子的能量转化到激子中，俨然一个人造的叶绿体。但是，随意堆砌的色素分子并不具有自然界光合作用那么高的能量传递效率，因为高效的能量传递需要有序排列的分子通过量子相干性实现。所以我们必须调整色素分子的排布，让相干波能够在整个体系中传播无阻。

2013 年，量子光合作用研究的先驱、芝加哥大学的格雷格·恩格尔领导他的团队，用化学方法把色素分子以一种整齐排列方式锚定在一起。他们发现，与恩格尔当初在海藻的 FMO 复合体中检测到的一样（见第 3 章），这种人造的色素系统也具有量子节拍和相干性，并且其相干性可以在常温下维持长达数十飞秒。因此，为了给量子原初生命体中的太阳能电池板提

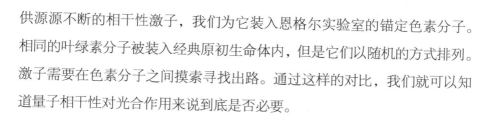

供源源不断的相干性激子，我们为它装入恩格尔实验室的锚定色素分子。相同的叶绿素分子被装入经典原初生命体内，但是它们以随机的方式排列。激子需要在色素分子之间摸索寻找出路。通过这样的对比，我们就可以知道量子相干性对光合作用来说到底是否必要。

不过，我们已经知道光能固定只不过是光合作用的第一步，下一步我们需要把激子中不稳定的能量转化为更稳定的化学能。好在这个问题也已经有人先于我们一步考虑到了。2013年，斯库利的团队在发表的论文中指出光合反应中心的原理类似于量子热机，他们进一步认为这种生物量子热机可以为构建更高效的原初生命体提供灵感。当年的晚些时候，剑桥大学的一个团队接受了他们的观点并且完成了一张详细的设计蓝图，用以阐明如何构建一个利用量子热机工作的原初生命体。这个团队在恩格尔实验室的锚定色素分子体系基础上，制作了一个光合作用反应中心的模型，结果显示这个系统中电子向受体分子传递能量的效率居然超过了卡诺极限，并正好与斯库利团队对自然界光合作用能量效率的估计值契合。

所以，让我们设想将恩格尔实验室的量子太阳能电池板，安装到剑桥大学团队制作的反应中心模型上，这样一来前者中充能的电子就可以把能量转化为后者中稳定的化学能。同时，我们依旧为经典原初生命体设计一套类似的转化系统，只是它不遵循量子力学的原理，也无法超越卡诺极限。这一步完成之后，一旦光能被原初生命体捕获就可以被用于合成复杂的生物分子，比如细胞中的色素。

不过在我们身体的细胞中，生物合成反应需要的电子与能量主要来自呼吸作用（见第2章）。作为弥补，我们将原初生命体中光合作用获得的一部分高能电子转移到一个作为"发电厂"的区域，让电子在这个区域模拟自然条件下呼吸链中的电子传递——通过隧穿从一个酶跳跃到另一个酶。电子传递的结果是生成 ATP，它是细胞中的能量载体。当然，出于同样的目的，我们这样设计是为了构建一个执行呼吸作用的区域，并探索量子力学在呼吸作用中的重要性。

有了电子供给和能量，现在我们的量子原初生命体已经有能力合成它自身需要的生化分子了。但是，它还缺乏原材料——它需要食物。所以我们在实验室模拟的原始海洋中溶入葡萄糖，以这种单糖作为其食物来源。加入葡萄糖之后，我们必须给原初生命体装备上 ATP 驱动的葡萄糖转运体，这种耗能的转运体可以把葡萄糖泵入细胞内。此外，我们还需要向原初生命体导入另外一系列酶，这类酶可以通过组织原子的排布（从量子的水平上）合成复杂的生化分子。我们在第 2 章探讨过，正常情况下，酶的催化过程需要依靠电子和质子的量子隧穿效应。不过在这里，我们的目标是构建两套酶系统，分别借助和不借助量子力学。如此一来，我们就能通过比较发现生命的引擎是不是真的需要量子力学作为润滑剂。

我们希望量子原初生命体还具有另一种特征，那就是能够利用分子噪音维持自身量子相干性的能力。但是眼下，我们对于生命究竟是如何利用分子噪音的几乎一无所知，所以我们也就不知道应当如何进行设计。有很多因素可能与分子噪音的利用相关：比如说，细胞内极度拥挤的分子环境被认为会调节和影响许多生化反应，它也可能帮助限制分子的随机冲撞。所以，我们把原初生命体装得满满当当以模拟细胞内拥挤的分子环境，希望这样的设计能够让它在热力学的海洋上利用分子噪音乘风破浪，维持自身的量子相干性。

不过即便如此，我们的原初生命体也还只是一艘资源贫乏的船，船上所有的补给都需要在启航前预先装载。为了让它能够自力更生我们还需要划分出一个新的区域：控制室，里面需要一整套 DNA 组成的人造基因组编码它所需的所有信息。同时还有另外一整套把量子水平上的质子密码翻译为蛋白质的转录机器。这与克雷格·文特尔自上而下的合成方式类似，区别只是我们把人造基因组插入到本没有生命的原初生命体内。最后，我们甚至可以给原初生命体装上导航装置，也许一个分子鼻子可以让它定位到食物的位置，我们在第 4 章中介绍过，分子鼻子上的嗅觉感受器利用量子纠缠感知气味。探知到食物之后，原初生命体在原始海洋中用分子马达推动自己前进。我们甚至可以为它装备像知更鸟一样的定位系统，让它在实验室模拟的原始海洋里远走四方。

其实上述的内容不过是一种生物学狂想——并不比莎士比亚《暴风雨》中的小精灵埃里尔真实多少。出于叙述的方便性和内容的易懂性，我们省去了大量的细节，因而没有能够提及现实中自下而上的合成生物学所面临的巨大挑战。即使真的有人想要尝试这种自下而上的合成手段，他们也无法一次性完成上面那份生命配方中的全部过程，第一步的尝试应当把最简单或者理解最透彻的过程——很可能是光合作用——导入到原初生命体中。如果这种导入能成功那自然是一个伟大的成就，此外，这也将是一个研究量子相干性在光合作用中到底扮演何种角色的理想模型。一旦这种尝试成功，接下来要做的就是不断地加入其他的成分让原初生命体的复杂性逐渐提升，功能不断完善，直到最终制造出可能的人造生命。不过我们在前文中有过预测，**人造生命的合成必须遵循量子力学的原理：我们相信，没有量子力学，就不会有生命。**

如果上面叙述的所有条件都得到满足，那么也许最终我们真的可以创造出生命。这样的进步将给技术领域带来革命性的变化：人造生命能够同时航行于量子与经典世界的边缘。人造生命可以用来设计和建造真正的可持续大楼；可以用于修补和替换损伤或者破旧的组织。我们在本书中所有有关量子力学奇特性质的探讨，从光合作用到酶的催化反应，从量子鼻子到量子基因组、量子指南针或许还有量子大脑，都可能成为构建全新世界的基石，在量子合成生物学极度发展的未来，人造生命或许可以将它们通过繁殖带到世上的人类从繁重的工作中解脱出来。

不过，这一切最重要的意义或许在于，从尘世中创造出生命的能力终于让生物学能够回应费曼那句著名的格言了："凡是我们做不出来的，就是我们还不理解的。"如果有一天，人造生命真的成为了现实，那意味着我们终于理解了生命的本质，我们终于目睹到，**生命驾驭着混沌之力，在经典世界与量子世界之间狭窄的边缘上，乘风破浪。**

虽然你们不过是些弱小的精灵，但我借着你们的帮助，
才能遮暗了中天的太阳，唤起乱作的狂风，
在青天碧海之间激起浩荡的战争：我把火给予震雷……
——莎士比亚《暴风雨》

量子生命

引言中的知更鸟在地中海的阳光中越过了寒冬。此刻，它正在突尼斯稀疏的林地与迦太基城的古石间跳跃，饱餐着苍蝇、甲虫、蠕虫和各类种子。所有这些食物，其生物质都来自阳光和空气，经由量子驱动的光合作用机器（植物和微生物）加工而成。此时的太阳爬得老高，正是日照中天之时，酷暑烤干了蜿蜒穿过林地的浅溪，整个森林变得燥热，不再适宜这只欧洲的小雀，该是回家的时候了。

天色渐晚，小鸟飞起，栖息在一棵雪松的高枝上。像几个月前一样，它仔细地梳理着自己的羽毛，同时留心听着其他知更鸟的召唤。其他的知更鸟同样感受到了回家的冲动，都在为长途的飞行做着准备。就在最后一缕阳光落下地平线的时候，这只知更鸟转向了北方，展翅飞起，像箭一样射入夜空之中。

知更鸟朝着北非的海岸飞去，并一路穿越了地中海，路线与六个月前来这里时相仿，方向却相反。体内的罗盘便是它的向导，罗盘上量子纠缠的指针指引着它飞行的方向。知更鸟每一次翅膀的拍打都由肌肉纤维的收缩带动，而呼吸酶中电子和质子的量子隧穿又保障了肌肉收缩的能量供应。经过数小时的飞行，知更鸟抵达了西班牙的海岸，降落在安达卢西亚的一片林木覆盖的河谷中。它会在那里稍事休息。那里植被茂密，四周环绕着柳树、枫树、榆树、桤木、果树和夹竹桃之类正值花期的灌木丛——每一株都是量子驱动下光合作用的产物。花香的气味分子随风吹进了知更鸟的鼻道，与气味感受器结合，触发了量子隧穿事件，通过离子隧道的量子相干性，向它的大脑发出神经信号，告诉它：附近的橘树，花开正艳，美味的蜜蜂和其他传粉的昆虫就在那附近，可以为它的下一段征程提供给养。

在飞了许多天后，知更鸟终于回到了斯堪的那维亚半岛的云杉林中，几个月前，它正是从这儿出发，飞去了南方。知更鸟回家后首要的任务是先找一个伴侣。雄性知更鸟们几天前已经回来，大多数已经找到了合适的鸟巢，它们此刻正在鸣唱，吸引雌鸟到它们的巢中作客。我们的主人公被一只歌声特别动听的雄鸟吸引。作为求偶仪式的一部分，它还享用了雄鸟献上的几只美味的虫子。在短暂的交配后，雄鸟的精子与雌鸟的卵细胞结合。以量子为基础的遗传信息，编码着每一对知更鸟的形态、结构、生化、生理、解剖，甚至歌声，就这样近乎完美地复制给了下一代知更鸟。少数几个由量子隧穿造成的错误，将为物种未来的进化提供素材。

当然，我们在前面的章节中也曾强调过，目前还不能确定上文中描述过的所有特征一定与量子力学有关。但毫无疑问，知更鸟、小丑鱼、南极冰下湖中的细菌、侏罗纪森林中漫步的恐龙、帝王蝶、果蝇、植物和微生物，它们的种种奇妙而独特的神通，像我们一样，都或多或少根源于量子世界。这个学科还有很多事情等待着我们去发现，但任何新的研究领域，其美妙之处不正在于我们对它完全无知吗？正如牛顿所说：

> 我不知道我对世界可能意味着什么，对我自己而言，我似乎一直是个在海边玩耍的小男孩，不时地被一块更光滑的卵石或是一个更漂亮的贝壳所吸引，而真理之大海躺在我的面前，还从未被发现。

两位作者在书中写道："我们两人中的任意一人凭借一己之力都不可能完成此书。"本书的翻译亦是如此。锦杰和我虽在章节上各有分工，但通过交流讨论和互相勘校，字字句句都已包含了我们两人共同的心血。正因如此，当译稿完成时，我们也共同为之兴奋不已。

从拿到书稿到深入翻译，我们一致认为，能译此书，实是一大荣幸。量子生物学融合了量子物理学、生物化学和生物学，是一门前沿交叉学科，但本书作者避开了艰涩的公式、化学反应、计算和模型，由日常生命现象入手，从量子视角进行深入浅出的解释，使非专业读者也得以领略生命活动中量子世界的奇妙。知更鸟和帝王蝶在长途迁徙中如何导航？光合作用的能量转化效率为何如此之高？小丑鱼等动物强大嗅觉的背后是何机理？拉马克和达尔文的进化论到底孰是孰非？还有人类心智与量子计算、遗传的高精度与变异的随机性、酶的工作原理、生命起源之谜……经过作者的一一解答，我们发现量子隧穿、量子纠缠、量子叠加态等量子现象几乎在所有生命活动中都扮演了关键的角色。书中有些解答现在还只是推测，但作者的洞见无疑将有助于我们更好地回答人类的终极问题之一：生命是什么。

听闻译作即将付梓，我们心中充满感恩。我们必须要感谢湛庐文化的简学老师，让我们有机会将第一本量子生物学的科普读物介绍到中国来。同时，我要感谢我在对外经贸大学的恩师王东志老师和阎彬老师，是他们的教诲让我对翻译的本质有了更深的理解。我还要感谢成小秦教授，他的科技翻译课让我受益匪浅，使我从见地和技巧上都有所提升，并对科普翻译更有信心。锦杰让我务必感谢北京大学的汤姆·凯利教授（Tom Kellie）对我们的帮助，如果没有他的指导，我们很难理解原文中某些措辞的微妙之处，并在译文中有所体现。

此外，我们还要感谢我们的家人。读书多年却并无成就，若没有家人的关爱和支持，我们恐怕难以坚持到今天。感谢我的祖母王金梅女士、父亲侯王平先生和母亲张胜利女士。感谢锦杰的父亲祝先项先生和母亲祝伟芳女士。如果可以，我们想将这本译作献给他们，以表达我们对他们的无尽感激。

最后，我们想说，译书不易，字字辛苦，而错误之处在所难免，还望读者能够体谅和指正。不管您来自哪个领域或行业，我们都希望本书能带给您一些新的知识或感悟。您能有所收获，是我们最大的快乐。

侯新智

2016 年 5 月 2 日

未来，属于终身学习者

我这辈子遇到的聪明人（来自各行各业的聪明人）没有不每天阅读的——没有，一个都没有。巴菲特读书之多，我读书之多，可能会让你感到吃惊。孩子们都笑话我。他们觉得我是一本长了两条腿的书。

——查理·芒格

互联网改变了信息连接的方式；指数型技术在迅速颠覆着现有的商业世界；人工智能已经开始抢占人类的工作岗位……

未来，到底需要什么样的人才？

改变命运唯一的策略是你要变成终身学习者。未来世界将不再需要单一的技能型人才，而是需要具备完善的知识结构、极强逻辑思考力和高感知力的复合型人才。优秀的人往往通过阅读建立足够强大的抽象思维能力，获得异于众人的思考和整合能力。未来，将属于终身学习者！而阅读必定和终身学习形影不离。

很多人读书，追求的是干货，寻求的是立刻行之有效的解决方案。其实这是一种留在舒适区的阅读方法。在这个充满不确定性的年代，答案不会简单地出现在书里，因为生活根本就没有标准确切的答案，你也不能期望过去的经验能解决未来的问题。

而真正的阅读，应该在书中与智者同行思考，借他们的视角看到世界的多元性，提出比答案更重要的好问题，在不确定的时代中领先起跑。

湛庐阅读App：与最聪明的人共同进化

有人常常把成本支出的焦点放在书价上，把读完一本书当作阅读的终结。其实不然。

时间是读者付出的最大阅读成本

怎么读是读者面临的最大阅读障碍

"读书破万卷"不仅仅在"万"，更重要的是在"破"！

现在，我们构建了全新的"湛庐阅读"App。它将成为你"破万卷"的新居所。在这里：

● 不用考虑读什么，你可以便捷找到纸书、电子书、有声书和各种声音产品；

● 你可以学会怎么读，你将发现集泛读、通读、精读于一体的阅读解决方案；

● 你会与作者、译者、专家、推荐人和阅读教练相遇，他们是优质思想的发源地；

● 你会与优秀的读者和终身学习者为伍，他们对阅读和学习有着持久的热情和源源不绝的内驱力。

从单一到复合，从知道到精通，从理解到创造，湛庐希望建立一个"与最聪明的人共同进化"的社区，成为人类先进思想交汇的聚集地，与你共同迎接未来。

与此同时，我们希望能够重新定义你的学习场景，让你随时随地收获有内容、有价值的思想，通过阅读实现终身学习。这是我们的使命和价值。

本书阅读资料包
给你便捷、高效、全面的阅读体验

本书参考资料

☑ **参考文献**
为了环保、节约纸张，部分图书的参考文献以电子版方式提供

☑ **主题书单**
编辑精心推荐的延伸阅读书单，助你开启主题式阅读

☑ **图片资料**
提供部分图片的高清彩色原版大图，方便保存和分享

相关阅读服务

☑ **电子书**
便捷、高效，方便检索，易于携带，随时更新

☑ **有声书**
保护视力，随时随地，有温度、有情感地听本书

☑ **精读班**
2~4周，最懂这本书的人带你读完、读懂、读透这本好书

☑ **课　程**
课程权威专家给你开书单，带你快速浏览一个领域的知识概貌

☑ **讲　书**
30分钟，大咖给你讲本书，让你挑书不费劲

湛庐编辑为你独家呈现
助你更好获得书里和书外的思想和智慧，请扫码查收！

（阅读资料包的内容因书而异，最终以湛庐阅读App页面为准）

湛庐阅读 App

思想者的
声音图书馆

倡导亲自阅读

不逐高效，提倡大家亲自阅读，通过独立思考领悟一本书的妙趣，把思想变为己有。

阅读体验一站满足

不只是提供纸质书、电子书、有声书，更为读者打造了满足泛读、通读、精读需求的全方位阅读服务产品 —— 讲书、课程、精读班等。

以阅读之名汇聪明人之力

第一类是作者，他们是思想的发源地；第二类是译者、专家、推荐人和教练，他们是思想的代言人和诠释者；第三类是读者和学习者，他们对阅读和学习有着持久的热情和源源不绝的内驱力。

以一本书为核心

遇见书里书外，更大的世界

有声书

随时随地，有温度、有感情地听本书

精读

2~4周，带你读完、读懂、读透一本好书

讲书

30分钟
大咖给你讲本书
让你挑书不费劲

课程

权威专家带你快速浏览
一个领域的知识概貌

纸质书

湛庐纸书一站购买
还有读者专享福利

电子书

最新最全的湛庐电子书
随时随地亲自阅读

延伸阅读

编辑精心制作的内容拓展
测试、视频、注释、参考文献
只为优化你的体验

专题

主题式阅读书单
让你与更多好书相遇

湛庐文化获奖书目

《爱哭鬼小隼》
国家图书馆"第九届文津奖"十本获奖图书之一
《新京报》2013年度童书
《中国教育报》2013年度教师推荐的10大童书
新阅读研究所"2013年度最佳童书"

《群体性孤独》
国家图书馆"第十届文津奖"十本获奖图书之一
2014"腾讯网•啖书局"TMT十大最佳图书

《用心教养》
国家新闻出版广电总局2014年度"大众喜爱的50种图书"生活与科普类TOP6

《正能量》
《新智囊》2012年经管类十大图书，京东2012好书榜年度新书

《正义之心》
《第一财经周刊》2014年度商业图书TOP10

《神话的力量》
《心理月刊》2011年度最佳图书奖

《当音乐停止之后》
《中欧商业评论》2014年度经管好书榜•经济金融类

《富足》
《哈佛商业评论》2015年最值得读的八本好书
2014"腾讯网•啖书局"TMT十大最佳图书

《稀缺》
《第一财经周刊》2014年度商业图书TOP10
《中欧商业评论》2014年度经管好书榜•企业管理类

《大爆炸式创新》
《中欧商业评论》2014年度经管好书榜•企业管理类

《技术的本质》
2014"腾讯网•啖书局"TMT十大最佳图书

《社交网络改变世界》
新华网、中国出版传媒2013年度中国影响力图书

《孵化Twitter》
2013年11月亚马逊（美国）月度最佳图书
《第一财经周刊》2014年度商业图书TOP10

《谁是谷歌想要的人才？》
《出版商务周报》2013年度风云图书•励志类上榜书籍

《卡普新生儿安抚法》（最快乐的宝宝1•0~1岁）
2013新浪"养育有道"年度论坛养育类图书推荐奖

图书在版编目（CIP）数据

神秘的量子生命 / （英）艾尔 - 哈利利，麦克法登著；侯新智，祝锦杰译 . —杭州：浙江人民出版社，2016.8（2021.12重印）

ISBN 978-7-213-07521-6

Ⅰ . ①神… Ⅱ . ①艾… ②麦… ③侯… ④祝… Ⅲ . ①量子生物学 – 普及读物 Ⅳ . ① Q7–49

中国版本图书馆 CIP 数据核字（2016）第 167072 号

上架指导：科普读物 / 量子物理 / 量子生物学

浙 江 省 版 权 局
著作权合同登记章
图字：11-2016-262 号

神秘的量子生命

吉姆·艾尔 - 哈利利 约翰乔·麦克法登 著
侯新智 祝锦杰 译

出版发行：浙江人民出版社（杭州体育场路 347 号 邮编 310006）
市场部电话：（0571）85061682 85176516
集团网址：浙江出版联合集团 http://www.zjcb.com
责任编辑：朱丽芳 陈 源
责任校对：张谷年 俞建英
印　　刷：肥城新华印刷有限公司
开　　本：720mm × 965 mm 1/16　　　　印　张：24.25
字　　数：291 千字　　　　　　　　　　插　页：3
版　　次：2016 年 8 月第 1 版　　　　　印　次：2021 年 12 月第 7 次印刷
书　　号：ISBN 978-7-213-07521-6
定　　价：69.90 元

如发现印装质量问题，影响阅读，请与市场部联系调换。